工业机器人一体化系列教材

工业机器人现场编程与调试
一体化教程

韩鸿鸾　著

西安电子科技大学出版社

内 容 简 介

　　本教材是在《工业机器人操作与应用一体化教程》的基础上编写的基于"1＋X"证书制度的课证融通教材。教材内容包括初识工业机器人的编程、一般搬运类工作站的现场编程、具有视觉功能的工作站现场编程、一般轨迹类工作站的现场编程、具有外轴的工作站的现场编程等五个模块。附录中介绍了 ABB 工业机器人的选择功能供读者参考。

　　本教材适合高等职业学校、高等专科学校、成人教育高校及技术(技师)学院、高级技工学校、继续教育学院和民办高校相关专业使用，也可作为工业机器人编程与操作人员的参考书。

图书在版编目(CIP)数据

工业机器人现场编程与调试一体化教程 / 韩鸿鸾著. —西安：西安电子科技大学出版社，2021.5(2022.11 重印)
ISBN 978-7-5606-5925-1

Ⅰ. ①工…　Ⅱ. ①韩…　Ⅲ. ①工业机器人—程序设计—教材　Ⅳ. ①TP242.2

中国版本图书馆 CIP 数据核字(2020)第 252322 号

策　　划　毛红兵　刘小莉
责任编辑　宁晓蓉
出版发行　西安电子科技大学出版社(西安市太白南路 2 号)
电　　话　(029)88202421　88201467　　　邮　　编　710071
网　　址　www.xduph.com　　　　　　　　电子邮箱　xdupfxb001@163.com
经　　销　新华书店
印刷单位　陕西天意印务有限责任公司
版　　次　2021 年 5 月第 1 版　2022 年 11 月第 2 次印刷
开　　本　787 毫米×1092 毫米　1/16　　　印　张　27
字　　数　645 千字
印　　数　1001～3000 册
定　　价　65.00 元
ISBN 978–7–5606–5925–1 / TP

XDUP 6227001-2
如有印装问题可调换

工业机器人一体化系列教材编写委员会名单

主　任　韩鸿鸾

副主任　王鸿亮　周经财　何成平

委　员　（按姓氏拼音排列）

程宝鑫　刘衍文　沈建峰　王海军　相洪英

谢　华　张林辉　郑建强　周永钢　朱晓华

工匠精神与企业文化指导　王鸿亮

课程思政指导　时秀波　袁雪芬

工作单指导　周经财

课证融通指导　冯　波

前　言

为了提高职业院校人才培养质量，满足产业转型升级对高素质复合型、创新型技术技能人才的需求，《国家职业教育改革实施方案》和教育部关于双高计划的文件中提出了"教师、教材、教法"三教改革的系统性要求。其中，对新型活页式、工作手册式教材作为职业教育教材改革的主流方向提出了具体要求。

国务院印发的《国家职业教育改革实施方案》提出，从 2019 年开始，在职业院校、应用型本科高校启动"学历证书 + 若干职业技能等级证书"制度试点（以下称"1 + X"证书制度试点）工作。

本套教材是基于"1 + X"的"课证融通"教材，具体地说就是与《高等职业学校工业机器人技术专业教学标准》《工业机器人操作与运维职业技能等级标准》《工业机器人集成应用职业技能等级标准》《工业机器人应用编程职业技能等级标准》《工业机器人装调职业技能等级标准》的中、高级手工编程与调试要求对接，并与专业课程学习考核对接的教材。

本教材是在《工业机器人操作与应用一体化教程》的基础上编写的，《工业机器人操作与应用一体化教程》对接的是初、中级的内容，在应用本教材前应先了解《工业机器人操作与应用一体化教程》的内容。

为了实现职业技能等级标准与各个层次职业教育的专业教学标准相互对接，不同等级的职业技能标准应与不同教育阶段学历职业教育的培养目标和专业核心课程的学习目标相对应，保持培养目标和教学要求的一致性。具体来说，初级对应中职，中级对应高职，高级对应应用型本科。

为认真贯彻党的十九大精神，进一步把贯彻落实全国高校思想政治工作会议和中共中央、国务院《关于加强和改进新形势下高校思想政治工作的意见》精神引向深入，大力提升高校思想政治工作质量，教育部特制定了《高校思想政治工作质量提升工程实施纲要》，所以实施课程思政也成了眼下职业教育教材建设的首要任务。

为此，我们按照"信息化 + 课证融通 + 自学报告 + 企业文化 + 课程思政 + 工匠精神 + 工作单"等多位一体的表现模式策划、编写了专业理论与实践一体化课程系列教材。

本套教材按照"以学生为中心、以学习成果为导向、促进自主学习"思路进行教材开发设计，将企业岗位（群）任职要求、职业标准、工作过程或产品作为教材主体内容，将"以德树人、课程思政"有机融合到教材中，提供丰富、适用和具有引领创新作用的多种类型立体化、信息化课程资源，实现教材多功能作用并构建深度学习的管理体系。

我们通过校企合作和广泛的企业调研，对工业机器人专业的教材进行了统筹设计，最终确定工业机器人专业教材包括《工业机器人工作站的集成一体化教程》《工业机器人现场编程与调试一体化教程》《工业机器人的组成一体化教程》《工业机器人操作与应用一体化教程》《工业机器人离线编程与仿真一体化教程》《工业机器人机电装调与维修一体化教程》《工业机器人的三维造型与设计一体化教程》《工业机器人视觉系统一体化教程》等八种。

在编写过程中对课程教材进行了系统性改革和模式创新，将课程内容进行了系统化、规范化和体系化设计，按照多位一体模式进行策划设计。

本套教材以多个学习性任务为载体，通过项目导向、任务驱动等多种"情境化"的表现形式，突出过程性知识，引导学生学习相关知识，获得经验、诀窍、实用技术、操作规范等与岗位能力形成直接相关的知识和技能，使其知道在实际岗位工作中"如何做"以及"如何做会做得更好"。

本套教材通过理念和模式创新形成了以下特点和创新点：

(1) 基于岗位知识需求，系统化、规范化地构建课程体系和教材内容。

(2) 通过教材的多位一体表现模式和教、学、做之间的引导和转换，强化学生学中做、做中学训练，潜移默化地提升岗位管理能力。

(3) 采用任务驱动式的教学设计，强调互动式学习、训练，激发学生的学习兴趣和动手能力，快速有效地将知识转化为技能、能力。

(4) 针对学生群体的特征，以可视化内容为主，通过实物图、电路图、逻辑图、视频、微课等形式表现学习内容，降低学生的学习难度，培养学生的学习兴趣和信心，提高学生自主学习的效率和效果。

本套教材以立德树人为根本，通过操作规范、安全操作、职业标准、环保、人文关爱等知识的有机融合，提高学生的职业素养和道德水平。

本书由韩鸿鸾著。在编写过程中得到了柳道机械、天润泰达、西安乐博士、上海 ABB、KUKA、山东立人科技有限公司等工业机器人生产企业与北汽(黑豹)汽车有限公司、山东新北洋信息技术股份有限公司、豪顿华(英国)、联轿仲精机械(日本)有限公司等工业机器人应用企业的大力支持，同时得到了众多职业院校的帮助，有的职业院校还安排了编审人员，在此深表谢意。

本书配有课件、"任务巩固"参考答案等教学资源，以二维码的形式呈现，读者可用移动终端扫码播放。

由于时间仓促，编者水平有限，书中缺陷及疏漏在所难免，感谢广大读者给予批评指正。

编　者
2020 年 6 月

目　　录

模块一　初识工业机器人的编程 1
　　任务一　认识工业机器人的编程种类 1
　　任务二　认识在线编程 9
　　任务三　认识工业机器人的坐标系 39
　　操作与应用 50
模块二　一般搬运类工作站的现场编程 53
　　任务一　认识搬运类工作站 53
　　任务二　学习搬运类工作站编程指令 71
　　任务三　搬运类工作站的现场编程 136
　　操作与应用 150
模块三　具有视觉功能的工作站现场编程 154
　　任务一　认识视觉功能 154
　　任务二　具有视觉功能的工作站现场编程 172
　　操作与应用 210
模块四　一般轨迹类工作站的现场编程 214
　　任务一　认识轨迹类工作站 214
　　任务二　弧焊工作站的现场编程 235
　　任务三　其他常见轨迹类工作站的现场编程 302
　　操作与应用 334
模块五　具有外轴工作站的现场编程 337
　　任务一　具有外轴工作站的编程 337
　　任务二　协同工作站的编程 365
　　操作与应用 406
附录　ABB工业机器人选择功能简介 409
参考文献 424

目　录

模块一　初识工业机器人的编程

任务一　认识工业机器人的编程种类

党的初心和使命是党的性质宗旨、理想信念、奋斗目标的集中体现，激励着我们党永远坚守，砥砺着我们党坚毅前行。

任务导入

机器人的运动和控制两者在机器人的程序编制上得到了有机结合，机器人程序设计是实现人与机器人通信的主要方法，也是研究机器人系统最困难和关键的问题之一，如图 1-1 所示。编程系统的核心问题是工业机器人的运动控制，如图 1-2 所示。

图 1-1　程序设计　　　　图 1-2　运动控制

运动控制

对机器人的编程程度决定了此机器人的适应性。例如，机器人能否执行复杂顺序的任务？能否快速地从一种操作方式转换到另一种操作方式？能否在特定环境中做出决策？所有这些问题，在很大程度上都是程序设计所要考虑的，而且与机器人的控制密切相关。

由于机器人的机构和运动均与一般机械不同，因而其程序设计也具有特色，所以对机器人程序设计提出了特别要求。

任务目标

知 识 目 标	能 力 目 标
1. 了解对工业机器人编程的要求	1. 能对工业机器人编程方式进行分类
2. 掌握工业机器人编程的种类	
3. 认识工业机器人离线编程	2. 能识别工业机器人离线编程的组成

任务准备

对机器人编程的要求:

(1) 能够建立世界模型(world model)。

进行机器人编程时,需要一种描述物体在三维空间内运动的方法,其具体的几何形式就是机器人编程语言最普通的组成部分。物体的所有运动都以相对于基坐标系的工具坐标系来描述。机器人语言应当具有对世界(环境)的建模功能。

(2) 能够描述机器人的作业。

对机器人作业的描述与其环境模型密切相关,描述水平决定了编程语言水平,其中以自然语言输入为最高水平。现有的机器人语言需要给出作业顺序,由语法和词法定义输入语言,并由它描述整个作业。例如,装配作业可描述为世界模型的一系列状态,这些状态可用工作空间内所有物体的形态给定。这些形态可利用物体间的空间关系来说明。

(3) 能够描述机器人的运动。

机器人编程语言的基本功能之一就是描述机器人需要进行的运动。用户能够运用语言中的运动语句与路径规划器和发生器连接,允许用户规定路径上的点及目标点,决定是否采用插补运动或笛卡尔直线运动。用户还可以控制运动速度或运动持续时间。

(4) 允许用户规定执行流程。

机器人编程系统允许用户规定执行流程,包括试验和转移、循环、调用子程序以至中断等,这与一般的计算机编程语言类似。

(5) 要有良好的编程环境。

一个好的计算机编程环境有助于提高程序员的工作效率。机械手的程序编制较困难,其编程趋向于试探对话式。如果用户忙于应付连续、重复的编译语言的编辑—编译—执行循环,那么其工作效率必然是较低的。因此,现在大多数机器人编程语言含有中断功能,以便能够在程序开发和调试过程中每次只执行一条单独语句。典型的编程支撑(如文本编辑调试程序)和文件系统也是需要的。

(6) 需要人机接口和综合传感信号。

在编程和作业过程中,要求人与机器人之间便于进行信息交换,以便在运动出现故障时能及时处理,确保安全。而且,随着作业环境和作业内容复杂程度的增加,需要有功能强大的人机接口。

机器人语言的一个极其重要的功能是与传感器的相互作用。语言系统应能提供一般的决策结构,以便根据传感器的信息来控制程序的流程。

📹 任务实施

教师上网查询或自己制作多媒体。

一、机器人编程语言的类型

机器人语言有很多分类方法，根据作业描述水平的高低通常可分为三级。

1. 动作级编程语言

动作级语言是以机器人的运动作为描述中心，通常由指挥末端装置从一个位置到另一个位置的一系列命令组成。动作级语言的每一个命令(指令)对应一个动作。如可以定义机器人的运动序列(MOVE)，基本语句形式为

MOVE TO(destination)

动作级语言的代表是 VAL 语言，它的语句比较简单，易于编程。动作级语言的缺点是不能进行复杂的数学运算，不能接受复杂的传感器信息，仅能接受传感器的开关信号，并且和其他计算机的通信能力很差。VAL 语言不提供浮点数或字符串，而且子程序不含自变量。动作级编程又可分为关节级编程和终端执行器级编程两种。

(1) 关节级编程。关节级编程时程序需给出机器人各关节位移的时间序列。这种程序可以用汇编语言、简单的编程指令实现，也可通过示教盒示教或键入示教实现。关节级编程是一种在关节坐标系中工作的初级编程方法，用于直角坐标型机器人和圆柱坐标型机器人时编程尚较为简便，但用于关节型机器人时，即使完成简单的作业也首先要作运动综合才能编程，整个编程过程很不方便。

(2) 终端执行器级编程。终端执行器级编程是一种在作业空间内直角坐标系里工作的编程方法。终端执行器级编程程序应给出机器人终端执行器的位姿和辅助机能的时间序列，包括力觉、触觉、视觉等机能以及作业用量、作业工具的选定等。这种语言的指令由系统软件解释执行，可提供简单的条件分支，可应用子程序，并提供较强的感受处理功能和工具使用功能。这类语言有的还具有并行功能。

2. 对象级编程语言

对象级语言弥补了动作级语言的不足，它是通过描述操作物体间的关系实现机器人动作的语言，即是以描述操作物体之间的关系为中心的语言，这类语言有 AML、AUTOPASS 等。

AUTOPASS 是一种用于在计算机控制下进行机械零件装配的自动编程系统，这一编程系统面对作业对象及装配操作而不直接面对装配机器人的运动。

笔记

3. 任务级编程语言

任务级语言是比较高级的机器人语言，这类语言允许使用者对工作任务所要求达到的目标直接下命令，不需要规定机器人所做的每一个动作的细节。只要按某种原则给出最初的环境模型和最终工作状态，机器人即可自动进行推理、计算，最后自动生成机器人的动作。任务级语言的概念类似于人工智能中程序自动生成的概念。任务级机器人编程系统能够自动执行许多规划任务。

二、机器人编程语言的特点

各种机器人编程语言具有不同的设计特点，它们是由许多因素决定的，这些因素包括：

(1) 语言模式，如文本、清单等。

(2) 语言形式，如子程序、新语言等。

(3) 几何学数据形式，如坐标系、关节转角、矢量变换、旋转以及路径等。

(4) 旋转矩阵的规定与表示，如旋转矩阵、矢量角、四元数组、欧拉角以及滚动角、偏航角、俯仰角等。

(5) 控制多个机械手的能力。

(6) 控制结构，如状态标记等。

(7) 控制模式，如位置、偏移力、柔顺运动、视觉伺服、传送带及物体跟踪等。

(8) 运动形式，如两点间的坐标关系、两点间的直线、连接几个点、连续路径、隐式几何图形(如圆周)等。

(9) 信号线，如二进制输入/输出、模拟输入/输出等。

(10) 传感器接口，如视觉、力/力矩、接近度传感器和限位开关等。

(11) 支援模块，如文件编辑程序、文件系统、解释程序、编译程序、模拟程序、宏程序、指令文件、分段联机、差错联机、HELP 功能以及指导诊断程序等。

(12) 调试性能，如信号分级变化、中断点和自动记录等。

带领学生到工业机器人旁边介绍，但应注意安全。

一体化教学

三、示教编程器

示教编程器(简称示教器)是由电子系统或计算机系统执行的，用来注册和存储机械运动或处理记忆的设备，是工业机器人控制系统的主要组成部分，其设计与研发均由各厂家自行实现。

用机器人代替人进行作业时，必须预先对机器人发出指示，规定机器人实现应该完成的动作和作业的具体内容，这个过程就称为对机器人的示教或对机器人的编程。对机器人的示教有不同的方法。要想让机器人实现人们所期望的动作，必须赋予机器人各种信息，首先是机器人动作顺序的信息及外部设备的协调信息；其次是机器人工作时的附加条件信息；再次是机器人的位置和姿态信息。前两个方面很大程度上与机器人要完成的工作以及相关的工艺要求有关，位置和姿态的示教通常是机器人示教的重点。

示教再现也称为直接示教，就是我们通常所说的手把手示教，即由人直接扳动机器人的手臂对机器人进行示教，如示教编程器示教或操作杆示教等。在这种示教中，为了示教方便以及快捷而准确地获取信息，操作者可以选择在不同坐标系下进行。示教再现是机器人普遍采用的编程方式，典型的示教过程是依靠操作员观察机器人及其夹持工具相对于作业对象的位姿，通过对示教编程器的操作，反复调整示教点处机器人的作业位姿、运动参数和工艺参数，然后将满足作业要求的数据记录下来，再转入下一点的示教。整个示教过程结束后，机器人在实际运行时，将使用这些被记录的数据，经过插补运算，就可以再现在示教点上记录的机器人位姿。

四、离线编程方式

1. 离线编程的组成

基于 CAD/CAM 的机器人离线编程示教，是利用计算机图形学的成果，建立起机器人及其工作环境的模型，使用某种机器人编程语言，通过对图形的操作和控制，离线计算和规划出机器人的作业轨迹，然后对编程的结果进行三维图形仿真，以检验编程的正确性。最后在确认无误后，生成机器人可执行的代码并下载到机器人控制器中，用以控制机器人作业，如图 1-3 所示。

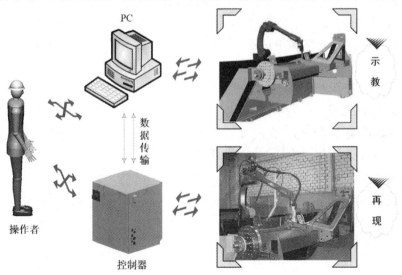

图 1-3　机器人的离线编程

离线编程系统主要由用户接口、机器人系统的三维几何构型、运动学计算、轨迹规划、三维图形动态仿真、通信接口和误差校正等部分组成。其相互关系如图 1-4 所示。

✍ 笔记

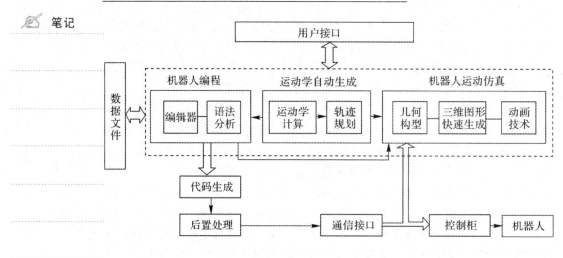

图 1-4 机器人离线编程系统组成

1) 用户接口

工业机器人一般提供两个用户接口,一个用于示教编程,另一个用于语言编程。示教编程可以用示教器直接编制机器人程序。语言编程则是用机器人语言编制程序,使机器人完成给定的任务。

2) 机器人系统的三维几何构型

离线编程系统的一个基本功能是利用图形描述对机器人和工作单元进行仿真,这就要求对工作单元中的机器人所有的卡具、零件和刀具等进行三维实体几何构型。目前,用于机器人系统三维几何构型的主要方法有结构的立体几何表示、扫描变换表示和边界表示三种。

3) 运动学计算

运动学计算就是利用运动学方法在给出机器人运动参数和关节变量的情况下,计算出机器人的末端位姿,或者是在给定末端位姿的情况下,计算出机器人的关节变量值。

4) 轨迹规划

在离线编程系统中,除需要对机器人的静态位置进行运动学计算之外,还需要对机器人的空间运动轨迹进行仿真。

5) 三维图形动态仿真

机器人动态仿真是离线编程系统的重要组成部分,它能逼真地模拟机器人的实际工作过程,为编程者提供直观的可视图形,进而可以检验编程的正确性和合理性。

6) 通信接口

在离线编程系统中,通信接口起着连接软件系统和机器人控制柜的桥梁作用。

7) 误差校正

离线编程系统中的仿真模型和实际的机器人之间存在误差。产生误差的

原因主要包括机器人本身结构上的误差、工作空间内难以准确确定物体(机器   ✎ **笔记**
人、工件等)的相对位置和离线编程系统的精度等。

2. 离线编程的特点

离线编程系统相对于示教再现系统具有以下优点:

(1) 可减少机器人停机时间,当对机器人的下一个任务进行编程时,机器人仍可在生产线上工作,不占用机器人的工作时间。

(2) 让程序员脱离潜在的危险环境。

(3) 一套程序系统可以给多台机器人、多种工作对象编程。

(4) 便于修改机器人程序,若机器人程序格式不同,只要采用不同的后置处理即可。

(5) 可使用高级计算机编程语言对复杂任务进行编程,能完成示教难以完成的复杂、精确的编程任务。

(6) 通过图形编程系统的动画仿真可验证和优化程序。

(7) 便于和 CAD/CAM 系统结合,实现 CAD/CAM/Robotics 一体化。

3. 基于虚拟现实的离线编程

计算机学及相关学科的发展,特别是机器人遥控操作、虚拟现实、传感器信息处理等技术的进步,为准确、安全、高效的机器人示教提供了新的思路,尤其是为用户提供了一种崭新友好的人机交互操作环境的虚拟现实技术,引起了众多机器人与自动化领域学者的关注。这里,虚拟现实作为高端的人机接口,允许用户通过声、像、力以及图形等多种交互设备实时地与虚拟环境交互,如图 1-5 所示。根据用户的指挥或动作提示,示教或监控机器人可以进行复杂的作业,例如瑞典的 ABB 研发的 RobotStudio 虚拟现实系统。

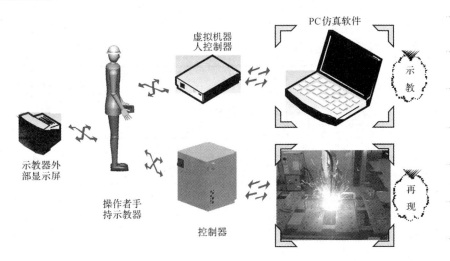

图 1-5　机器人的虚拟示教

注意:

(1) 在离线编程软件中,机器人和设备模型均为三维显示,可直观设置、

✍ **笔记**

观察机器人的位置、动作与干涉情况。在实际购买机器人设备之前，通过预先分析机器人工作站的配置情况，可使选型更加准确。

(2) 离线编程软件使用的力学、工程学等计算公式和实际机器人完全一致，因此模拟精度很高，可准确无误地模拟机器人的动作。

(3) 离线编程软件中的机器人设置、操作和实际机器人的几乎完全相同，程序的编辑画面也与在线示教相同。

(4) 利用离线编程软件做好的模拟动画可输出为视频格式，便于学习和交流。

🎥 任务扩展

离线编程的基本流程如图 1-6 所示，通过离线方式输入从 A 到 B 作业点程序，如图 1-7 所示。

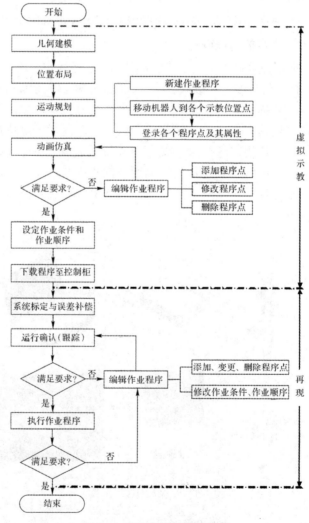

图1-6 离线编程的基本流程

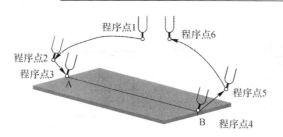

图 1-7　机器人运动轨迹

任务巩固

1. 工业机器人编程语言有哪几种类型？
2. 对工业机器人编程有什么要求？
3. 简述离线编程的组成。

任务二　认识在线编程

任务导入

在线编程又叫作示教编程或示教再现编程，如图 1-1 所示，用于示教再现型机器人中，它是目前大多数工业机器人的编程方式，在机器人作业现场进行。所谓示教编程，即操作者根据机器人作业的需要把机器人末端执行器送到目标位置，且处于相应的姿态，然后把这一位置、姿态所对应的关节角度信息记录到存储器保存。对机器人作业空间的各点重复以上操作，就把整个作业过程记录下来，再通过适当的软件系统自动生成整个作业过程的程序代码，这个过程就是示教。

机器人示教后可以立即应用，再现时，机器人重复示教时存入存储器的轨迹和各种操作，如果需要，过程可以重复多次。机器人实际作业时，再现示教时的作业操作步骤就能完成预定工作。机器人示教产生的程序代码与机器人编程语言的程序指令形式非常类似。

目前，企业引入的机器人以第一代工业机器人为主，其基本工作原理是"示教—再现"。

"示教"也称导引，即由操作者直接或间接导引机器人，一步步按实际作业要求告知机器人应该完成的动作和作业的具体内容，机器人在导引过程中以程序的形式将其记忆下来，并存储在机器人控制装置内。

"再现"则是通过存储内容的回放，机器人就能在一定精度范围内按照程序展现所示教的动作和赋予的作业内容。程序是把机器人的作业内容用机器人语言加以描述的文件，用于保存示教操作中产生的示教数据和机器人指令。

笔记

工匠精神

要在全社会弘扬精益求精的工匠精神，激励广大青年走技能成才、技能报国之路。

任务目标

知 识 目 标	能 力 目 标
1. 掌握在线编程的种类 2. 掌握示教器的组成 3. 掌握机器人在线编程的信息 4. 了解工业机机器人语言编程的功能 5. 了解机器人语言系统的结构	1. 至少能操作一种工业机器人的示教器 2. 能看懂工业机器人的语言指令 3. 能根据具体情况确定机器人在线编程的信息

任务准备

示教编程的优点：操作简单，不需要环境模型；易于掌握，操作者不需要具备专门知识，不需要复杂的装置和设备；轨迹修改方便，再现过程快；对实际的机器人进行示教时，可以修正机械结构带来的误差。

示教编程的缺点：功能编辑比较困难，难以使用传感器，难以表现条件分支；对实际的机器人进行示教时，要占用机器人。

示教的方法有主从式、编程式、示教盒式、直接示教(即手把手示教)等多种。

主从式示教由结构相同的大、小两个机器人完成，当操作者对主动小机器人手把手进行操作控制时，由于两机器人所对应关节之间装有传感器，所以从动大机器人可以以相同的运动姿态完成所示教的操作。

编程式示教运用上位机进行控制，将示教点以程序的格式输入计算机中，当再现时，按照程序语句一条一条地执行。这种方法除了计算机外，不需要任何其他设备，简单可靠，适用于小批量、单件机器人的控制。

示教盒示教和上位机控制的方法大体一致，只是用示教盒中的单片机代替了计算机，从而使示教过程简单化。这种方法由于成本较高，所以适用于较大批量的成型产品中。

示教再现机器人控制方式如图 1-8 所示。

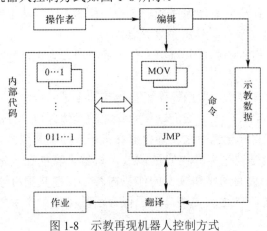

图 1-8　示教再现机器人控制方式

📹 **任务实施**

教师上网查询或自己制作多媒体。

一、机器人作业示教方法

1. 主从式示教

第二次世界大战期间，由于核工业和军事工业的发展，美国原子能委员会的阿尔贡研究所研制了"遥控机械手"，用于代替人生产和处理放射性材料。1948 年，这种较简单的机械装置被改进，开发出了机械式的主从机械手(见图 1-9)。它由两个结构相似的机械手组成，主机械手在控制室，从机械手在有辐射的作业现场，两者之间由透明的防辐射墙相隔。操作者用手操纵主机械手，控制系统会自动检测主机械手的运动状态，并控制从机械手跟随主机械手运动，从而解决对放射性材料的远距离操作问题。这种被称为主从控制的机器人控制方式至今仍在很多场合中应用。

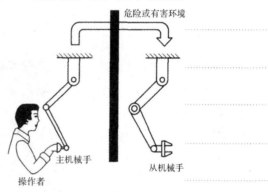

图 1-9 主从机械手

2. 直接示教

直接示教就是操作者操纵安装在机器人手臂内的操纵杆，按规定动作顺序示教动作内容。直接示教主要用于示教再现型机器人，先通过引导或其他方式教会机器人动作，输入工作程序，机器人则自动重复进行作业。

直接示教是一项成熟的技术，易于被熟悉工作任务的人员所掌握，而且用简单的设备和控制装置即可进行。示教过程进行得很快，示教过后马上即可应用。在某些系统中，还可以用与示教时不同的速度再现示教过程。

如果能够从一个运输装置获得使机器人的操作与搬运装置同步的信号，就可以用示教的方法来解决机器人与搬运装置配合的问题。

直接示教方式编程也有一些缺点：只能在人所能达到的速度下工作；难以与传感器的信息相配合；不能用于某些危险的情况；在操作大型机器人时，这种方法不实用；难以获得高速度和直线运动；难以与其他操作同步。

让学生到工业机器人旁边，由教师或上一届的学生边操作边介绍，但应注意安全。

3. 示教盒示教

示教盒示教是操作者利用示教控制盒上的按钮驱动机器人一步一步运动。它主要用于数控型机器人，不必使机器人动作，通过数值、语言等对机器人进

笔记

行示教，利用装在控制盒上的按钮可以驱动机器人按需要的顺序进行操作。机器人根据示教后形成的程序进行作业。

如图 1-10 所示，在示教盒中，每一个关节都有一对按钮，分别控制该关节在两个方向上的运动。有时还提供附加的最大允许关节速度控制功能。虽然为了获得最高的运行效率，人们希望机器人能实现多关节合成运动，但在用示教盒示教的方式下，却难以同时移动多个关节。类似于电视游戏机上的游戏杆，通过移动控制盒中的编码器或电位器可控制各关节的速度和方向，但难以实现精确控制。

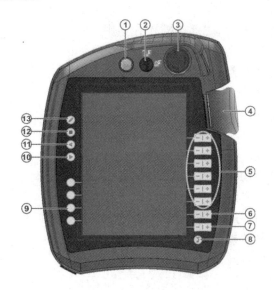

1—smartPAD 的按钮；2—钥匙开关；3—急停；4—3D 鼠标；5—移动键；

6、7—倍率键；8—主菜单按键；9—状态键；10—启动键；

11—逆向启动键；12—停止键；13—键盘按键

(a) KUKA 工业机器人示教盒

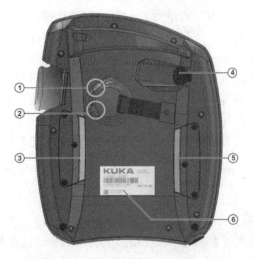

1、3、5—确认开关；2—启动键(绿色)；4—USB 接口；6—型号铭牌

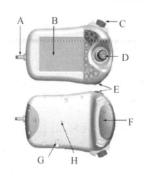

A—连接器；B—触摸屏；C—紧急停止按钮；D—控制杆；E—USB 端口；
F—使动装置；G—触摸笔；H—重置按钮

(b) ABB 工业机器人示教盒

图 1-10 示教盒

ABB 示教器的
基本操作

 看一看：学校所用工业机器人的示教盒。

示教盒示教方式也有一些缺点：示教相对于再现所需的时间较长，即机器人的有效工作时间短，尤其对一些复杂的动作和轨迹，示教时间远远超过再现时间；很难示教复杂的运动轨迹及准确度要求高的直线；示教轨迹的重复性差，两个不同的操作者示教不出同一个轨迹，即使同一个人两次不同的示教也不能产生同一个轨迹。示教盒一般用于对大型机器人或危险作业条件下的机器人示教，但这种方法仍然难以获得高的控制精度，也难以与其他设备同步和与传感器信息相配合。

1) 机器人示教器的组成

示教编程器由操作键、开关按钮、指示灯和显示屏等组成。

示教编程器的操作键主要分为四类：

(1) 示教功能键：如示教/再现、存入、删除、修改、检查、回零、直线插补、圆弧插补等，用于示教编程。

(2) 运动功能键：如 X ± 移动、Y ± 移动、Z ± 移动、1~6 关节 ± 转动等，用于操纵机器人示教。

(3) 参数设定键：如各轴的速度设定、焊接参数设定、摆动参数设定等。

(4) 特殊功能键：根据功能键所对应的功能菜单，打开不同的子菜单，并确定相应的控制功能。

示教编程器常用的开关按钮有急停开关、选择开关、使能键等。

(1) 急停开关：当此按钮按下时，机器人立即处于紧急停止状态，各机械手臂上的伺服控制器同时断电，机器人处于停止工作状态。

(2) 选择开关：与操作盒或操作面板配合，选择示教模式或者再现模式。

(3) 使能键：该开关只在示教模式下操作机器人时才有效，在开关被按下时机器人才可进行手动操作。紧急情况下释放该开关，机器人将立刻停止动作。

2) 机器人示教器的功能

示教编程器主要提供一些操作键、按钮、开关等，其目的是能够为用户编制程序、设定变量时提供一个良好的操作环境，它既是输入设备，也是输出显示设备，同时还是机器人示教的人机交互接口。

在示教过程中，它将控制机器人的全部动作，事实上它是一个专用的功能终端，它不断扫描示教编程器上的功能，并将其全部信息送入控制器、存储器中。示教器主要有以下功能：

(1) 手动操作机器人。

(2) 位置、命令的登录和编辑。

(3) 示教轨迹的确认。

(4) 生产运行。

(5) 查阅机器人的状态(I/O 设置、位置、焊接电流等)。

二、机器人示教再现原理

机器人的示教再现过程按如下四个步骤进行。

步骤一，示教。操作者把规定的目标动作(包括每个运动部件、每个运动轴的动作)一步一步地教给机器人。示教的简繁标志着机器人自动化水平的高低。

步骤二，记忆。机器人将操作者所示教的各个点的动作顺序信息、动作速度信息、位姿信息等记录在存储器中。存储信息的形式、存储存量的大小决定机器人能够进行的操作的复杂程度。

步骤三，再现。根据需要，将存储器所存储的信息读出，向执行机构发出具体的指令。机器人根据给定顺序或者工作情况，自动选择相应程序再现，这一功能标志着机器人对工作环境的适应性。

步骤四，操作。机器人以再现信号作为输入指令，使执行机构重复示教过程规定的各种动作。

在示教再现这一动作循环中，示教和记忆同时进行，再现和操作同时进行。这是机器人控制中比较方便和常用的方法之一。

三、示教再现操作方法

示教再现过程分为示教前准备、示教、再现前准备、再现四个阶段，如图 1-11 所示。

1. 示教前准备

(1) 接通主电源。把控制柜的主电源开关扳转到接通的位置，接通主电源并进入系统。

(2) 选择示教模式。示教模式分为手动模式和自动模式，示教阶段选择手动模式。

(3) 接通伺服电源。

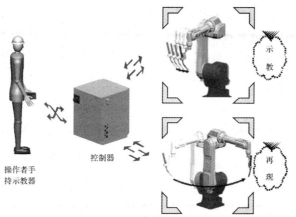

图 1-11 工业机器人的在线示教

2．示教

(1) 创建示教文件。在示教器上创建一个未曾示教过的文件名称，用于储存后面的示教文件。

(2) 根据情况设置示教点。一般设置一个起点，再根据作业要求设置其他点。

(3) 保存示教文件。

3．再现前准备

(1) 选择示教文件。选择已经示教好的文件，并将光标移到程序开头。

(2) 回初始位置。手动操作机器人移到步骤 1 位置。

(3) 示教路径确认。在手动模式下，使工业机器人沿着示教路径执行一个循环，确保示教运行路径正确。

(4) 选择再现模式。示教模式选择为自动模式。

(5) 接通伺服电源。

4．再现

设置好再现循环次数，确保没有人在机器人的工作区域里。启动机器人自动运行模式，使得机器人按示教过的路径循环运行程序。

四、在线示教编程的特点

(1) 利用机器人有较高的重复定位精度的优点，降低了系统误差对机器人运动绝对精度的影响。

(2) 要求操作者有专业知识和熟练的操作技能，近距离示教操作有一定的危险性，安全性较差。

(3) 示教过程烦琐、费时，需要根据作业任务反复调整末端执行器的位姿，占用了大量时间，时效性较差。

(4) 机器人在线示教精度完全靠操作者的经验目测决定，对于复杂运动轨迹难以取得令人满意的示教效果。

(5) 机器人示教时关闭与外围设备的联系功能，对需要根据外部信息进行实时决策的应用就显得无能为力。

(6) 在柔性制造系统中，这种编程方式无法与 CAD 数据库相连接。

五、在线示教实例

通过在线方式输入图 1-7 中 A 到 B 的作业点程序，其基本流程如图 1-12 所示，程序点说明如表 1-1 所示。

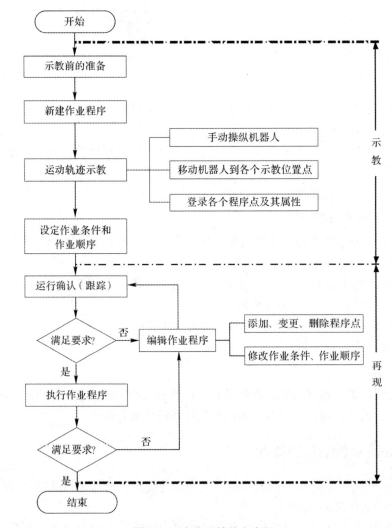

图 1-12　在线示教基本流程

表 1-1　图 1-7 程序点说明

程序点	说　明	程序点	说　明	程序点	说　明
程序点 1	机器人原点	程序点 3	作业开始点	程序点 5	作业规避点
程序点 2	作业临近点	程序点 4	作业结束点	程序点 6	机器人原点

1. 示教前的准备

(1) 工件表面清理。

(2) 工件装夹。

(3) 安全确认。

(4) 机器人原点确认。

2. 新建作业程序

作业程序是用机器人语言描述机器人工作单元的作业内容，主要用于登录示教数据和机器人指令。

3. 程序点的登录

运动轨迹示教方法见表 1-2。

表 1-2 运动轨迹示教

程序点	示 教 方 法
程序点 1 (机器人原点)	① 手动操纵将机器人移到原点。 ② 将程序点属性设定为"空走点"，插补方式选"PTP"。 ③ 确认保存程序点 1 为机器人原点
程序点 2 (作业临近点)	① 手动操纵将机器人移到作业临近点。 ② 将程序点属性设定为"空走点"，插补方式选"PTP"。 ③ 确认保存程序点 2 为作业临近点
程序点 3 (作业开始点)	① 手动操纵将机器人移到作业开始点。 ② 将程序点属性设定为"作业点/焊接点"，插补方式选"直线插补"。 ③ 确认保存程序点 3 为作业开始点。 ④ 如有需要，手动插入焊接开始作业命令
程序点 4 (作业结束点)	① 手动操纵将机器人移到作业结束点。 ② 将程序点属性设定为"空走点"，插补方式选"直线插补"。 ③ 确认保存程序点 4 为作业结束点。 ④ 如有需要，手动插入焊接结束作业命令
程序点 5 (作业规避点)	① 手动操纵将机器人移到作业规避点。 ② 将程序点属性设定为"空走点"，插补方式选"直线插补"。 ③ 确认保存程序点 5 为作业规避点
程序点 6 (机器人原点)	① 手动操纵将机器人移到原点。 ② 将程序点属性设定为"空走点"，插补方式选"PTP"。 ③ 确认保存程序点 6 为机器人原点

4. 设定作业条件

(1) 在作业开始命令中设定工作开始规范及工作开始动作次序。

(2) 在工作结束命令中设定工作结束规范及工作结束动作次序。

(3) 手动设置作业条件，比如手动调节保护气体流量。

笔记

5. 检查试运行

确认机器人附近无人后，按以下顺序执行作业程序的测试运转：

(1) 打开要测试的程序文件。

(2) 移动光标至期望跟踪程序点所在命令行。

(3) 持续按住示教器上的有关跟踪功能键，实现机器人的单步或连续运转。跟踪的主要目的是检查示教生成的动作以及末端工具指向位置是否已登录，如图 1-13 所示。

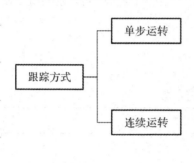

跟踪方式	单步运转	通过逐行执行当前行(光标所在行)的程序语句，机器人实现两个临近程序点间的单步正向或反向移动。结束 1 行的执行后，机器人动作暂停。
	连续运转	通过连续执行作业程序，从程序的当前行到程序的末尾，机器人完成多个程序点的顺向连续移动。程序为顺序执行，所以仅能实现正向跟踪，多用于作业周期估计。

图 1-13　跟踪方式

工厂经验：

(1) 当机器人 TCP 当前位置与光标所在行不一致时，按下跟踪功能键，机器人将从当前位置移动到光标所在程序点位置；而当机器人 TCP 当前位置与光标所在行一致时，机器人将从当前位置移动到下一临近示教点位置。

(2) 执行检查运行时，不执行起弧、喷涂等作业命令，只执行空再现。

(3) 利用跟踪操作可快速实现程序点的变更、增加和删除。

6. 再现

工业机器人程序的启动可用两种方法：

(1) 手动启动：使用示教器上的启动按钮启动程序，这种方法适合作业任务及测试阶段。

(2) 自动启动：利用外部设备输入信号启动程序，这种方法在实际生产中经常用到。在确认机器人的运行范围内没有其他人员或障碍物后：

① 打开要再现的作业程序，并移动光标到程序开头。

② 切换【模式】按钮至"再现/自动"状态。

③ 按下示教器上的【伺服 ON】按钮，接通伺服电源。

④ 按下【启动】按钮，机器人开始运行。

说明：执行程序时，光标跟随再现过程移动，程序内容自动滚动显示。

六、机器人的编程与语言

机器人的主要特点之一是通用性，使机器人具有可编程能力是实现这一特点的重要手段。机器人编程必然涉及机器人语言，机器人语言是使用符号来描述机器人动作的方法。它通过对机器人动作的描述，使机器人按照编程者的意图进行各种动作。

1. 机器人的编程系统

机器人语言编程系统包括三个基本操作状态：监控状态、编辑状态和执行状态。

监控状态用于整个系统的监督控制，操作者可以用示教盒定义机器人在空间中的位置，设置机器人的运动速度，存储和调出程序等。

编辑状态用于操作者编制或编辑程序，一般包括写入指令、修改或删除指令以及插入指令等。

执行状态用来执行机器人程序。在执行状态，机器人执行程序的每一条指令都是经过调试的，不允许执行有错误的程序。

和计算机语言类似，机器人语言程序可以编译，把机器人源程序转换成机器码，以便机器人控制柜能直接读取和执行。

2. 机器人语言编程

机器人语言编程即用专用的机器人语言来描述机器人的动作轨迹。它不但能准确地描述机器人的作业动作，而且能描述机器人的现场作业环境，如对传感器状态信息的描述，更进一步还能引入逻辑判断、决策、规划功能及人工智能。

机器人语言具有良好的通用性，同一种机器人语言可用于不同类型的机器人，这样也解决了多台机器人协调工作的问题。机器人语言主要用于下列类型的机器人。

(1) 感觉控制型机器人，利用传感器获取的信息控制机器人的动作。

(2) 适应控制型机器人，机器人能适应环境的变化，控制其自身的行动。

(3) 学习控制型机器人，机器人能"体会"工作的经验，并具有一定的学习功能，可以将所"学习"的经验用于工作中。

(4) 智能机器人，以人工智能决定其行动的机器人。

3. 机器人编程语言的指令集

机器人编程语言实际上是一个语言系统，机器人语言系统既包含语言本身——给出作业指示和动作指示，同时又包含处理系统——根据上述指示来控制机器人系统。机器人语言系统能够支持机器人编程、控制，以及与外围设备、传感器和机器人接口；同时还能支持与计算机系统间的通信。机器人语言的指令集包括如下几种功能：

(1) 移动插补功能：直线、圆弧插补。

(2) 环境定义功能。

(3) 数据结构及其运算功能。

(4) 程序控制功能：跳转运行或转入循环。

(5) 数值运算功能：四则运算、关系运算。

(6) 输入、输出和中断功能。

(7) 文件管理功能。

(8) 其他功能：工具变换、基本坐标设置和初始值设置、作业条件的设置等。

4. 机器人编程语言的基本特性

机器人编程语言(简称机器人语言)一直以三种方式发展着：一是产生一种全新的语言；二是对老版本语言(指计算机通用语言)进行修改和增加一些句法或规则；三是在原计算机编程语言中增加新的子程序。因此，机器人编程语言与计算机编程语言有着密切的关系，它也应有一般程序语言所应具有的特性。

(1) 清晰性、简易性和一致性。基本运动级作为点位引导级与结构化级的混合体，它可能有大量的指令，但控制指令很少，因此缺乏一致性。结构化级和任务级编程语言在开发过程中，自始至终都考虑了程序设计语言的特性。结构化程序设计技术和数据结构减轻了对特定指令的要求，坐标变换使得表达运动更一般化，而子句的运用大大提高了基本运动语句的通用性。

(2) 程序结构的清晰性。结构化程序设计技术的引入，如 while、do，if、then、else 这种类似自然语言的语句代替简单的 goto 语句，使程序结构清晰明了，但需要更多的时间和精力来掌握。

(3) 应用的自然性。这一特性的要求使得机器人语言逐渐增加各种功能，由低级向高级发展。

(4) 易扩展性。各种机器人语言既能满足各自机器人的需要，又能在扩展后满足未来新应用领域以及传感设备改进的需要。

(5) 调试和外部支持工具。它能快速有效地对程序进行修改，已商品化的较低级别的语言有非常丰富的调试手段，结构化级在设计过程中始终考虑到离线编程，因此也只需要少量的自动调试。

(6) 效率。语言的效率取决于编程的容易性，即编程效率和语言适应新硬件环境的能力(可移植性)。随着计算机技术的不断发展，处理速度越来越快，已能满足一般机器人控制的需要，各种复杂的控制算法实用化指日可待。

5. 机器人编程语言的基本功能

机器人编程语言的基本功能包括运算、决策、通信、机械手运动、工具指令以及传感器数据处理等。许多正在运行的机器人系统只提供机械手运动和工具指令以及某些简单的传感器数据处理功能。机器人语言体现出来的基本功能都是由机器人系统软件实现的。

1) 运算功能

在作业过程中执行规定的运算是机器人控制系统最重要的能力之一。如果机器人未装有任何传感器，那么可能不需要对机器人程序规定什么运算。没有传感器的机器人只不过是一台适于编程的数控机器。

装有传感器的机器人所进行的最有用的运算是解析几何计算。这些运算结果能使机器人自行做出决定，即在下一步把工具或夹具置于何处。

用于解析几何运算的计算工具可能包括：机械手解答及逆解答；坐标运算和位置表示，例如相对位置的构成和坐标的变化等；矢量运算，例如点积、交积、长度、单位矢量、比例尺以及矢量的线性组合等。

2) 决策功能

机器人系统能够根据传感器输入信息做出决策。传感器数据计算得到的结果，是做出下一步该干什么这类决策的基础。这种决策能力使机器人控制系统的功能变得更强有力。一条简单的条件转移指令(例如检验零值)就足以执行任何决策算法。决策采用的形式包括符号检验(正、负或零)、关系检验(大于、不等于等)、布尔检验(开或关、真或假)、逻辑检验(对一个计算字进行位组检验)以及集合检验(一个集合的数、空集等)。

3) 通信功能

人和机器能够通过许多不同方式进行通信。机器人向人提供信息的输出设备，按其复杂程度排列如下：

(1) 信号灯。通过发光二极管，机器人能够给出显示信号。

(2) 字符打印机、显示器。

(3) 绘图仪。

(4) 语言合成器或其他音响设备(铃、扬声器等)。

人向机器人传送信息的输入设备包括：按钮、旋钮和指压开关；数字或字母数字键盘；光笔、光标指示器和数字变换板；光学字符阅读机；远距离操纵主控装置，如悬挂式操作台等。

4) 机械手运动功能

可用许多不同方法来规定机械手的运动。最简单的方法是向各关节伺服装置提供一组关节位置，然后等待伺服装置到达这些规定位置。比较复杂的方法是在机械手工作空间内插入一些中间位置。这种程序使所有关节同时开始运动和同时停止运动

用与机械手的形状无关的坐标来表示工具位置是更先进的方法。在笛卡尔空间内引入一个参考坐标系，用以描述工具位置，然后让该坐标系运动。这对许多情况是很方便的。采用计算机之后，应用工具坐标系，极大地提高了机械手的工作能力，包括：

(1) 使复杂得多的运动顺序成为可能；

(2) 使运用传感器控制机械手运动成为可能；

(3) 能够独立存储工具位置，而与机械手的设计以及刻度系数无关。

5) 工具指令功能

一个工具控制指令通常是由某个开关或继电器的闭合而开始触发,而继电器又可能把电源接通或断开,以直接控制工具运动,或者送出一个小功率信号

笔记

给电子控制器，让后者去控制工具运动。直接控制是最简单的方法，而且对控制系统的要求也较少。可以用传感器来感受工具运动及其功能的执行情况。

当采用工具功能控制器时，对机器人主控制器来说就能对机器人进行比较复杂的控制。采用单独控制系统能够使工具功能控制与机器人控制协调一致地工作。这种控制方法已被成功地用于飞机机架的钻孔和铣削加工。

6）传感器数据处理功能

用于机械手控制的通用计算机只有与传感器连接起来，才能发挥其全部效用。传感器数据处理是许多机器人程序编制的十分重要而又复杂的组成部分。当采用触觉、听觉或视觉传感器时，更是如此。例如，当应用视觉传感器获取视觉特征数据、辨识物体和进行机器人定位时，对视觉数据的处理工作往往是极其大量和费时的。

6. 机器人语言系统的结构

如同其他计算机语言一样，机器人语言实际上是一个语言系统，机器人语言系统既包含语言本身——给出作业指示和动作指示，同时又包含处理系统——根据上述指示来控制机器人系统。机器人语言系统如图 1-14 所示，它能够支持机器人编程、控制，以及与外围设备、传感器和机器人接口，同时还能支持和计算机系统的通信。

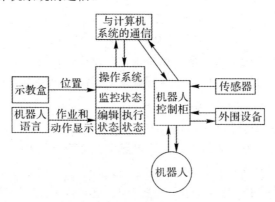

图 1-14　机器人语言系统

7. 工业机器人编程指令

编程语言的功能决定了机器人的适应性和给用户的方便性。目前，机器人编程还没有公认的国际标准，各制造厂商有各自的机器人编程语言。在世界范围内，机器人大多采用封闭的体系结构，没有统一的标准和平台，无法实现软件的可重用、硬件的可互换。产品开发周期长、效率低，这些因素阻碍了机器人产业化发展。

为促进我国工业机器人行业的发展，提高我国工业机器人在国际上的竞争能力，避免由于编程指令不统一，在一定程度上制约机器人发展，针对我国工业机器人当前发展的现状，为解决工业机器人发展和应用中企业"各自为政"的问题，提出了一套面向弧焊、点焊、搬运、装配等作业的工业机器人产品的编程指令，即工业机器人用户编程指令(GB/T 29824—2013)，为工业机器人离线编程系统的发展提供了必要的基础，促进了工业机器人在工业生产中的推广和应用，推动了我国工业机器人产业的发展。

　　工业机器人编程指令是指描述工业机器人动作指令的子程序库，它包含前台操作指令和后台坐标数据。工业机器人编程指令包含运动类、信号处理类、I/O 控制类、流程控制类、数学运算类、逻辑运算类、操作符类编程指令，以及文件管理指令、数据编辑指令、调试程序/运行程序指令、程序流程命令、手动控制指令等。

　　工业机器人用户编程指令(GB/T 29824—2013)规定了各种工业机器人的编程基本指令，适用于弧焊机器人、点焊机器人、搬运机器人、喷涂机器人、装配机器人等各种工业机器人。

　　1) 运动指令

　　运动指令(Move Instructions)见表 1-3，是指对工业机器人各关节转动、移动运动控制的相关指令。目的位置、插补方法、运行速度等信息都记录在运动指令中。

表 1-3　运 动 指 令

名称	功 能	格 式	实 例
MOVJ	以点到点方式移动到示教点	MOVJ ToPoint, SPEED[\V], Zone[\z];	MOVJ P001, V1000, Z2;
MOVL	以直线插补方式移动到示教点	MOVL ToPoint, Speed[\V], zone[\z];	MOVL P001, V1000, Z2;
MOVC	以圆弧插补方式移动到示教点	MOVC Point, speed[\v], Zone[\z];	MOVC H0001, V1000, Z2; MOVC H0002, V1000, Z2;
MOVS	以样条插补方式移动到示教点	MOVS ViaPoim, ToPoint, Speed[\v], Zone[\z];	MOVS P0001, V1000, Z2; MOVS P0002, V1000, Z2;
SHIFTON	开始平移动作		SHIFTON C0001 UF1:
SHIFTOFF	停止平移动作		SHIFTOFF:
MSHIFT	在指定的坐标系中，用数据2和数据3算出平移量，保存在数据1中	MSHIFT 变量名 1, 坐标系, 变量名 2, 变量名 3;	MSHIFT PR001, UF1, P001, P002;

　　2) 信号处理指令

　　信号处理指令(signal Processing Instructions)见表 1-4，是指对工业机器人信号输入/输出通道进行操作的相关指令，包括对单个信号通道和多个信号通道的设置、读取等。

笔记

表 1-4 信号处理指令

名称	功能	格式	实例
SET	将数据 2 中的值转入数据 1 中	SET<数据 1>, <数据 2>;	SET 1012, 1020;
SETE	给位置变量中的元素设定数据	SETE<数据 1>, <数据 2>;	SETE P012(3), D005;
GETE	取出位置变量中的元素	GETE<数据 1>, <数据 2>;	GETE P012(3), D005;
CLEAR	将数据 1 指定的号码后面的变量清除为 0, 清除变量个数由数据 2 指定	CLEAR<数据 1>,<数据 2>;	CLEAR P012(3), D005;
WAIT	等待直到外部输入信号的状态符合指定的值	WAIT IN<输入数>=ON/OFF, T<时间(sec)>;	WAIT IN12=ON, T10; WAIT IN10=B002:
DELAY	停止指定时间	DELAY T<时间(sec)>;	DELAY T12:
SETOUT	控制外部输出信号开和关		SETOUT OUT12, ON(OFF)IF IN2=ON; SETOUT OUT12, ON(OFF);
DIN	把输入信号读入到变量中		DIN B012, IN16; DIN B006, IG2;

3) 流程控制指令

流程控制指令(Flow control Instructions)见表 1-5,是对机器人操作指令顺序产生影响的相关指令。

表 1-5 流程控制指令

名称	功能	格式	实例
L	标明要转移到的语句	L<标号>:	L123:
GOTO	跳转到指定标号或程序	GOTO I<标签号>; GOTO L<标签号>, IF IN<输入信号>= =ON/OFF; GOTO L<标签号>, IF R<变量名><比较符>数值;	GOTO L002, IF IN14= =ON; GOTO L001;
CALL	调用指定的程序	CALL<程序名称>;	CALL TEST1 IF IN17= =ON; CALL TEST2;
RET	返回主程序		RET IF IN17= =OFF; RET;

名称	功 能	格 式	实 例
END	程序结束		END;
NOP	无任何运行		NOP;
#	程序注释	#注释内容	#TART STEP;

IF	判断各种条件。附加在进行处理的其他命令之后	IF CONDITION
		THEN STATEMENT
		{ELSEIF CONDITIONTHEN…}
		{ELSE}
		ENDIF
			IF R004＝＝1 THEN
			SETOUT D011_10,ON;
			DELAY 0.5:
			MOVJ P0001, V100,Z2;
			ENDIF;

UNTIL	在动作中判断输入条件。附加在进行处理的其他命令之后使用		MOVL P0001, V1000, UNTIL IN11＝＝ON;
MAIN	MAIN 表示主程序的开始，一段程序中只能有一个主程序。MAIN 是程序的入口，EOP(End Of Program)是程序的结束。MAIN-EOP 必须一起使用，形成主程序区间，在一个任务文件中只能使用一次	MAIN; {程序体} EOP;	MAIN; MOVJ P0001, V200, Z0; MOVL P0002, V100, Z0; MOVL P0003, V100, Z1; EOP;
FUNC	FUNC 表示函数的开始；NAME 为函数名，ENDFUNC 是程序的结束。FUNC…ENDFUNC 必须一起使用，形成程序区间。FUNC 可以在 MAIN-EOP 区域之外，也可以单独在一个没有 MAIN 函数的程序文件中	FUNC…NAME; (PARAMETER) {函数体}	

FOR	重复程序执行	FOR 循环变量＝起始值 TO 结束值 BY 步进值程序命令
		ENDFOR;
			FOR I001=0 TO 10 BY 1
			MOVJ P0001, V10, Z0;
			SETOUT OUT10, OFF;
			MOVL P0002, V100, Z1;
			ENDFOR;

笔记   续表二

名 称	功 能	格 式	实 例

WHILE	当指定的条件为真(TRUE)时,程序命令被执行。如果条件为假(FALSE),WHILE 语句被跳过	WHILE 条件
		程序命令
		ENDWL;
			WHILE R004<5
			MOVJ P001, V10, Z0;
			MOVL P002, V20, Z1;
			ENDWL;

DO	创建一个 DO 循环	DO
		程序命令
		DO UNTILL 条件
			DO
			MOVJ P0001, V10, Z0;
			SETOUT OUT10, OFF;
			MOVL P0002, V100, Z1; INCR1 001;
			DOUNTILL 1 001>4:

CASE	根据特定的情形编号执行程序	CASE 索引变量
		VALUE 情况值 1, …:
		程序命令 1
		VALUE 情况值 2, …:
		程序命令 2
		VALUE 情况值 n, …:
		程序命令 3
			CASE 1001
			VALUE 1, 3, 5, 7:
			MOVJ P0001, V10, Z0;
			VALUE 2, 4, 5, 8:
			MOVJ P0002, V10, Z0;
			VALUE 9:
			MOVJ P0003, V10, Z0;

CASE	根据特定的情形编号执行程序	ANYVALUE 程序命令 4 ENDCS;	ANYVALUE: MOVJ P0000, V10, Z0; ENDCS;
PAUSE	暂时停止(暂停)程序的执行	PAUSE;	PAUSE;
HALT	停止程序执行。此命令执行后,程序不能恢复运行	HALT;	HALT;
BREAK	结束当前的执行循环	BREAK;	BREAK;

4) 数学运算指令

数学运算指令(Math Instructions)见表 1-6,是指对程序中相关变量进行数学运算的指令。

表 1-6 数学运算指令

名 称	功 能	格 式	实 例
INCR	在指定的变量值上增加 1		INCR 1038;
DECR	在指定的变量值上减 1		DECR 1038;
ADD	把数据 1 与数据 2 相加,结果存入数据 1	ADD<数据 1>, <数据 2>;	ADD 1012,1013;
SUB	把数据 1 与数据 2 相减,结果存入数据 1	SUB<数据 1>, <数据 2>;	SUB 1012,1013;

MUL	把数据 1 与数据 2 相乘,结果存入数据 1	MUL<数据 1>, <数据 2>;
		数据 1 可以是位置变量的一个元素;
		Pxxx(0): 全轴数据;
		Pxxx(1): X 轴数据;
		Pxxx(2): Y 轴数据;
		Pxxx(3): Z 轴数据;
		Pxxx(4): T_X 轴数据;
		Pxxx(5): T_Y 轴数据;
		Pxxx(6): T_Z 轴数据
			MUL 1012,1013;
			MUL P001(3), 2;
			(用 Z 轴数据与 2 相乘)

DIV	把数据 1 与数据 2 相除,结果存入数据 1	DIV<数据 1>, <数据 2>; 数据 1 可以是位置变量的一个元素; Pxxx(0): 全轴数据; Pxxx(1): X 轴数据; Pxxx(2): Y 轴数据; Pxxx(3): Z 轴数据; Pxxx(4): T_X 轴数据; Pxxx(5): T_Y 轴数据; Pxxx(6): T_Z 轴数据	DIV1012,1013; DIV P001(3), 2; (用 Z 轴数据与 2 相除)
SIN	取数据 2 的正弦, 存入数据 1	SIN<数据 1>, <数据 2>;	SIN R000, R001; (设定 R000=SIN R001)
COS	取数据 2 的余弦, 存入数据 1	COS<数据 1>, <数据 2>;	COS R000, R001; (设定 R000=COS R001)
ATAN	取数据 2 的反正切, 存入数据 1	ATAN<数据 1>, <数据 2>;	ATAN R000, R001; (设定 R000=ATAN R001)
SQRT	取数据 2 的平方根, 存入数据 1	SQRT<数据 1>, <数据 2>;	SQRT R000, R001; (设定 R000=SQRT R001)

5) 逻辑运算指令

逻辑运算指令(Logic Operation Instructions)见表1-7，指完成程序中相关变量的布尔运算的相关指令。

表1-7　逻辑运算指令

名称	功　能	格　式	实　例
AND	取数据1和数据2的逻辑与，存入数据1	AND<数据1>,<数据2>;	AND B012, B020;
OR	取数据1和数据2的逻辑或，存入数据1	OR<数据1>,<数据2>;	OR B012, B020;
NOT	取数据1和数据2的逻辑非，存入数据1	NOT<数据1>,<数据2>;	NOT B012, B020;
XOR	取数据1和数据2的逻辑异或，存入数据1	XOR<数据1>,<数据2>;	XOR B012, B020;

6) 文件管理指令

文件管理指令(File Manager Instructions)见表1-8，指实现编程指令相关文件管理的指令。

表1-8　文件管理指令

名称	功　能	格　式	实　例
NEWDIR	创建目录	NEWDIR 目录路径;	NEWDIR/usr/robot;
RNDIR	重命名目录	RNDIR 旧目录名，新目录名;	RNDIR robot, tool;
CUTDIR	剪切指定目录和目录下所有内容到目标目录	CUTDIR 原目录,目标目录;	CUTDIR/usr/robot, /project;
DELDIR	删除目录及目录下的所有内容	DELDIR 目录;	DELDIR TEST;
DIR	显示指定目录下面所有子目录和文件	DIR 目录;	DIR/usr/robot;
NEWFILE	创建指定类型的文件	NEWFILE 文件名，文件类型;	NEWFILE robot, TXT;
RNFILE	重命名文件	RNFILE 旧文件名，新文件名;	RNFILE test, robot;
COPYFILE	复制文件到目标目录	COPYFILE 文件名,目标目录;	COPYFILE test, /robot;
CUTFILE	移动文件到目标目录	CUTFILE 文件名,目标目录;	CUTFILE test, /robot;
DELFILE	删除指定文件	DELFILE 文件名;	DELFILE test;
FILEINFO	显示的文件信息(信息包括：文件类型；大小；创建时间；修改时间；创建者)	FILEINFO 文件名;	FILEINFO test;
SAVEFILE	保存文件为指定的文件名	SAVEFILE 文件名;	SAVEFILE TEST2;

7) 声明数据变量指令

声明数据变量指令(Declaration Data Instructions)见表 1-9，指工业机器人编程指令中的数据声明指令。

表 1-9 声明数据变量指令

名 称	功 能	格 式	实 例
INT	声明整型数据	INT 变量; 或 INT 变量 = 常数;	INT a; INT a=^B101; (十进制为 5) INT a=^HC1; (十进制为 193) INT a=^B1000; (十进制为 - 8) INT a=^H1000; (十进制为 - 4096)
REAL	声明实型数据	REAL 变量; 或 REAL 变量 = 常数;	REAL a=10.05:
BOOL	声明布尔型数据	BOOL a; 或 BOOL 变量 = TRUE/FALSE;	BOOL a; BOOL a=TRUE;
CHAR	声明字符型数据	CHAR a; 或 CHAR 变量 = '字符';	CHAR a: CHAR a='r'
STRING	声明字符串数据	STRING a; 或 STRING 变量 = "字符串";	STRING a; STRING a="ROBOT":
JTPOSE	确定关节角表示的机器人位姿	JTPOSE 位姿变量名 = 关节1, 关节2, …, 关节n;	JTPOSE POSE1=0.00,33.00, - 15.00,0, - 40,30;
TRPOSE	变换值表示的机器人位姿	TRPOSE 位姿变量名 = x 轴位移, y 轴位移, z 轴位移, x 轴旋转, y 轴旋转, z 轴旋转;	TRPOSE POSE1=210.00, 321.05, -150.58, 0, 1.23, 2.25;
TOOLDATA	定义工具数据	TOOLDATA 工具名 = X, Y, Z, Rx, Ry, Rz, <W>, <Xg, Yg, Zg>, <Ix, Iy, Iz>;	TOOLDATA T001=210.00, 321.05, -150.58, 0, 1.23, 2.25, 1.5, 2, 110, 0.035, 0.12, 0;
COORDATA	定义坐标系数据	COORDATA 坐标系名, 类型, ORG, XX, YY;	COORDATA T001, T, BP001, BP002, BP003;
IZONEDATA	定义干涉区数据	IZONEDATA 干涉区名, 空间起始点, 空间终止点;	IZONEDATA IZONE1, P001, P002;
ARRAY	声明数组型数据	ARRAY 类型名变量名 = 变量值;	ARRAY TRPOSE poseVar; poseVar[1]=pose1; #定义一个变换值类型的一维数组，数组的第一个值赋值为 pose1

笔记

8) 数据编辑指令

数据编辑指令(Data Editing Instructions)见表 1-10，指工业机器人编程指令中的后台位姿坐标数据进行相关编辑管理的指令。

表 1-10　数据编辑指令

名　称	功　能	格　式	实　例
LISTTRPOSE	获取指定函数中保存的变换值位姿数据，如果位姿变量未指定，则返回该函数下所有变换值位姿变量	LISTTRPOSE 位姿变量名;	LISTT RPOSE POSE1;
EDITTRPOSE	编辑或修改一个变换值位姿变量到指定的函数中。如果位姿变量已经存在，则相当于修改并保存；如果位姿变量不存在，则相当于新建并保存	EDITTRPOSE 位姿变量名 = X 轴位移, Y 轴位移, Z 轴位移, X 轴旋转, Y 轴旋转, Z 轴旋转;	EDITTRPOSE POSE1 = 210.00.321.05, -150.58, 0, 1.23, 2.25;
DELTRPOSE	删除指定函数中的位姿变量	DELTRPOSE 位姿变量名;	DELTRPOSE POSE1;
LISTJTPOSE	获取指定函数中保存的关节位姿数据。如果位姿变量未指定，则返回该函数下所有关节位姿变量	LISTJTPOSE 位姿变量;	LISTJTPOSE POSE1;
EDITJTPOSE	编辑或修改一个关节位姿变量到指定的函数中。如果位姿变量已经存在，则相当于修改并保存；如果位姿变量不存在，则相当于新建并保存	EDITJTPOSE 位姿变量名=X 轴位移, Y 轴位移, Z 轴位移, X 轴旋转, Y 轴旋转, Z 轴旋转;	EDITJTPOSE POSE1=0.00, 33.00, -15.00, 0, -40, 30;
DELTRPOSE	删除指定函数中的位姿变量	DELTRPOSE 位姿变量名;	DELTRPOSE POSE1;
HSTCOOR	返回指定坐标系的数据，如果坐标系名为空，则返回所有的坐标数据	HSTCOOR 坐标系名;	HSTCOOR T001;

名称	功能	格式	实例
EDITCOOR	编辑或修改一个坐标系参数。每个坐标系的数据包括坐标系名、类型、ORG、XX 坐标系名、XY 坐标系名。其中，坐标系名指要定义的坐标系名称；坐标系的类型包括 T(工具坐标系)和 O(工件坐标系)；ORG 为定义的坐标系的坐标原点；XX 为定义的坐标系的 X 轴上的点；XY 为定义的坐标的 XY 面上的点	EDITCOOR 坐标系名,类型, ORG, XX, XY;	EDITCOOR T001, T, BID01, BP002, BP003;
DELCOOR	删除指定的坐标系	DELCOOR 坐标系名;	DELCOOR T001;
LISTTOOL	返回已经定义的工具参数：工具名，指定要返回的工具参数。如果工具名省略，则返回所有已经定义的工具	LISTTOOL 工具名;	LISTTOOL T001;
EDITTOOL	编辑或修改工具数据	EDITTOOL 工具名=X, Y, Z, Rx, RY, Rz, \<W\>, \<Xg, Yg, Zg\>, \< Ix, IY, Iz\>;	EDITTOOLT001:210.00, 321.05,-150.58,0,1.23,2.25, 1.5, 2, 110, 0.035, 0.12, 0;
DELTOOL	删除工具	DELTOOL 工具名;	DELTOOL T001;
LISTIZONE	返回已经定义的干涉区参数：干涉区名，指定要返回的干涉区数据。如果干涉区名省略，则返回所有已经定义的干涉区	LISTIZONE 干涉区名;	LISTIZONE IZONE1:
EDITIZONE	编辑或修改干涉区数据	EDITIZONE 干涉区名,空间起始点,空间终止点;	EDITIZONE 1, P001, P002;
DELIZONE	删除指定的干涉区	DELIZONE 干涉区名;	DELIZONE 1;

9) 操作符

操作符(Operation Sign)见表 1-11，指工业机器人编程指令中简化使用的

✍ **笔记**　一些数学运算、逻辑运算的操作符号。

表 1-11　操 作 符

类型	名称		功　　能
关系操作符	==		等值比较符号，相等时为 TRUE，否则为 FALSE
	>		大于比较符号，大于时为 TRUE，否则为 FALSE
	<		小于比较符号，小于时为 TRUE，否则为 FALSE
	>=		大于或等于比较符号，大于或等于时为 TRUE，否则为 FALSE
	<=		小于或等于比较符号，小于或等于时为 TRUE，否则为 FALSE
	<>		不等于符号，不等于时为 TRUE，否则为 FALSE
运算操作符	+	PLUS	两数相加
	-	MINUS	两数相减
	*	MUL	两数相乘(Multiplication)
	/	DIN	两数相除(Division)
特殊符号	#	COMMT	注释(comment)，用于注释程序
	;	SEM1	分号，用于程序语句的结尾
	:	COLON	冒号(GOTO)
	,	COMMA	逗号，用于分隔数据
	=	ASSIGN	赋值符号

10) 文件结构

文件是用来保存工业机器人操作任务及运动中示教点的有关数据文件。工业机器人文件必须分为任务文件和数据文件。任务文件是机器人完成具体操作的编程指令程序，任务文件为前台运行文件。数据文件是机器人编程示教过程中形成的相关数据，以规定的格式保存，运行形式是后台运行。

(1) 任务文件。

任务文件用于实现一种特定的功能，例如电焊、喷涂等，一个应用程序包含而且只能包含一个任务。任务必须包含有入口函数(MAIN)和出口函数(END)。一个任务文件代表一个任务，任务的复杂程度由用户根据需要决定。

示例：

MAIN

L01:

MOVJ P001, V010, Z0;

MOVJ P002, V010, Z0;

MOVJ P003, V010, Z0;

MOVL P004, V010, Z0;

MOVJ P005, V01, Z0;

MOVL P002, V010, Z0;

GOTO L01:

END

任务文件(*.prl)和相应的数据文件(*.dat)必须同名。

(2) 数据文件。

数据文件用于存放各种类型的变量，分为基础变量类型和复杂变量类型。其中复杂变量类型包括：TRPOSE 变换值表示的位姿；JTPOSE 关节角表示的位姿；LOADDATA 表示的负载；TOOLDATA 表示的工具；COORDATA表示的坐标系类型。每一个复杂变量都对应一个全局变量文件。其他的数据类型都归类为基础变量类型，包括点变量和其他信息。

(3) 点的格式。

P<点号>=<dam1>，<dma2>，<data3>，<data4>，<dma5>，<dma6>;

数据与数据之间用逗号隔开，末尾由分号结尾。

(4) 程序的其他信息。

程序的其他信息如创建时间、工具号、程序注释信息等，在程序内均以* 开头注明。

示例：

* NAME 2A3

*COMMENT

*TOOL 2

*TIME 2015.1.11

* NAME A3

*COMMENT

* TOOL 2

*TIME 2015-1-11

P00001=16.126531, 19.180542, 12.458099, 20.031335, 49.417869, 1.803786;

P00002=16.126531, 19.180542, 12.458099, 20.031335, 49.417869, 8.621886;

P00003=16.049234, 19.394369, 12.187001, 20.595254, 50.653930, 4.482399;

P00004=62.049234, 21.253555, 13.974972, 21.742446, 47.252561, 2.736275;

P00005=15.9281 13, 21.920491, 23.075772, 21.942206, 51.061904, 3.707517;

P00006=15.9281 13, 21.920491, 13.075772, 21.942206, 51.061904, 3.707517;

到目前为止，已经问世的机器人语言有的是研究室里的实验语言，有的是实用的机器人语言。前者中比较有名的有美国斯坦福大学开发的 AL 语言、IBM 公司开发的 Autopass 语言、英国爱丁堡大学开发的 RAPT 语言等；后者中比较有名的有由 AL 语言演变而来的 VAL 语言、日本九州大学开发的 IML语言、IBM 公司开发的 AML 语言等。

笔记

查一查：RAPT 语言、IML 语言与 AML 语言的指令。

七、机器人在线编程的信息

机器人完成作业所需的信息包括运动轨迹、作业条件和作业顺序。

1. 运动轨迹

运动轨迹是机器人为完成某一作业，工具中心点(TCP)所掠过的路径，如图 1-15 所示，是机器示教的重点。从运动方式上看，工业机器人具有点到点(PTP)运动和连续路径(CP)运动 2 种形式。按运动路径种类区分，工业机器人具有直线和圆弧 2 种动作类型，如表 1-12 所示。

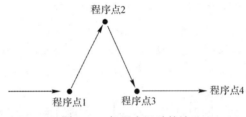

图 1-15　机器人运动轨迹

表 1-12　工业机器人常见插补方式

插补方式	动作描述	动作图示
关节插补	机器人在未规定采取何种轨迹移动时，默认采用关节插补。出于安全考虑，通常在程序点 1 用关节插补示教	
直线插补	机器人从前一程序点到当前程序点运行一段直线，即直线轨迹，仅示教 1 个程序点(直线结束点)即可。直线插补主要用于直线轨迹的作业示教	
圆弧插补	机器人沿着用圆弧插补示教的 3 个程序点执行圆弧轨迹移动。圆弧插补主要用于圆弧轨迹的作业示教	

笔记

示教时，直线轨迹示教 2 个程序点(直线起始点和直线结束点)；圆弧轨迹示教 3 个程序点(圆弧起始点、圆弧中间点和圆弧结束点)。在具体操作过程中，通常 PTP 示教各段运动轨迹端点，而 CP 运动由机器人控制系统的路径规划模块经插补运算产生。机器人运动轨迹的示教主要是确认程序点的属性。每个程序主要包含如下几个程序点：

(1) 位置坐标。描述机器人 TCP 的 6 个自由度(3 个平动自由度和 3 个转动自由度)。

(2) 插补方式。机器人再现时，从前一程序点移动到当前程序点的动作类型。

(3) 再现速度。机器人再现时，从前一程序点移动到当前程序点的速度。

(4) 空走点。指从当前程序点移动到下一程序点的整个过程不需要实施作业，用于示教除作业开始点和作业中间点之外的程序点。

(5) 作业点。指从当前程序点移动到下一程序点的整个过程需要实施作业，用于作业开始点和作业中间点。

注意：

(1) 空走点和作业点决定从当前程序点移动到下一程序点是否实施作业。

(2) 作业区间的再现速度一般按作业参数中指定的速度移动，而空走区间的移动速度则按移动命令中指定的速度移动。

(3) 登录程序点时，程序点属性值也将一同被登录。

2. 作业条件

工业机器人作业条件的登录方法有 3 种形式。

(1) 使用作业条件文件。输入作业条件的文件称为作业条件文件。使用这些文件，可使作业命令的应用更简便。

(2) 在作业命令的附加项中直接设定。首先需要了解机器人指令的语言形式，或程序编辑画面的构成要素。程序语句一般由行标号、命令及附加项几部分组成，如图 1-16 所示。

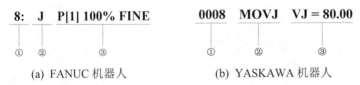

(a) FANUC 机器人   (b) YASKAWA 机器人

图 1-16 程序语句的主要构成要素

(3) 手动设定。在某些应用场合下，有关作业参数的设定需要手动进行。

3. 作业顺序

作业顺序不仅可以保证产品质量，而且可以提高效率。作业顺序的设置主要涉及如下两个方面：

(1) 作业对象的工艺顺序。在某些简单作业场合，作业顺序的设定同机器人运动轨迹的示教合二为一。

笔记

(2) 机器人与外围周边设备的动作顺序。在完整的工业机器人系统中，除机器人本身外，还包括一些周边设备，如变位机、移动滑台、自动工具快换装置等。

📹 任务扩展

一、常用工业机器人的移动命令

虽然工业机器人用户编程指令(GB/T 29824—2013)规定了各种工业机器人的编程基本指令，但不同的工业机器人其指令还是有差异的。表 1-13 为常用工业机器人的移动指令。

表 1-13 常用工业机器人的移动命令

运动形式	移动方式	移动命令					
		ABB	FANUC	YASKAWA	KUKA	时代	GSK
点位运动	PTP	MoveJ	J	MOVJ	PTP	MOVJ	MOVJ
连续路径运动	直线	MoveL	L	MOVL	LIN	MOVL	MOVL
	圆弧	MoveC	C	MOVC	CIRC	MOVC	MOVC

二、常用工业机器人的示教器

不同工业机器人的示教器虽然作用相差不大，性能结构也类似，但细节上还是有差异的。图 1-17 是常用工业机器人的示教器。

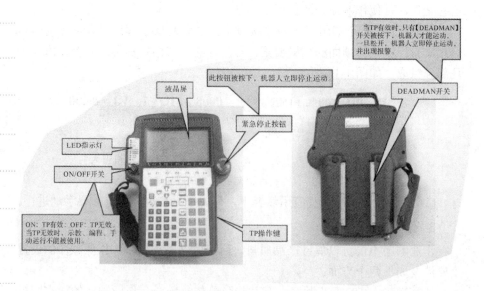

(a) FANUC 工业机器人的示教器

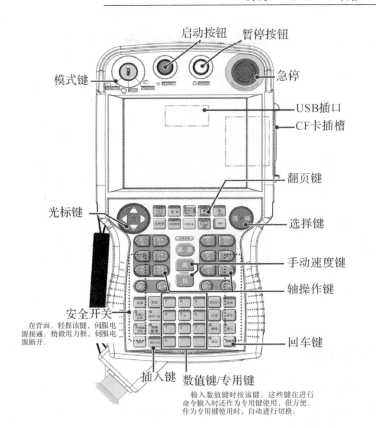

启动按钮　暂停按钮

模式键

急停

USB插口

CF卡插槽

翻页键

光标键

选择键

手动速度键

轴操作键

安全开关

在背面。轻握该键，伺服电源接通。稍微用力握，伺服电源断开。

回车键

插入键　数值键/专用键

输入数值键时按该键。这些键在进行命令输入时还作为专用键使用，很方便。作为专用键使用时，自动进行切换。

(b) YASKAWA 工业机器人的示教器

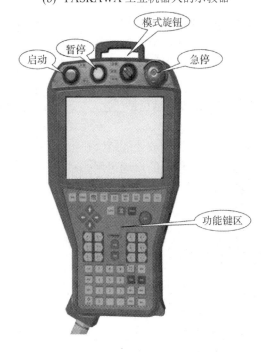

模式旋钮

暂停

启动

急停

功能键区

(c) 时代工业机器人的示教器

笔记

(d) GSK 工业机器人的示教器

图 1-17 常用工业机器人的示教器

参考答案

任务巩固

一、填空题：

1. 示教的方法有很多种，主要有_____、编程式、_____、直接示教(即手把手示教)等。

2. 示教模式分为手动模式和自动模式，示教阶段选择_____。

3. 跟踪的主要目的是检查示教生成的_____以及末端工具指向位置是否已_____。

4. 机器人语言编程系统包括_____、编辑状态和_____三个基本操作状态。

5. 机器人完成作业所需的信息包括_____、作业条件和_____。

二、判断题：

( ) 1. 紧急情况下，释放使能键，机器人将立刻停止。

( ) 2. 工业机器人程序的启动可用一种方法。

( ) 3. 运动轨迹是机器人为完成某一作业，其工具中心点(TCP)所掠过的路径。

三、简答题：

1. 简述机器人示教器的组成。

2. 简述示教再现原理。

3. 在线示教编程有什么特点？

4. 对机器人语言编程有什么要求？

5. 简述机器人编程语言的基本功能。

6. 工业机器人编程指令包括哪几类？

课程思政

全面建成小康社会，一个民族不能少；实现中华民族伟大复兴，一个民族也不能少。共产党说到就要做到，也一定能够做到。

任务三　认识工业机器人的坐标系

🎥 任务导入

在生产中，工业机器人一般需要配备外围设备，如转动工件的回转台、移动工件的移动台等。这些外围设备的运动和位置控制都需要与工业机器人相配合并要求具有相应的精度。通常机器人运动轴按其功能可划分为机器人轴、基座轴和工装轴，基座轴和工装轴统称外部轴，如图1-18所示。

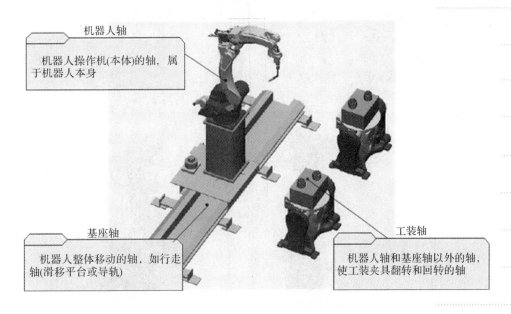

图1-18　机器人系统中各运动轴

笔记

任务目标

知 识 目 标	能 力 目 标
1. 掌握机器人坐标系的确定原则 2. 掌握常用工业机器人坐标系的确定方法 3. 掌握工业机器人常用坐标系的确定方法	1. 会进行机器人坐标系的设置及选择 2. 能根据实际情况选择不同的坐标系

任务准备

一体化教学

带领学生到工业机器人旁边进行介绍，但应注意安全。

工业机器人轴是指操作本体的轴，属于机器人本身，目前商用的工业机器人大多以 8 轴为主。基座轴是使机器人移动的轴的总称，主要指行走轴(移动滑台或导轨)，工装轴是除机器人轴、基座轴以外轴的总称，指使工件、工装夹具翻转和回转的轴，如回转台、翻转台等。实际生产中常用的是 6 关节工业机器人，该机器人操作机有 6 个可活动的关节(轴)。图 1-19 为典型机器人各运动轴。表 1-14 为常见工业机器人本体运动轴的定义，不同的工业机器人本体运动轴的定义是不同的。KUKA 机器人 6 轴分别定义为 A1、A2、A3、A4、A5 和 A6；ABB 工业机器人则定义为轴 1、轴 2、轴 3、轴 4、轴 5 和轴 6。其中 A1、A2 和 A3 轴(轴 1、轴 2 和轴 3)称为基本轴或主轴，用于保证末端执行器达到工作空间的任意位置；A4、A5 和 A6 轴(轴 4、轴 5 和轴 6)称为腕部轴或次轴，用于实现末端执行器的任意空间姿态。图 1-20 示出了 YASKAWA 工业机器人各运动轴的关系。

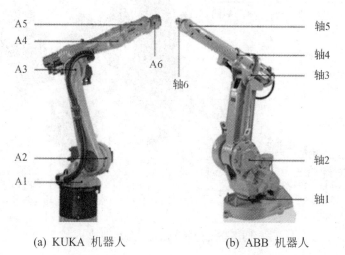

(a) KUKA 机器人　　　　　　(b) ABB 机器人

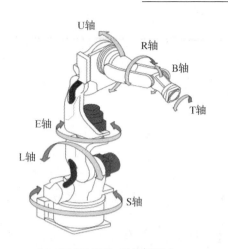

(c) YASKAWA 工业机器人　　　　(d) FANUC 工业机器人

图 1-19　典型机器人各运动轴

表 1-14　常见工业机器人本体运动轴的定义

轴 类 型	轴 名 称				动作说明
	ABB	FANUC	YASKAWA	KUKA	
主轴(基本轴)	轴 1	J1	S 轴	A1	本体回旋
	轴 2	J2	L 轴	A2	大臂运动
	轴 3	J3	U 轴	A3	小臂运动
次轴(腕部运动)	轴 4	J4	R 轴	A4	手腕旋转运动
	轴 5	J5	B 轴	A5	手腕上下摆动
	轴 6	J6	T 轴	A6	手腕圆周运动

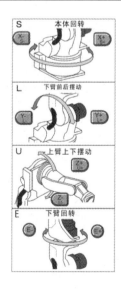

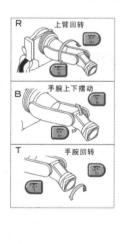

图 1-20　YASKAWA 工业机器人各运动轴的关系

任务实施

教师上网查询或自己制作多媒体。

一、机器人坐标系的确定

1. 机器人坐标系的确定原则

机器人程序中所有点的位置都是和一个坐标系相联系的，同时，这个坐标系也可能和另外一个坐标系有联系。

机器人的各种坐标系都由正交右手定则来决定，如图 1-21 所示。当围绕平行于 X、Y、Z 轴线的各轴旋转时，分别定义为 A、B、C。A、B、C 分别以 X、Y、Z 的正方向上右手螺旋前进的方向为正方向(如图 1-22 所示)。

多媒体教学

机器人坐标系的
确定原则

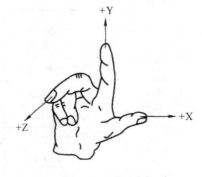

图 1-21　右手坐标系

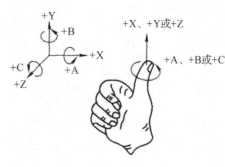

图 1-22　旋转坐标系

查一查：工业机器人坐标系的确定与数控机床坐标系的确定有何区别？

2. 常用坐标系的确定

常用的坐标系是绝对坐标系、机座坐标系、机械接口坐标系和工具坐标系，如图 1-23 所示。

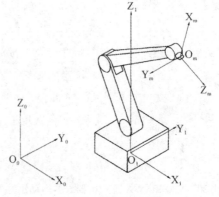

图 1-23　坐标系示例

1) 绝对坐标系

绝对坐标系是与机器人的运动无关，以地球为参照系的固定坐标系，其符号为 $O_0X_0Y_0Z_0$。绝对坐标系的原点 O_0 由用户根据需要来确定；$+Z_0$ 轴与重力加速度的矢量共线，但其方向相反；$+X_0$ 轴根据用户的使用要求来确定。

2) 基座坐标系

基座坐标系是以机器人基座安装平面为参照系的坐标系，如图 1-24 所示，其符号为 $O_1X_1Y_1Z_1$。

基座坐标系的原点由机器人制造厂规定；$+Z_1$ 轴垂直于机器人基座安装面，指向机器人机体；X_1 轴的方向由原点指向机器人工作空间中心点 C_w(见 GB/T12644—2001)在基座安装面上的投影(见图 1-24)。当由于机器人的构造不能实现此约定时，X_1 轴的方向可由制造厂家规定。

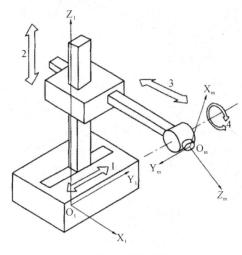

(a) 直角坐标机器人

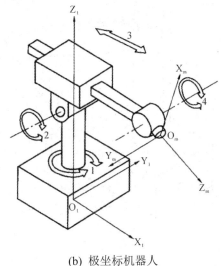

(b) 极坐标机器人

图 1-24　基座坐标系

笔记

3) 机械接口坐标系

如图 1-25 所示，机械接口坐标系是以机械接口为参照系的坐标系，其符号为 $O_mX_mY_mZ_m$。机械接口坐标系的原点 O_m 是机械接口的中心；$+Z_m$ 轴的方向垂直于机械接口中心，并由此指向末端执行器；$+X_m$ 轴是由机械接口平面和 X_1、Z_1 平面(或平行于 X_1、Z_1 的平面)的交线来定义的。同时机器人的主、副关节轴处于运动范围的中间位置。当机器人的构造不能实现此约定时，应由制造厂规定主关节轴的位置。$+X_m$ 轴的指向是远离 Z_1 轴。

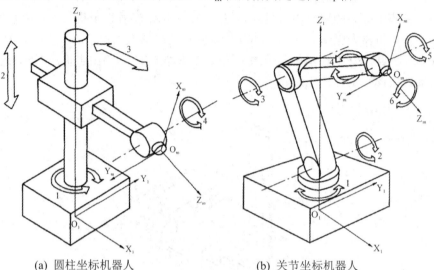

(a) 圆柱坐标机器人　　　　　(b) 关节坐标机器人

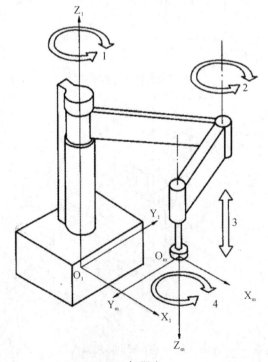

(c) SCARA 机器人

图 1-25　机械接口坐标系

4) 工具坐标系

　　工具坐标系是以安装在机械接口上的末端执行器为参照系的坐标系，如图 1-26 所示，其符号为 $O_tX_tY_tZ_t$。工具坐标系的原点 O_t 是工具中心点(TCP)；$+Z_t$ 轴与工具有关，通常是工具的指向；在平板式夹爪型夹持器夹持时，$+Y_t$ 在手指运动平面的方向。

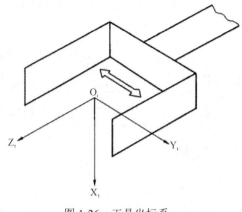

图 1-26　工具坐标系

　　带领学生到工业机器人旁边介绍，但应注意安全。

二、工业机器人常用坐标系

1. 基坐标系(Base Coordinate System)

　　基坐标系又称为基座坐标系，位于机器人基座上，如图 1-24 与图 1-27 所示，它是最便于机器人从一个位置移动到另一个位置的坐标系。基坐标系在机器人基座中有相应的零点，这使固定安装的机器人的移动具有可预测性，因此它对于将机器人从一个位置移动到另一个位置很有帮助。在正常配置的机器人系统中，当人站在机器人的前方并在基坐标系中微动控制，将控制杆拉向自己一方时，机器人将沿 X 轴移动；向两侧移动控制杆时，机器人将沿 Y 轴移动；扭动控制杆时，机器人将沿 Z 轴移动。

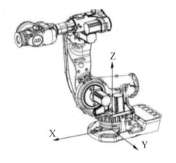

图 1-27　机器人的基坐标系

2. 世界坐标系(World Coordinate System)

　　世界坐标系又称为大地坐标系或绝对坐标系。如果机器人安装在地面，在基坐标系下示教编程很容易。然而，当机器人吊装时，机器人末端移动直观性差，因而示教编程较为困难。另外，两台或更多台机器人共同协作完成一项任务时，例如，一台安装于地面，另一台倒置，倒置机器人的基坐标系也将上下颠倒。如果分别在两台机器人的基坐标系中进行运动控制，则很难预测相互协作运动的情况。在此情况下，可以定义一个世界坐标系，选择共同的世界坐标系取而代之。若无特殊说明，单台机器人世界坐标系和基坐标系是重合的，如图 1-23 和图 1-28 所示。当工作空间内同时有几台机器人时，使用公共的世界坐标系进行编程有利于机器人程序间的交互。

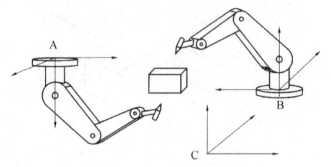

A—基坐标系 1；B—基坐标系 2；C—世界坐标系

图 1-28　世界坐标系

看一看：去当地企业参观了解应用世界坐标系的工业机器人工作站。

3. 用户坐标系(User Coordinate System)

机器人可以和不同的工作台或夹具配合工作，在每个工作台上建立一个用户坐标系。机器人大部分采用示教编程的方式，步骤烦琐。对于相同的工件，如果放置在不同的工作台上，在一个工作台上完成工件加工示教编程后，如果用户的工作台发生变化，不必重新编程，只需相应地变换到当前的用户坐标系下。用户坐标系是在基坐标系或者世界坐标系下建立的，如图 1-29 所示，用两个用户坐标系来表示不同的工作平台。

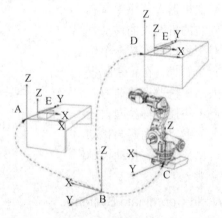

A—用户坐标系；B—大地坐标系；C—基坐标系；

D—移动用户坐标系；E—工件坐标系

图 1-29　用户坐标系

4. 工件坐标系(object Coordinate System)

　　工件坐标系与工件相关,通常是最适于对机器人进行编程的坐标系。工件坐标系定义工件相对于大地坐标系(或其他坐标系)的位置,如图 1-30 所示。

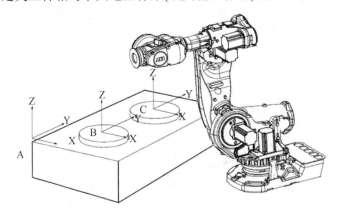

A—大地坐标系；B—工件坐标系 1；C—工件坐标系 2

图 1-30　工件坐标系

　　工件坐标系是拥有特定附加属性的坐标系,主要用于简化编程。工件坐标系拥有两个框架：用户框架(与大地基座相关)和工件框架(与用户框架相关)。机器人可以拥有若干工件坐标系,或者表示不同工件,或者表示同一工件在不同位置的若干副本。对机器人进行编程时就是在工件坐标系中创建目标和路径。这样将带来很多优点：重新定位工作站中的工件时,只需更改工件坐标系的位置,所有路径将即刻随之更新。允许操作以外轴或传送导轨移动的工件,因为整个工件可连同其路径一起移动。

创建工件坐标系

 做一做：针对你熟悉的工业机器人确定其工件坐标系。

5. 腕坐标系(Wrist Coordinate System)

　　腕坐标系和工具坐标系都是用来定义工具的方向的。在简单的应用中,腕坐标系可以定义为工具坐标系,腕坐标系和工具坐标系重合。腕坐标系的 Z 轴和机器人的第 6 根轴重合,如图 1-31 所示,坐标系的原点位于末端法兰盘的中心,X 轴的方向与法兰盘上标识孔的方向相同或相反,Z 轴垂直向外,Y 轴符合右手法则。

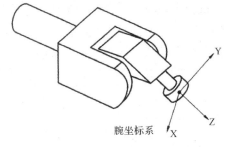
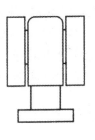

腕坐标系

图 1-31　腕坐标系

✍ 笔记

6. 工具坐标系(Tool Coordinate System)

安装在末端法兰盘上的工具需要在其中心点(TCP)定义一个工具坐标系，通过坐标系的转换，可以操作机器人在工具坐标系下运动，以方便操作。如果工具磨损或更换，只需重新定义工具坐标系，而不用更改程序。工具坐标系建立在腕坐标系下，即两者之间的相对位置和姿态是确定的。图 1-26 与图 1-32 表示不同工具的工具坐标系的定义。

创建工具
坐标系

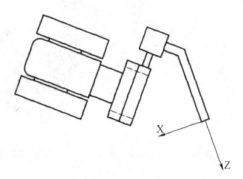

(a) 弧焊枪坐标系

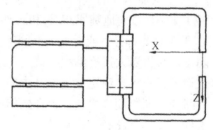

(b) 点焊枪坐标系

图 1-32　工具坐标系

做一做：针对你熟悉的工业机器人确定其工具坐标系。

📹 任务扩展

一、置换坐标系

置换坐标系(Displacement Coordinate System)又称为位移坐标系，有时需要对同一个工件、同一段轨迹在不同的工位上加工，为了避免每次重新编程，可以定义一个置换坐标系。置换坐标系是基于工件坐标系定义的，如图 1-33 所示。当置换坐标系被激活后，程序中的所有点都将被置换。

二、关节坐标系

关节坐标系(Joint Coordinate System)用来描述机器人每个独立关节的运

动，如图 1-34 所示。所有关节类型可能不同(如移动关节、转动关节等)。假设将机器人末端移动到期望的位置，如果在关节坐标系下操作，可以依次驱动各关节运动，从而引导机器人末端到达指定的位置。

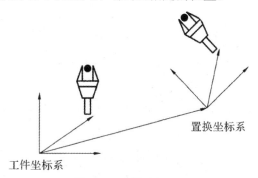

图 1-33 置换坐标系

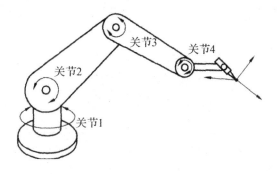

图 1-34 关节坐标系

任务巩固

一、填空题：

1. 基坐标系在机器人基座中有相应的_____，它是便于机器人从一个_____移动到另一个_____的坐标系。

2. 用户坐标系是在_____或者_____下建立的。

3._____是安装在末端法兰盘上的工具中心点(TCP)。

二、判断题：

(   ) 1. 两台工业机器人同时对一辆汽车进行焊接，应定义一个世界坐标系。

(   ) 2. 机器人可以拥有一个工件坐标系。

(   ) 3. 腕坐标系和工具坐标系都是用来定义工具方向的。

三、简答题：

1. 工业机器人常用的坐标系有哪几种？

2. 世界坐标系的用处是什么？

3. 弧焊枪工具坐标系与夹爪工具坐标系有什么区别？

参考答案

✎ 笔记

操作与应用

工 作 单

姓　名		工作名称		初识工业机器人的编程
班　级		小组成员		
指导教师		分工内容		
计划用时		实施地点		
完成日期		备注		

工　作　准　备		
资　料	工　具	设　备

工作内容与实施	
工　作　内　容	工　作　实　施
1. 工业机器人编程语言有哪几种类型？	
2. 工业机器人语言编程系统有几类程序？	
3. 工业机器人的坐标系有哪种？	
4. 对图示工业机器人进行基本操作。	
5. 对图示工业机器人进行工具坐标系的设定。	
6. 对图示工业机器人进行工件坐标系的设定。	(注：可根据实际情况选用不同的机器人)

工 作 评 价

	评 价 内 容				
	完成的质量 (60分)	技能提升能力 (20分)	知识掌握能力 (10分)	团队合作 (10分)	备 注
自我评价					
小组评价					
教师评价					

1. 自我评价

序号	评 价 项 目	是	否
1	是否明确人员的职责		
2	能否按时完成工作任务的准备部分		
3	工作着装是否规范		
4	是否主动参与工作现场的清洁和整理工作		
5	是否主动帮助同学		
6	是否正确操作工业机器人		
7	是否正确设置工业机器人工具坐标系		
8	是否正确设置工业机器人工件坐标系		
9	是否完成了清洁工具和维护工具的摆放		
10	是否执行 6S 规定		
评价人		分数	时间 年 月 日

2. 小组评价

序号	评 价 项 目	评 价 情 况
1	与其他同学的沟通是否顺畅	
2	是否尊重他人	
3	工作态度是否积极主动	
4	是否服从教师的安排	
5	着装是否符合要求	
6	能否正确地理解他人提出的问题	
7	能否按照安全和规范的规程操作	
8	能否保持工作环境的整洁	

✎ **笔记**

序号	评价项目	评价情况
9	是否遵守工作场所的规章制度	
10	是否有岗位责任心	
11	是否全勤	
12	是否能正确对待肯定和否定的意见	
13	团队工作中的表现如何	
14	是否达到任务目标	
15	存在的问题和建议	

3. 教师评价

课程	工业机器人现场编程与调试	工作名称	初识工业机器人的编程	完成地点	
姓名		小组成员			
序号	项 目		分 值	得 分	
1	简答题		20		
2	正确操作工业机器人		40		
3	正确设置工业机器人工具坐标系		20		
4	正确设置工业机器人工件坐标系		20		

自 学 报 告

自学任务	两种以上常见工业机器人的基本操作
自学要求	任选两种工业机器人，但至少包括 ABB、FANUC、YASKAWA、KUKA、时代、GSK、华中中的一种
自学内容	
收获	
存在问题	
改进措施	
总结	

模块二　一般搬运类工作站的现场编程

任务一　认识搬运类工作站

任务导入

工业机器人搬运类工作站的任务是由机器人完成工件的搬运，通常包括图 2-1 所示的搬运、码垛、上下料、包装等，有些装配也属于这种类型。

(a) 搬运机器人

(b) 码垛机器人

(c) 上下料机器人

(d) 包装机器人在工作

笔记

课程思政

政治要强，让有信仰的人讲信仰，善于从政治上看问题，在大是大非面前保持政治清醒。

搬运机器人

码垛机器人

ETC 关节式组线单元

包装机器人

(e) 装配机器人

图 2-1　工业机器人搬运类工作站

任务目标

知 识 目 标	能 力 目 标
1. 掌握搬运机器人的周边设备组成	1. 能认识工业机器人的周边设备
2. 掌握工位布局的方式	2. 能识别工业机器人不同的工位布局
3. 掌握搬运类工作站(搬运、装配、码垛)作业程序的编制方法	3. 能根据实际情况编制搬运类工作站的作业程序

工厂参观

在教师的带领下，让学生到当地工厂中去参观，并在工业机器人工作站边介绍(若条件不允许，教师可通过视频进行介绍)，应注意安全。

任务准备

用机器人完成一项搬运工作，除需要搬运机器人(机器人和搬运设备)以外，还需要一些周边辅助设备。

一、滑移平台

对于某些搬运场合，由于搬运空间大，搬运机器人的末端工具无法到达指定的搬运位置或姿态，此时可通过外部轴的办法来增加机器人的自由度。其中增加滑移平台是增加搬运机器人自由度最常用的方法，可安装在地面上或安装在龙门框架上，如图 2-2 所示。

✎ 笔记

(a) 地面安装　　　　　　　　(b) 龙门架安装

图 2-2　滑移平台安装方式

二、搬运系统

搬运系统主要包括真空发生装置、气体发生装置、液压发生装置等，均为标准件。一般的真空发生装置和气体发生装置均可满足吸盘和气动夹钳所需动力，企业常用空气控压站对整个车间提供压缩空气和抽真空；液压发生装置的动力元件(电动机、液压泵等)布置在搬运机器人周围，执行元件(液压缸)与夹钳一体，需安装在搬运机器人末端法兰上，与气动夹钳相类似。

1. 手爪

(1) 夹钳式手爪。夹钳式手爪是装配过程中最常用的一类手爪，多采用气动或伺服电动机驱动，闭环控制配备传感器可准确控制手爪起动、停止及其转速，并对外部信号做出准确反映。夹钳式手爪具有重量轻、出力大、速度快、惯性小、灵敏度高、转动平滑、力矩稳定等特点，其结构类似于搬运作业夹钳式手爪，但又比搬运作业夹钳式手爪精度高、柔顺性好，如图 2-3 所示。

(2) 专用式手爪。专用式手爪是在装配中针对某一类装配场合单独设计的末端执行器，且部分带有磁力，常用于螺钉、螺栓的装配，同样亦多采用气动或伺服电动机驱动，如图 2-4 所示。

(3) 组合式手爪。组合式手爪在装配作业中是通过组合获得各单组手爪优势的末端执行器，灵活性较大，多用于机器人需要相互配合装配的场合，可节约时间、提高效率，如图 2-5 所示。

图 2-3　夹钳式手爪　　图 2-4　专用式手爪　　图 2-5　组合式手爪

2. 吸盘

常用的几种普通型吸盘的结构如图 2-6 所示。图 2-6(a)所示为普通型直进

笔记

气吸盘，靠头部的螺纹可直接与真空发生器的吸气口相连，使吸盘与真空发生器成为一体，结构非常紧凑。图 2-6(b)所示为普通型侧向进气吸盘，其中弹簧用来缓冲吸盘部件的运动惯性，可减小对工件的撞击力。图 2-6(c)所示为带支撑楔的吸盘，这种吸盘结构稳定，变形量小，并能在竖直吸吊物体时产生更大的摩擦力。图 2-6(d)所示为采用金属骨架，由橡胶压制而成的碟盘形大直径吸盘，吸盘作用面采用双重密封结构面，大径面为轻吮吸启动面，小径面为吸牢有效作用面。柔软的轻吮吸启动使得吸着动作特别轻柔，不伤工件，且易于吸附。图 2-6(e)所示为波纹型吸盘，其可利用波纹的变形来补偿高度的变化，往往用于吸附工件高度变化的场合。图 2-6(f)所示为球铰式吸盘，吸盘可自由转动，以适应工件吸附表面的倾斜，转动范围可达 30°～50°，吸盘体上的抽吸孔通过贯穿球节的孔，与安装在球节端部的吸盘相通。

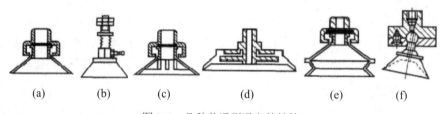

(a) (b) (c) (d) (e) (f)

图 2-6 几种普通型吸盘的结构

看一看：你所在地区的搬运类工作站周边设备的种类。

任务实施

一、工位布局

1. 独立布局

独立布局是未组成工作单位或工作系统的布局，如图 2-1 所示。现以不同工业机器人在装配行业中的应用为例介绍之。

1) 水平串联式装配机器人

水平串联式装配机器人亦称为平面关节型装配机器人或 SCARA 机器人，是目前装配生产线上应用数量最多的一类装配机器人。它属于精密型装配机器人，具有速度快、精度高、柔性好等特点，驱动多为交流伺服电动机，保证其较高的重复定位精度，可广泛应用于电子、机械和轻工业等产品的装配，适合工厂柔性化生产需求，如图 2-7 所示。对于一台工业机器人来说是一种独立布局。

图 2-7 水平串联式装配机器人

2) 垂直串联式装配机器人

垂直串联式装配机器人多有 6 个自由度,可在空间任意位置确定任意位姿,面向对象多为三维空间的任意位置和姿势的作业。图 2-8 所示是采用 FANUC LR Mate200iC 垂直串联式装配机器人进行读卡器的装配作业。

3) 并联式装配机器人

并联式装配机器人亦称拳头机器人、蜘蛛机器人或 Delta 机器人,是一种轻型、结构紧凑的高速装配机器人,可安装在任意倾斜角度上,独特的并联机构可实现快速、敏捷动作且减少了非累积定位误差。目前在装配领域,并联式装配机器人有两种形式可供选择,即三轴手腕(合计六轴)和一轴手腕(合计四轴),具有小巧高效、安装方便、精准灵敏等优点,广泛应用于 IT、电子装配等领域。图 2-9 所示是采用两套 FANUC M-liA 并联式装配机器人进行键盘装配作业的场景。就单个机器人来说是独立布局,对整条自动线来说是"一"字型布局。

图 2-8　垂直串联式装配机器人组装读卡器　　图 2-9　并联式装配机器人组装键盘

2. 单元布局

由搬运机器人组成的加工单元或柔性化生产,可完全代替人工实现物料自动搬运,因此搬运机器人工作站布局是否合理将直接影响搬运速率和生产节拍。根据车间场地面积,在有利于提高生产节拍的前提下,搬运机器人工作站可采用 L 型、环状、"品"字、"一"字等布局。

1) L 型布局

将搬运机器人安装在龙门架上,使其行走在机床上方,可大限度节约地面资源,如图 2-10 所示。

2) 环状布局

环状布局又称"岛式加工单元",如图 2-11 所示,以关节式搬运机器人为中心,机床围绕其周围形成环状,进行工件搬运加工,可提高生产效率、节约空间,适合小空间厂房作业。

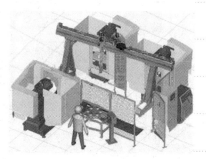

图 2-10　L 型布局

如图 2-12 所示，该系统以六轴机器人为中心岛，机床在其周围作环状布置，进行设备间的工件转送。集高效生产、稳定运行、节约空间等优势于一体，适合于狭窄空间场合的作业。

图 2-11　环状布局　　　　　　　图 2-12　地装式机器人上下料

地装式机器人
上下料

3）"一"字布局

对于一些结构简单的零部件，一般不超过两个工序就可以全部加工完成，因此，这些零件的自动化加工单元通常由一个桁架式的机械手配合几台机床和一个到两个料仓组成，如图 2-13 所示。

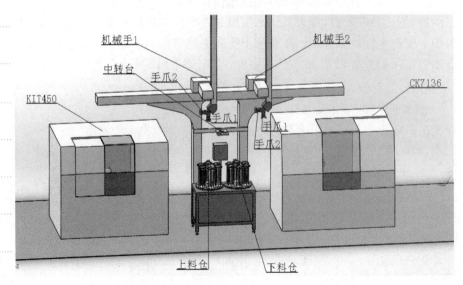

包装机器人

图2-13 桁架式机械手工作示意图

图 2-14 所示的天吊行走轴机器人上下料系统具有和普通机器人同样的机械和控制系统，和地装机器人拥有同样实现复杂动作的可能。区别于地装式，其行走轴在机床上方，拥有节约地面空间的优点，且可以轻松适应机床在导轨两侧布置的方案，缩短导轨的长度。和专机相比，不需要非常高的车间空间，方便行车的安装和运行。可以实现单手抓取 2 个工件的功能，节约生产时间。

图 2-14 天吊行走轴机器人上下料系统

图 2-15 所示的地装行走轴机器人上下料系统中配备了一套地装导轨，导轨的驱动作为机器人的外部轴进行控制，行走在导轨上面的上下料机器人运行速度快，有效负载大，有效地扩大了机器人的动作范围，使得该系统具有高效的扩展性。这也是"一"字布局的一种形式。

人行走轴
人上下料

图 2-15 地装行走轴机器人上下料系统

笔记

查一查：不同类型工作站的布局与组成。

二、搬运类工作站作业程序

1. 码垛

1) 形式

码垛机器人可加快运输时的码垛效率，提升物流速度，获得整齐统一的物垛，减少物料破损与浪费。因此，码垛机器人将逐步取代传统码垛机以实现生产制造“新自动化、新无人化”，码垛行业亦因码垛机器人出现而步入“新起点”。码垛的常见形式如图 2-16 所示。

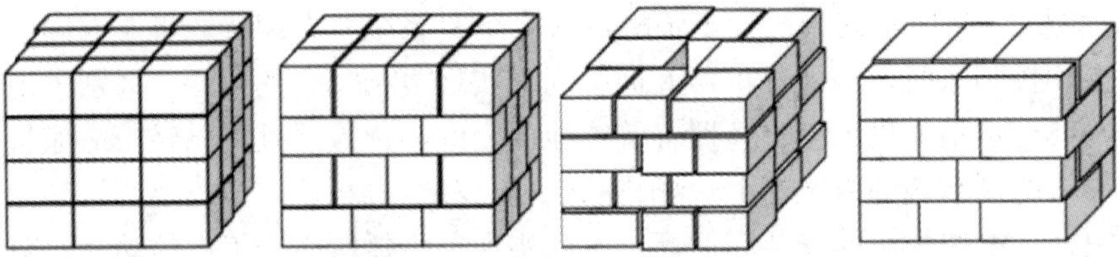

(a) 重叠式　(b) 纵横交错式　(c) 旋转交错式　(d) 正反交错式

图 2-16　码垛的形式

工匠精神

工匠精神，是指在技术精湛的前提下，不骄傲，不满足，不得过且过，注重细节，精雕细琢，精雕细镂，追求完美，追求极致。

(1) 重叠式。

各层码放方式相同，上下对应，层与层之间不交错堆码。

优点：操作简单，工人操作速度快，包装物四个角和边重叠垂直，承压能力大。

缺点：层与层之间缺少咬合，稳定性差，容易发生塌垛。

适用范围：货品底面积较大的情况，比较适合自动装盘操作。

(2) 纵横交错式。

相邻两层货品的摆放旋转 90°，一层为横向放置，另一层为纵向放置，层次之间交错堆码。

优点：操作相对简单，层次之间有一定的咬合效果，稳定性比重叠式好。

缺点：咬合强度不够，稳定性不够好。

适用范围：比较适合自动装盘堆码操作。

(3) 旋转交错式。

第一层相邻的两个包装体都互为 90°，两层之间的堆码相差 180°。

优点：相邻两层之间咬合交叉，托盘货品稳定性较好，不容易塌垛。

缺点：堆码难度大，中间形成空穴，托盘承载能力降低。

(4) 正反交错式。

同一层中，不同列货品以 90° 垂直码放，相邻两层货物码放形式旋转 180°。

优点：不同层间咬合强度较高，相邻层次之间相互压缝，稳定性较好。

缺点：操作较麻烦，人工操作速度慢。

2) 码垛工作站的作业程序

以袋料码垛为例，选择关节式(4 轴)，末端执行器为抓取式，采用在线示教方式为机器人输入码垛作业程序，以 A 垛 I 码垛为例介绍，码垛机器人运动轨迹如图 2-17 所示，程序点说明如表 2-1 所示，码垛作业流程如图 2-18 所示，码垛作业示教如表 2-2 所示。

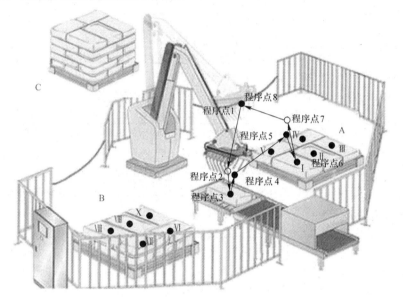

图 2-17　码垛机器人运动轨迹

表 2-1　程序点说明

程序点	说明	抓手动作	程序点	说明	抓手动作
程序点 1	机器人原点		程序点 5	作业中间点	抓取
程序点 2	作业临近点		程序点 6	作业终止点	放置
程序点 3	作业起始点	抓取	程序点 7	作业规避点	
程序点 4	作业中间点	抓取	程序点 8	机器人原点	

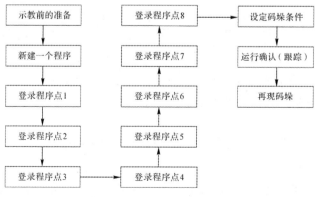

图 2-18　码垛机器人作业流程

✎ 笔记

表 2-2　码垛作业示教

程序点	示 教 方 法
程序点 1 (机器人原点)	① 手动操作将机器人移到原点。 ② 插补方式选择"PTP"。 ③ 确认并保存程序点 1 为码垛机器人原点
程序点 2 (作业临近点)	① 手动操作将码垛机器人移到作业临近点,并调整抓手姿态。 ② 插补方式选择"PTP"。 ③ 确认并保存程序点 2 为码垛机器人作业临近点
程序点 3 (作业起始点)	① 手动操作将码垛机器人移到作业起始点且保持抓手位姿不变。 ② 插补方式选择"直线插补"。 ③ 再次确认程序点,保证其为作业起始点。 ④ 若有需要可直接输入码垛作业命令
程序点 4 (作业中间点)	① 手动操作将码垛机器人移到作业中间点,并适度调整抓手姿态。 ② 插补方式选择"直线插补"。 ③ 确认并保存程序点 4 为码垛机器人作业中间点
程序点 5 (作业中间点)	① 手动操作将码垛机器人移到作业中间点,并适度调整抓手姿态。 ② 插补方式选择"PTP"。 ③ 确认并保存程序点 5 为码垛机器人作业中间点
程序点 6 (作业终止点)	① 手动操作将码垛机器人移到作业终止点,且调整抓手位姿以适合安放工件。 ② 插补方式选择"直线插补"。 ③ 再次确认程序点,保证其为作业终止点。 ④ 若有需要可直接输入码垛作业命令
程序点 7 (作业规避点)	① 手动操作将码垛机器人移到作业规避点。 ② 插补方式选择"直线插补"。 ③ 确认并保存程序点 7 为码垛机器人作业规避点
程序点 8 (机器人原点)	① 手动操作将码垛机器人移到原点。 ② 插补方式选择"PTP"。 ③ 确认并保存程序点 8 为码垛机器人原点

3) 码垛参数设定

码垛参数设定主要为 TCP 设定、物料重心设定、托盘坐标系设定、末端执行器姿态设定、物料重量设定、码垛层数设定、计时指令设定等。

4) 检查试运行

确认码垛机器人周围安全,进行作业程序跟踪测试:

(1) 打开要测试的程序文件。

(2) 移动光标到程序开头位置。

(3) 按住示教器上的有关跟踪功能键,实现码垛机器人单步或连续运转。

5) 再现码垛

(1) 打开要再现的作业程序,并将光标移动到程序的开始位置,将示教器上的【模式】开关设定到"再现/自动"状态。

（2）按下示教器上【伺服 ON】按钮，接通伺服电源。

（3）按下【启动】按钮，码垛机器人开始运行。

码垛机器人编程时运动轨迹上的关键点坐标位置可通过示教或坐标赋值方式进行设定，在实际生产当中若托盘相对较大，采用示教方式找寻关键点；若产品尺寸同托盘码垛尺寸合理，采用坐标赋值方式获取关键点。

采用赋值法获取关键点，图 2-19 中黑点为产品的几何中心点，即需找到托盘上表面这些几何点垂直投影点所在位置。

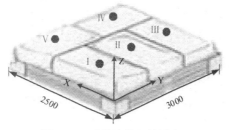

图 2-19　赋值法获取关键点

2. 数控机床与机器人上下料工作站

机器人上、下料时，需要与数控机床进行信息交换并互相配合，才能有条不紊地工作。

1）上下料输送线工作过程

上下料输送线工作流程如图 2-20 所示。

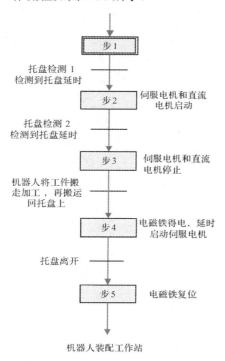

图 2-20　上下料输送线工作流程

当托盘放置在输送线的起始位置（托盘位置 1）时，托盘检测光敏传感器检测到托盘，启动直流减速电动机和伺服电动机，3 节输送线同时运行，将托盘向工件上料位置"托盘位置 2"处输送。

当托盘达到上料位置(托盘位置 2)时，被阻挡电磁铁挡住，同时托盘检测光敏传感器检测到托盘，直流电动机与伺服电动机停止。等待机器人将托盘上的工件搬运至数控机床进行加工，再将加工完成的工件搬运到托盘上。

当机器人将加工完成的工件搬运到托盘上后，电磁铁得电，挡铁缩回，伺服电动机启动，工件上下料输送线 2 和工件上下料输送线 3 运行，将装有工件的托盘向装配工作站输送。

2) 上下料工作站工作过程

工业机器人上下料工作站由机器人系统、PLC 系统、数控机床(CNC)、上下料输送线系统、平面仓库和操作按钮盒等组成。

(1) 设备上电前，系统处于初始状态，即输送线上无托盘、机器人手爪松开、数控机床卡盘上无工件。

(2) 设备启动前要满足机器人选择远程模式、机器人在作业原点、机器人伺服已接通、无机器人报警错误、无机器人电池报警、机器人未运行及 CNC 就绪等初始条件。满足条件时黄灯常亮，否则黄灯熄灭。

(3) 设备就绪后，按启停按钮，系统运行，机器人启动，绿色指示灯亮。

① 将载有待加工工件的托盘放置在输送线的起始位置(托盘位置 1)时，托盘检测光敏传感器检测到托盘，启动直流电动机和伺服电动机，上下料输送线同时运行，将托盘向工件上料位置"托盘位置 2"处输送。

② 当托盘达到上料位置(托盘位置 2)时，被阻挡电磁铁挡住，同时托盘检测光敏传感器检测到托盘，直流电动机与伺服电动机停止。

③ CNC 安全门打开，机器人将托盘上的工件搬运到 CNC 加工台上。

④ 搬运完成后，CNC 安全门关闭，卡盘夹紧，CNC 进行加工处理。

⑤ CNC 加工完成后，CNC 安全门打开，通知机器人把工件搬运到上料位置的托盘上。

⑥ 搬运完成，上料位置(托盘位置 2)的阻挡电磁铁得电，挡铁缩回，伺服电动机启动，工件上下料输送线 2 和工件上下料输送线 3 运行，将装有工件的托盘向装配工作站输送。

(4) 在运行过程中，再次按启停按钮，系统将本次上下料加工过程完成后停止。

(5) 在运行过程中，按暂停按钮，机器人暂停，按复位按钮，机器人再次运行。

(6) 在运行过程中急停按钮一旦动作，系统立即停止。急停按钮复位后，还须按复位按钮进行复位。按复位按钮不能使机器人自动回到工作原点时，机器人必须通过示教器手动复位到工作原点。

(7) 若系统存在故障，红色警示灯将常亮。系统故障包含：上下料传送带伺服故障、上下料机器人报警错误、上下料机器人电池报警、数控系统报

笔记

警、数控门开关超时报警、上下料工作站急停等。当系统出现故障时，可按复位按钮进行复位。

上下料工作站的工作流程如图 2-21 所示。

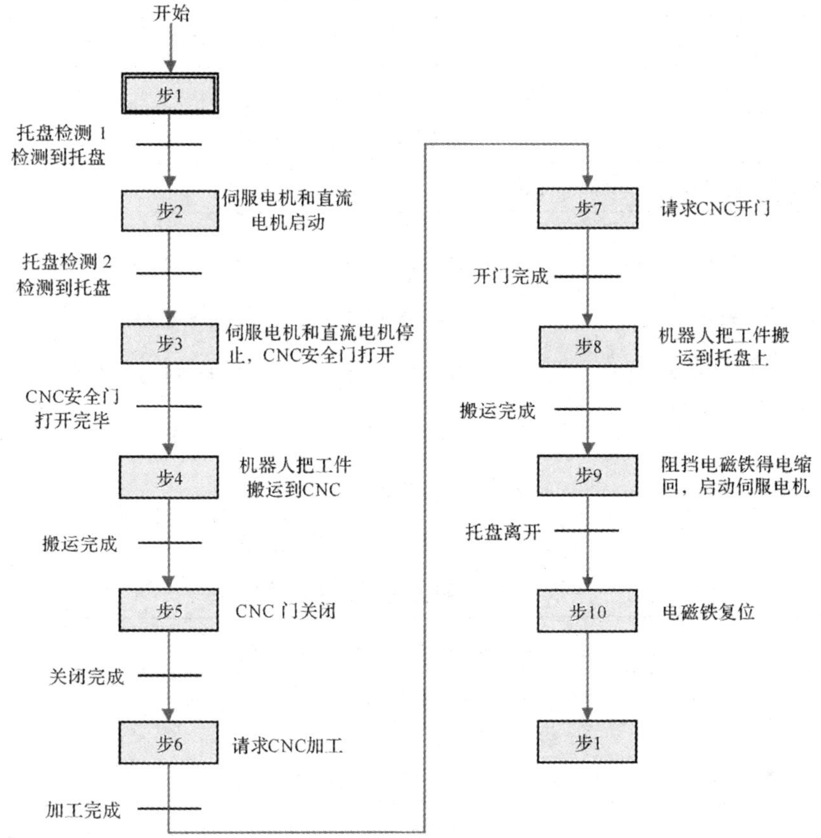

开始
步1
托盘检测 1
检测到托盘
步2
伺服电机和直流电机启动
托盘检测 2
检测到托盘
步3
伺服电机和直流电机停止，CNC安全门打开
CNC安全门打开完毕
步4
机器人把工件搬运到CNC
搬运完成
步5
CNC 门关闭
关闭完成
步6
请求CNC加工
加工完成
步7
请求CNC开门
开门完成
步8
机器人把工件搬运到托盘上
搬运完成
步9
阻挡电磁铁得电缩回，启动伺服电机
托盘离开
步10
电磁铁复位
步1

图 2-21　上下料工作站的工作流程

3. 装配

现以工件装配为例，选择直角式机器人(或 SCARA 机器人)，末端执行器为专用式螺栓手爪，采用在线示教方式为机器人输入装配作业程序。运动轨迹如图 2-22 所示，程序点说明如表 2-3 所示，作业流程如图 2-23 所示，作业示教如表 2-4 所示。

程序点 9
程序点 1
传送带
程序点 8
程序点 5
程序点 6
程序点 7
A
D
C
B
程序点 2
程序点 4
程序点 3
给料器

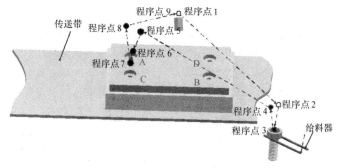

图 2-22　螺栓紧固作业运动轨迹

✎ 笔记

表2-3　程序点说明

程序点	说　明	手爪动作	程序点	说　明	手爪动作
程序点1	机器人原点		程序点6	装配作业开始点	抓取
程序点2	取料临近点		程序点7	装配作业终止点	放置
程序点3	取料作业点	抓取	程序点8	装配作业规避点	
程序点4	取料规避点	抓取程序点说明	程序点9	机器人原点	
程序点5	移动中间点	抓取			

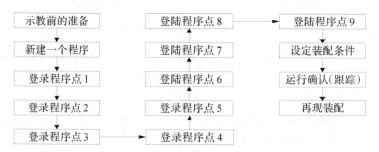

图2-23　螺栓紧固机器人作业流程

表2-4　螺栓紧固作业示教

程序点	示 教 方 法
程序点1 (机器人原点)	① 手动操作将机器人移到原点。 ② 插补方式选择"PTP"。 ③ 确认并保存程序点1为装配机器人原点
程序点2 (取料临近点)	① 手动操作将装配机器人移到取料作业临近点，并调整末端执行器姿态。 ② 插补方式选择"PTP"。 ③ 确认并保存程序点2为装配机器人取料临近点
程序点3 (取料作业点)	① 手动操作将装配机器人移到取料作业点且保持末端执行器位姿不变。 ② 插补方式选择"直线插补"。 ③ 再次确认程序点，保证其为取料作业点
程序点4 (取料规避点)	① 手动操作将装配机器人移到取料规避点。 ② 插补方式选择"直线插补"。 ③ 确认并保存程序点4为装配机器人取料规避点
程序点5 (移动中间点)	① 手动操作将装配机器人移到移动中间点，并适度调整末端执行器姿态。 ② 插补方式选择"PTP"。 ③ 确认并保存程序点5为装配机器人移动中间点

程序点	示 教 方 法
程序点 6 (装配作业开始点)	① 手动操作将装配机器人移到装配作业开始点且调整抓手位姿以适合安放螺栓。 ② 插补方式选择"直线插补"。 ③ 再次确认程序点，保证其为装配作业开始点。 ④ 若有需要可直接输入装配作业命令
程序点 7 (装配作业终止点)	① 手动操作将装配机器人移到装配作业终止点。 ② 插补方式选择"直线插补"。 ③ 确认并保存程序点 7 为装配机器人作业终止点
程序点 8 (装配作业规避点)	① 手动操作将搬运机器人移到装配作业规避点。 ② 插补方式选择"直线插补"。 ③ 确认并保存程序点 8 为装配机器人作业规避点
程序点 9 (机器人原点)	① 手动操作将装配机器人移到原点。 ② 插补方式选择"PTP"。 ③ 确认并保存程序点 9 为装配机器人原点

装配的具体步骤如下：

(1) 示教前的准备。

① 给料器准备就绪。

② 确认自己和机器人之间保持安全距离。

③ 机器人原点确认。

(2) 新建作业程序。点按示教器的相关菜单或按钮，新建一个作业程序"Assembly_bolt"。

(3) 程序点的输入。

(4) 设定作业条件。

① 在作业开始命令中设定装配开始规范及装配开始动作次序。

② 在作业结束命令中设定装配结束规范及装配结束动作次序。

③ 依据实际情况，在编辑模式下合理配置装配工艺参数及选择合理的末端执行器

(5) 检查试运行。

① 打开要测试的程序文件。

② 移动光标到程序开头位置。

③ 按住示教器上的有关跟踪功能键，实现装配机器人单步或连续运转。

(6) 再现装配。

① 打开要再现的作业程序，并将光标移动到程序的开始位置，将示教器上的【模式】开关设定到"再现/自动"状态。

② 按示教器上【伺服 ON】按钮，接通伺服电源。

③ 按【启动】按钮，装配机器人开始运行。

笔记

看一看：你所在地区搬运类工作站的作业流程。

📹 任务扩展

一、装配机器人

装配机器人在不同的装配生产线上发挥着强大的装配作用，装配机器人大多由 4~6 轴组成，目前市场上常见的装配机器人，按臂部运动形式可分为直角式装配机器人和关节式装配机器人，关节式装配机器人又可分为水平串联关节式、垂直串联关节式和并联关节式机器人，如图 2-24 所示。

(a) 直角式　　(b) 水平串联关节式　　(c) 垂直串联关节式　　(d) 并联关节式

图 2-24　装配机器人的分类

随着社会需求的增大和技术的进步，装配机器人行业亦得到迅速发展，多品种、少批量生产方式和为提高产品质量及生产效率的生产工艺需求，成为推动装配机器人发展的直接动力,各个机器人生产厂家也不断推出新机型以适合装配生产线的"自动化"和"柔性化"。图 2-25 所示为 KUKA、FANUC、ABB、YASKAWA 四巨头所生产的主流装配机器人本体。

(a) KUKA KR 10　　(b) FANUC M-2iA　　(c) ABB IRB 360　　(d) YASKAWA
　　SCARA R600　　　　　　　　　　　　　　　　　　　　　　　MYS850L

图 2-25　"四巨头"生产的装配机器人本体

二、热加工搬运

以模锻工件搬运为例，选择关节式(6 轴)，末端执行器为夹钳式，采用在线示教方式为机器人输入搬运作业程序，此程序由编号 1 至 10 的 10 个程序点组成。运动轨迹如图 2-26 所示，程序点说明如表 2-5 所示，作业流程如图 2-27 所示。

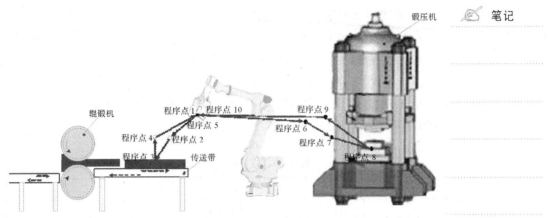

图 2-26　模锻工件搬运运动轨迹

表 2-5　程序点说明

程序点	说　明	吸盘动作
程序点 1	机器人原点	
程序点 2	作业临近点	
程序点 3	作业起始点	抓取
程序点 4	作业中间点	抓取
程序点 5	作业中间点	抓取
程序点 6	作业中间点	抓取
程序点 7	作业中间点	抓取
程序点 8	作业终止点	放置
程序点 9	作业规避点	
程序点 10	机器人原点	

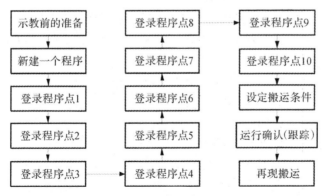

图 2-27　作业流程

热加工搬运的具体步骤如下。

1) 示教前的准备

(1) 确认自己和机器人之间保持安全距离。

(2) 机器人原点确认。通过机器人机械臂各关节处的标记或调用原点程序复位机器人。

2) 新建作业程序

点按示教器的相关菜单或按钮，新建一个作业程序，如"Handle_hot"。

3) 程序点的登录

示教模式下，手动操作移动搬运机器人轨迹设定程序点 1 至程序点 10，程序点 1 和程序点 10 需设置在同一点，可方便编写程序，此外程序点 1 至程序点 10 需处于与工件、夹具互不干涉位置。

热加工搬运作业示教如表 2-6 所示。

表 2-6　热加工搬运作业示教

程 序 点	示 教 方 法
程序点 1 (机器人原点)	① 手动操作将机器人移到原点。 ② 插补方式选择"PTP"。 ③ 确认并保存程序点 1 为搬运机器人原点
程序点 2 (作业临近点)	① 手动操作将搬运机器人移到作业临近点，并调整夹钳姿态。 ② 插补方式选择"PTP"。 ③ 确认并保存程序点 2 为搬运机器人作业临近点
程序点 3 (作业起始点)	① 手动操作将搬运机器人移到作业起始点且保持夹钳位姿不变。 ② 插补方式选择"直线插补"。 ③ 再次确认程序点，保证其为作业起始点。 ④ 若有需要可直接输入搬运作业命令
程序点 4 (作业中间点)	① 手动操作将搬运机器人移到作业中间点，并适度调整夹钳姿态。 ② 插补方式选择"直线插补"。 ③ 确认并保存程序点 4 为搬运机器人作业中间点
程序点 5、6 (作业中间点)	① 手动操作将搬运机器人移到作业中间点，并适度调整夹钳姿态。 ② 插补方式选择"FTP"。 ③ 确认并保存程序点 5、6 为搬运机器人作业中间点
程序点 7 (作业中间点)	① 手动操作将搬运机器人移到作业中间点，并适度调整夹钳姿态。 ② 插补方式选择"直线插补"。 ③ 确认并保存程序点 7 为搬运机器人作业中间点
程序点 8 (作业终止点)	① 手动操作将搬运机器人移到作业终止点且调整夹钳位姿以适合安放工件。 ② 插补方式选择"直线插补"。 ③ 再次确认程序点，保证其为作业终止点。 ④ 若有需要可直接输入搬运作业命令
程序点 9 (作业规避点)	① 手动操作将搬运机器人移到作业规避点。 ② 插补方式选择"直线插补"。 ③ 确认并保存程序点 9 为搬运机器人作业规避点
程序点 10 (机器人原点)	① 手动操作将搬运机器人移到原点。 ② 插补方式选择"PTP"。 ③ 确认并保存程序点 10 为搬运机器人原点

📹 **任务巩固**

一、填空题：

1. 增加滑移平台是增加搬运机器人_____最常用的方法。

2. 搬运系统主要包括_____装置、_____装置、液压发生装置等，均为_____。

3. 搬运机器人工作站可采用_____型、环状、"_____"字、"_____"字等布局。

二、判断题：

( ) 1. 将搬运机器人安装在龙门架上，使其行走在机床上方，可大限度节约地面资源。

( ) 2. 以关节式搬运机器人为中心，机床围绕其周围形成环状，进行工件搬运加工，可提高生产效率、节约空间，适合大空间厂房作业。

三、上网查阅搬运类工作站的种类。

四、根据实际情况编写上下料工作站的工作流程。

五、根据实际情况编写码垛工作站的工作流程。

参考答案

任务二 学习搬运类工作站编程指令

📹 **任务导入**

图 2-28 所示的搬运类工作站所用到的工业机器人一般为上下料机器人，较为简单的程序只要示教编程后再现就可以了。当然，有时也用到较为复杂的编程指令。

图 2-28 机器人搬运动作分解

课程思政

彻党的民族政策和宗教政策，推动各民族交往交流交融，引导宗教与社会主义社会相适应。

机器人搬运
动作分解

笔记

任务目标

知 识 目 标	能 力 目 标
1. 掌握中断程序的编制方式 2. 掌握指令的应用方法 3. 掌握循环、判断、跳转、平移、旋转等坐标变换指令的程序编制方式	1. 能设置工业机器人工具数据和负载数据 2. 能编制中断程序 3. 能应用定时器、信号控制、循环、判断、跳转、平移、旋转坐标变换等指令进行编程

教师讲解

任务准备

机器人编程指令

一、运动控制指令

1. 定位机器人的加速度 AccSet

1）书写格式

AccSet   Acc, Ramp;

Acc：机器人加速度百分比(num)。

Ramp：机器人加速度坡度(num)。

2）应用

当机器人运行速度改变时，对所产生的相应加速度进行限制，使机器人高速运行时更平缓，但会延长循环时间。系统默认值为"AccSet 100, 100;"，图 2-29 是其应用。

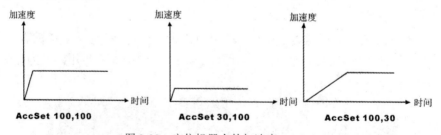

图 2-29   定位机器人的加速度 AccSet

3）限制

机器人加速度百分比最小值为 20，小于 20 以 20 计；机器人加速度坡度最小值为 10，小于 10 以 10 计。机器人冷启动，新程序加载与程序重置后，系统自动设置为默认值。

2. 设定最大速度与倍率 VelSet

1）书写格式

VelSet   Override, Max;

Override：机器人运行速度的百分比(num)。

Max：最大运行速度，单位为 mm/s(num)。

2) 应用

　　该指令用于对机器人的运行速度进行限制。机器人运动指令中均带有运行速度，在执行运动速度控制指令 VelSet 后，实际运行速度为运动指令规定的运行速度乘以机器人运行速率，并且不超过机器人最大运行速度。系统默认值为"VelSet 100, 5000;"。

3) 程序举例

```
VelSet   50, 800;
MoveL    p1, v1000, z10, tool1;
MoveL    p2, v1000\v := 2000, z10, tool1;
MoveL    p3, v1000\T := 5, z10, tool1;
VelSet   80, 1000;
MoveL    p1, v1000, z10, tool1;
MoveL    p2, v5000, z10, tool1;
MoveL    p3, v1000\v := 2000, z10, tool1;
MoveL    p4, v1000\T := 5, z10, tool1;
```

4) 限制

(1) 机器人冷启动、新程序加载与程序重置后，系统自动设置为默认值。

(2) 机器人使用参变量[\T]时，最大运行速度将不起作用。

(3) Override 对数据(speeddate)内所有项都起作用，例如 TCP、方位及外轴，但对焊接参数 welddate 与 seamdate 内机器人运动速度不起作用。

(4) Max 只对速度数据(speeddate)内 TCP 这项起作用。

3. 关节运动轴配置控制 ConfJ

1) 书写格式

　　ConfJ[\On] [\Off];

[\On]：启动轴配置数据(switch)。关节运动时，机器人移动至绝对 ModPos 点，如果无法到达，程序将停止运行；

[\Off]：默认 H 轴配置数据(switch)。关节运动时；机器人移动至 ModPos 点，轴配置数据默认为当前最接近值。

2) 应用

　　该指令用于对机器人运行姿态进行限制与调整，程序运行时，使机器人运行姿态得到控制，系统默认值为"ConfJ\On;"，例如：

```
ConfJ\On;
   ⋮
ConfJ\Off;
```

3) 限制

机器人冷启动、新程序加载与程序重置后，系统自动设置为默认值。

4. 线性运动轴配置控制 ConfL

1) 书写格式

ConfL[\On] [\Off];

[\On]: 启动轴配置数据(switch)。直线运动时，机器人移动至绝对 ModPos 点，如果无法到达，程序将停止运行。

[\Off]: 默认 H 轴配置数据(switch)。直线运动时，机器人移动至 ModPos 点，轴配置数据默认为当前最接近值。

2) 应用

该指令用于对机器人运行姿态进行限制与调整，程序运行时，使机器人运行姿态得到控制。系统默认值为"ConfL\On;"，例如：

ConfL\On;

⋮

ConfL\Off;

3) 限制

机器人冷启动、新程序加载与程序重置后，系统自动设置为默认值。

5. 在奇异点的插补 SingArea

1) 书写格式

SingArea[\Wrist] [\Off];

[\Wrist]: 启动位置方位调整(switch)。机器人运动时，为了避免频繁死机，位置点允许其方位值有些许改变，例如：在五轴为零度时，机器人四六轴平行。

[\Off]: 关闭位置方位调整(switch)。机器人运动时，不允许位置点方位改变，是机器人的默认状态。

2) 应用

该指令通过对机器人位置点姿态进行些许改变，可以绝对避免机器人运行时死机，但是，机器人运行路径会受影响，姿态得不到控制，通常用于复杂姿态点，绝对不能作为工作点使用。例如：

SingArea\Wrist;

⋮

SingArea\Off;

3) 限制

以下情况机器人将自动恢复默认值 SingArea\Off：机器人冷启动；系统重载新的程序；系统重置(Start From Beginning)。

6. 几何路径精度调整 PathResol

1) 书写格式

PathResol   PathSampleTime;

PathSampleTime: 路径控制%(num)。

2) 应用

该指令用于更改机器人主机系统参数，调整机器人路径采样时间，从而达到控制机器人运行路径的效果。通过此指令可以提高机器人运动精度或缩短循环时间。路径控制默认值为 100%，调整范围为 25%～400%。路径控制百分比越小，运动精度越高，占用 CPU 资源也越多。例如：

MoveJ p1, v1000, fine, tool1;

PathResol 150;

机器人在临界运动状态(重载、高速、路径变化复杂情况下接近最大工作区域)下时，增加路径控制值可避免频繁死机；外轴以很低的速度与机器人联动时，增加路径控制值，可避免频繁死机。

机器人进行高频率摆动弧焊时，需要很高的路径采样时间，需要减小路径控制值；机器人进行小范围复杂运动时，需要很高的精度，需要减小路径控制值。

3) 限制

(1) 机器人必须在完全停止后才能更改路径控制值，否则，机器人将默认一个停止点，并且显示错误信息 50146。

(2) 机器人在更改路径控制值时，将被强制停止运行，并且不能立刻恢复正常运行(Restart)。

(3) 在机器人冷启动、系统加载新的程序、程序重置(Start From Beginning)等情况下，将自动恢复默认值 100%。

7. 软化伺服功能 SoftAct

1) 书写格式

SoftAct[\MechUnit], Axis, Softness[\Ramp];

[\MechUnit]：软化外轴名称(mechunit)。

Axis：软化外轴号码(num)。

Softness：软化值%(num)。

[\Ramp]：软化坡度%(num)。

2) 应用

该指令用于软化机器人主机或外轴伺服系统，软化值范围 0%～100%，软化坡度范围≥100%。此指令必须与指令 SoftDeact 同时使用，通常不使用于工作位置。例如：

SoftAct 3, 20;

SoftAct 1, 90\Ramp := 150;

SoftAct \MechUnit := Orbit1, 1, 40\Ramp := 120;

3) 限制

(1) 机器人被强制停止运行后，软伺服设置将自动失效。

(2) 同一转轴软化伺服不允许被连续设置两次。

8. 关闭软化伺服功能 SoftDeact

1) 书写格式

SoftDeact [\Ramp]

[\Ramp]：软化坡度≥100%(num)。

2) 应用

该指令用于使软化机器人主机或外轴伺服系统指令 SoftAct 失效。例如：

SoftAct   3, 20;

SoftDeact;

SoftAct   1, 90;

SoftDeact\Ramp := 150;

二、计数指令

1. 加操作 Add

1) 书写格式

Add   Name, Add Valur;

Name：数据名称(num)。

AddValue：增加的值(num)。

2) 应用

在一个数字数据值上增加相应的值，可以用赋值指令替代。例如：

Add   reg1, 3;   等同于   reg1 := reg1+3;

Add   reg1, reg2;   等同于   reg1 := reg1+reg2;

2. 清空数值 Clear

1) 书写格式

Clear   Name;

Name：数据名称(num)。

2) 应用

将一个数字数据的值归零，可以用赋值指令替代。例如：

Clear   reg1;   等同于   reg1 := 0

3. 加 1 指令 Incr

1) 书写格式

Incr   Name;

Name：数据名称(num)。

2) 应用

在一个数字数据值上加 1，可以用赋值指令替代，一般用于产量计数。例如：

Incr   reg1;   等同于   reg1 := reg1+1;

4. 减 1 指令 Decr

1) 书写格式

Decr   Name;

Name：数据名称(num)。

2) 应用

在一个数字数据值减 1，可以用赋值指令替代，一般用于产量计数。例如：

Incr   reg1;   等同于   reg1 := reg1-1;

三、输入/输出指令

1. 重新定义机器人系统内部参数名称 AliasIO

1) 书写格式

AliasIO   FromSignal, ToSignal;

FromSignal：机器人系统参数内所定义的信号名称(SignalXX or string)。

ToSignal：机器人程序内所使用的信号名称(SignalXX)。

2) 应用

对机器人系统参数内定义的信号名称进行命名，给机器人程序使用，一般用于 LoadedModule 或 Built-in Module 内。例如：多台机器人使用相同系统参数。实例如下：

```
VAR signaldo alias_do;
CONST string config_string := "config_do";
PROC prog_start( )
AliasIO config_do,alias_do;      //config_do 表示在系统参数内定义; alias_do 表
                                   示在机器人程序内定义
AliasIO config_string, alias_do;
ENDPROC
```

3) 限制

(1) 指令 AliasIO 必须放置在预置程序 START 内，或程序内使用相应的信号之前。

(2) 指令 AliasIO 在示教器上无法输入，只能通过脱机编辑输入。

(3) 指令 AliasIO 需要软件 Develop's Functions 的支持。

2. 输出信号置反 InvertDO

1) 书写格式

InvertDO   Signal;

Signal：输出信号名称(SignalDO)。

2) 应用

将机器人输出信号值反转，0 变为 1，1 变为 0，在系统参数内也可定义，如图 2-30 所示。

InvertDO   do15;

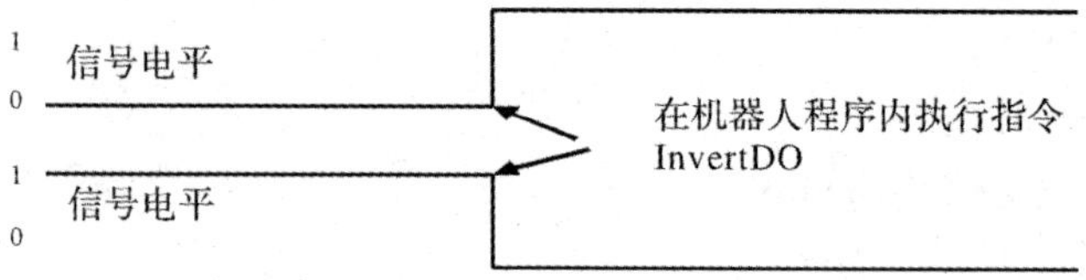

图 2-30　置反

3. 关闭 I/O 板 IODisable

1) 书写格式

IODisable   UnitName, MaxTime;

UnitName：输入/输出板名称(num)。

MaxTime：最长等待时间(num)。

2) 应用

该指令可以使机器人输入/输出板在程序运行时自动失效。一块输入/输出板失效需要 2~5 s，如果失效时间超过最长等待时间，系统将进入 Error Handler 处理，错误代码为 ERR_IODISABLE。如果例行程序没有 ErrorHandler，机器人将停机报错。例如：

```
PROC go_home( )
    recover_flag := 1;
    IODisable "cell", 0;          //输入/输出板 cell 开始失效，最长等待时间为 0,
                                    肯定进入 Error Handler 处理
    MoveJ home, v1000, fine, tool1;
    recover_cover := 2;      //利用机器人移动到 home 的时间完成输入/输出板失效
    IODisable "cell", 5;          // 确认输入/输出板失效
ERROR
    IF ERRNO = ERR_IODISABLE THEN
        IF recover_flag=1 THEN
            TRYNEXT;
        ELSEIF recover_flag=2 THEN
            RETRY;
        ENDIF
    ELSEIF ERRNO = ERR_EXCRPTYMAX THEN
        ErrorWrite "IODisable error", "Restart the program";
        // 连续 5 次 RETRY 后，仍无法完成输入/输出板的失效
        Stop;
    ENDIF
ENDPROC
```

3) 错误代码

(1) ERR_IODISABLE：超过最长等待时间，系统仍未完成输入/输出板

失效。

(2) ERR_CALLIO_INTER：系统在执行输入/输出板失效与激活时，当前输入/输出板与再次被失效或激活，形成冲突。

(3) ERR_NAME_INVALID：输入/输出板名称错误或无法进行失效与激活操作。

4. 开启 I/O 板 IOEnable

1) 书写格式

　　IOEnable UnitName, MaxTime;

UnitName：输入/输出板名称(num)。

MaxTime：最长等待时间(num)。

2) 应用

该指令可以使机器人输入/输出板在程序运行时自动激活，一块输入/输出板失效需要 2～5 s，如果失效时间超过最长等待时间，系统将进入 ErrorHandler 处理，错误代码为 ERR_IOENABLE。如果例行程序没有 ErrorHandler，机器人将停机报错。例如：

```
    VAR num max_retry := 0;
    …
        IOEnable "cell: ", 0;    //输入/输出板 cell 开始激活，最长等待时间为 0,
                                 肯定进入 Error Handler 处理
        SetDO cell_sig3,1;
    ERROR
        IF ERRNO=ERR_IOENABLE THEN
            IF max_retry<5 THEN
                WaitTime 1;
                max_retry := max_retry+1; //通过每次 1 秒进行计数，连续 5 次仍
                                无法激活输入/输出板，执行指令 RAISE
                RETRY;
            ELSE
                RAISE;
            ENDIF
    ENDIF
```

3) 错误代码

(1) ERR_IOENABLE：超过最长等待时间，系统仍未完成输入/输出板激活。

(2) ERR_CALLIO_INTER：系统在执行输入/输出板失效与激活时，当前输入/输出板再次被失效或激活，形成冲突。

(3) ERR_NAME_INVALID：输入/输出板名称错误或无法进行失效与激活操作。

5. 脉冲输出 PulseDO

1) 书写格式

PulseDO[\High][\PLength]Signal;

[\High]：输出脉冲时，输出信号可以处在高电平(swtich)。

[\PLength]：脉冲长度 0.1～32 s，默认为 0.2 s(num)。

Signal：输出信号名称(signaldo)。

2) 应用

机器人输出数字脉冲信号，一般作为运输链完成信号或计数信号，如图 2-31 所示。

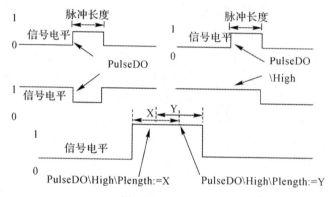

图 2-31　脉冲输出

3) 限制

机器人脉冲输出长度小于 0.01 s，系统将报错，不得不热启动。例如：

```
WHILE TRUE DO
    PulseDO do5;
ENDWHILE
```

 做一做

Pulese DO 指令的应用

(1) 在添加指令的 I/O 分类下找到 PulseDO，如图 2-32 所示。

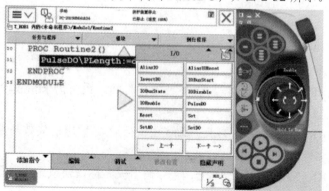

图 2-32　添加 PulseDO

（2）如果不添加可选项，默认脉冲为 0.2 s。

（3）点击指令，添加可选项 PLength，设置脉冲时间，如图 2-33 所示。

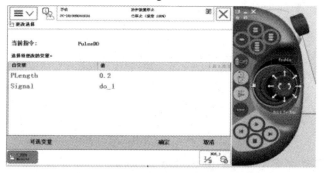

图 2-33　设置脉冲时间

6. 输出信号置 0 指令 Reset

1) 书写格式

　　Reset　Signal;

Signal：输入/输出信号名称(signaldo)。

2) 应用

该指令可将机器人相应数字输出信号置为 0，与指令 Set 对应，是自动化生产的重要组成部分。例如：

　　Reset do12;

7. 输出信号置 1 指令 Set

1) 书写格式

　　Set　Signal;

Signal：输入/输出信号名称(signaldo)。

2) 应用

该指令可将机器人相应数字输出信号置为 1，与指令 Reset 对应，是自动化生产的重要组成部分。例如：

　　Set do12;

8. 设定模拟输出信号的值 SetAo

1) 书写格式

　　SetAo　Signal,Value;

Signal：模拟量输出信号名称(signaldo)。

Value：模拟量输出信号值(num)。

2) 应用

该指令用于改变模拟量输出信号的值，如图 2-34 所示。例如，机器人焊接时，通过模拟量输出控制焊接电压和送丝速度，其实例如下：

　　SetAO　ao2, 5.5;

　　SetAO　weldcurr, curr_outp;

📝 笔记

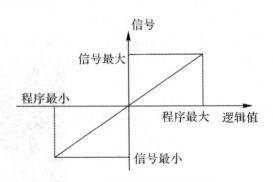

图 2-34　设定模拟输出信号的值

9. 设定数字输出信号的值 SetDo

1) 书写格式

SetDo[\SDelay]　　Signal,Value;

[\SDelay]：延时输出时间 s (num)。

Signal：输出信号名称(signaldo)。

Value：输出信号值(num)。

2) 应用

该指令用于设置机器人数字输出信号的值(采用 8421 码)，可以设置延时输出，延时范围为 0.1～32 s，默认状态为没有延时。例如：

SetDo\SDelay := 0.2, go_Type, 10;

10. 设定组输出信号的值

1) 书写格式

SetGo[\SDelay]　　Signal, Value;

[\SDelay]：延时输出时间 s(num)。

Signal：输出信号名称(signaldo)。

Value：输出信号值(num)。

2) 应用

该指令用于设置机器人一组数字输出信号的值，与指令 Set 和 Reset 相同，并且可以设置延时，延时的范围为 0.1～32 s，默认状态为没有延时。例如：

SetDo\SDelay := 0.2, weld, high;

11. 等待数字输入信号状态 WaitDI

1) 书写格式

WaitDI　　Signal,Value [\MaxTime][\TimeFlag];

Signal：输入信号名称(signaldo)。

Value：输入信号值(num)。

[\MaxTime]：最长等待时间 s (num)。

[\TimeFlag]：超时逻辑量(bool)。

2）应用

该指令用于等待数字输入信号满足相应值，达到通信目的，是自动化生产的重要组成部分。例如：机器人等待工件到位信号。实例如下：

```
PROC   PickPart(   )
    MoveJ pPrePick, vFastEmpty, zBig, tool1;
    WaitDI di_Ready, 1;    //机器人等待输入信号，直到信号 di_Ready 值为1，
                           才执行随后指令
    ...
ENDPROC
    PROC   PickPart(   )
        MoveJ pPrePick, vFastEmpty, zBig,tool1;
    WaitDI di_Ready, 1\MaxTime := 5;
    // 机器人等待相应输入信号，如果5秒内仍没有等到信号 di_Ready 值为1，
自动进行 Error Handler 处理，如果没有 Error Handler，机器人停机报错
        ...
    ERROR
    IF   ERRNO=ERR_WAIT_MAXTIME   THEN
        TRWrite "…";
        RETRY;
    ELSE
        RAISE;
    ENDIF
ENDPROC
PROC   PickPart(   )
    MoveJ pPrePick, vFastEmpty, zBig, tool1;
    // 机器等待到位信号，如果1秒内仍没有等到信号 di_Ready 值为1，机器
    人执行随后指令，但此时 TimeFlag 值为 TRUE，机器人等到 di_Ready
    值为1，此时 TimeFlag 值为 FALSE
    bTimeout := TRUE;
    nCounter := 0;
    WHILE bTimeout DO
    IF nCounter > 3 THEN
        TPWrite "…";
    ENDIF
    IF nCounter > 30 THEN
        Stop;
    ENDIF
    WaitDI di_Ready, 1\MaxTime :=1\Timeflag := bTimeout;
    Incr nCounter;
```

```
            ENDWHOLE
            ...

    ENDPROC
```

12. 等待数字输出信号状态 WaitDO

1) 书写格式

WaitDO   Signal, Value   [\MaxTime][\TimeFlag];

Signal：输出信号名称(signaldo)。

Value：输出信号值(num)。

[\MaxTime]：最长等待时间，单位为 s (num)。

[\TimeFlag]：超时逻辑量(bool)。

2) 应用

该指令用于等待数字输出信号满足相应值，达到通信目的。因为输出信号一般情况下受过程控制，所以此指令很少使用。例如：

```
    PROC   Grip(    )

        Set do03_Grip;

        WaitDO do03_Grip, 1;      //机器人等待输出信号，直到信号 do03_Grip 为 1，
                                     才执行随后指令

        ...

    ENDPROC

    PROC   Grip(    )

        Set do03_Grip;

        WaitDO do03_Grip, 1\MaxTime := 5;

        // 机器人等待相应输出信号，如果 5 秒内仍没有等到信号 do03_Grip 值为 1，
            自动进行 Error Handler 处理，如果没有 Error Handler，机器人停机报错

        ...

    ERROR

        IF   ERRNO=ERR_WAIT_MAXTIME   THEN

            TRWrite "…";

            RETRY;

        ELSE

            RAISE;

        ENDIF

    ENDPROC

    PROC   Grip(    )

        Set do03_Grip;

        // 机器等待到位信号，如果 1 秒内仍没有等到信号 do03_Grip 值为 1，机
            器人执行随后指令，但此时 TimeFlag 值为 TRUE，机器人等到 di_Ready
            值为 1，此时 TimeFlag 值为 FALSE
```

```
bTimeout := TRUE;
nCounter := 0;
WHILE bTimeout DO
IF nCounter>3 THEN
          TPWrite "…";
ENDIF
IF nCounter>30 THEN Stop;
ENDIF
    WaitDI di_Ready, 1\MaxTime :=1\Timeflag := bTimeout;
    Incr nCounter;
ENDWHOLE
…
ENDPROC
```

四、例行程序调用指令

1. 调用例行程序 ProcCall

1) 书写格式

ProcCall　Procedure{Argument}

Procedure：例行程序名称(Identifier)。

{Argument}：例行程序参数(All)。

2) 应用

机器人调用相应例行程序，同时给带有参数的例行程序中相应的参数赋值。例如：

Weldpipe1;

Weldpipe2 10, lowspeed;

Weldpipe3 10\speed := 20;

3) 限制

(1) 机器人调用带参数的例行程序时，必须包括所有强制性参数。

(2) 例行程序所有参数位置次序必须与例行程序设置一致。

(3) 例行程序所有参数数据类型必须与例行程序设置一致。

(4) 例行程序所有参数数据性质必须为 Input，Variable 或 Persistent。

2. 带变量的例行程序调用指令 CallByVar

1) 书写格式

CallByVar　Name, Number;

Name：例行程序名称第一部分(string)。

Number：例行程序名称第二部分(num)。

企业文化

目视化管理的基本要求：统一、简约、鲜明、实用、严格。

2) 应用

通过指令中相应数据，机器人调用相应例行程序，但无法调用带有参数的例行程序。例如：

reg1 := Ginput(gi_Type);

CallByVar "proc", reg1;

3) 限制

(1) 不能调用带参数的例行程序。

(2) 所有被调用的例行程序名称第一部分必须相同，例如：proc1、proc2、proc3。

(3) 使用 CallByVar 指令调用例行程序比直接采用 ProcCall 调用例行程序需要更长时间。

(4) ERR_REFUNKPRC：系统无法找到例行程序名称第一部分。

(5) ERR_CALLPROC：系统无法找到例行程序名称第二部分。

实例：

```
TEST reg1
CASE 1:
    If _door door_loc;
CASE 2:
    rf _door door_loc;
CASE 3:
    Ir _door door_loc;
CASE 4:
    rr _door door_loc;
DEFAULT
    EXIT;
ENDTEST
CallByVar "proc", reg1;          //指令 CallByVar 不能调用带有参数的例行程序
%"proc" + NumTostr(reg1, 0)%door_loc;    //通过 RAPID 结构仍可以调用带有
                                           参数的例行程序
```

五、计时指令

1. 计时器复位 ClkReset

1) 书写格式

ClkReset   Clock;

Clock：时钟名称(clock)。

2) 应用

将机器人相应时钟复位，常用于记录循环时间或机器人跟踪运输链。

例如：

ClkReset clock1;

ClkStart clock1;

RunCycle;

ClkStop clock;

nCycleTime := ClkRead(clock1);

TPWrite "Last cycletime: "\Num := nCycleTime

2. 计时器开始 ClkStart

1）书写格式

ClkStart   Clock;

Clock：时钟名称(clock)。

2）应用

该指令启动机器人相应时钟，常用于记录循环时间或机器人跟踪运输链。机器人时钟启动后，时钟不会因为机器人停止运行或关机而停止计时，在机器人时钟运行时，指令 ClkStop 与 ClkReset 仍起作用。程序实例如下：

ClkReset clock1;

ClkStart   clock1;

RunCycle;

ClkStop clock;

nCycleTime := ClkRead(clock1);

TPWrite "Last cycletime: "\Num := nCycleTime

3）限制

机器人时钟计时超过 4 294 967 秒，即 49 天 17 小时 2 分 47 秒，机器人将出错，Error Handler 代码为 ERR_OVERFLOW。

3. 计时器停止 ClkStop

1）书写格式

ClkStop   Clock;

Clock：时钟名称(clock)。

2）应用

该指令停止机器人相应时钟，常用于记录循环时间或机器人跟踪运输链。程序实例如下：

ClkReset clock1;

ClkStart   clock1;

RunCycle;

ClkStop clock;

nCycleTime := ClkRead(clock1);

TPWrite "Last cycletime: " \Num := nCycleTime

六、中断指令

1. 中断连接 CONNECT

1）书写格式

　　CONNECT　Interrupt WITH Trap routine;

Interrupt：中断数据名称(intnum)。

Trap routine：中断处理程序(Identifier)。

2）应用

该指令将机器人相应中断数据连接到相应的中断处理程序，是机器人中断功能必不可少的组成部分，必须同指令 ISignalDI、ISignalDO、ISignalAI、ISignalAO 或 ITmer 联合使用。编程实例如下：

　　VAR intnum intInspect

　　Proc main(　　)

　　　　…

　　　　CONNECT intInpect WITH rAlarm;

　　　　ISignalDI di01_Vacuum, 0, intInspect;

　　　　…

　　ENDPROC

　　TRAP rAlarm　TPWrite "Grip Error";

　　　　Stop;

　　　　WaitDI di01_Vacuum,1;

　　ENDTRAP

3）限制

(1) 中断数据的数据类型必须为变量(VAR)。

(2) 一个中断数据不允许同时连接到多个中断处理程序，但多个中断数据可以共享一个中断处理程序。

(3) 当一个中断数据完成连接后，这个中断数据不允许再次连接到任何中断处理程序(包括已经连接的中断处理程序)。如果需要再次连接到任何中断处理程序，必须先使用指令 IDelete 将原连接去除。

4）报警处理

ERR_ALRDYCNT：中断数据已经被连接到中断处理程序。

ERR_CNTNOTVAR：中断数据的数据类型不是变量。

ERR_INOMAX：没有更多的中断数据可以使用。

2. 取消中断 IDelete

1）书写格式

　　IDelete　Interrupt;

Interrupt：中断数据名称(intnum)。

2) 应用

该指令将机器人相应中断数据与相应的中断处理程序之间的连接去除。

程序实例如下:

    ...

    CONNECT IntInspect WITH   rAlarm;

    ISingalDI   di01_Vacuum, 0, intInspect;

    ...

    IDelete intInspect;

3) 限制

(1) 执行指令 IDelete 后,当前中断数据的连接被完全清除,如需再次使用这个中断数据,必须重新使用指令 CONNECT 连接到相应的中断处理程序。

(2) 在下列情况下,中断程序将自动去除。重载新的运行程序;机器人运行程序被重置,程序指针回到主程序的第一行(Start From Beginning);机器人程序指针被移到任意一个例行程序的第一行(Move PP to Routine)。

3. 数字输入信号触发中断 ISignalDI

1) 书写格式

    ISignalDI [\Single], Signal, TriggValue, Interrupt;

[\single]:单次中断信号开关(switch)。

Signal:触发中断信号(singaldi)。

TriggValue:触发信号值(dionum)。

Interrupt:中断数据名称(intnum)。

2) 应用

该指令使用相应的数字输入信号触发相应的中断功能,必须同指令 CONNECT 联合使用,如图 2-35 所示。

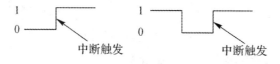

图 2-35   中断触发

程序实例如下:

    ...

    CONNECT int1 WITH iroutine1;

    ISignalDI\single di01, 1, int1;   //中断功能在单次触发后失效

    ...

    CONNECT int2 WITH iroutine2;

    ISignalDI   di02, 1, int1;   //中断功能持续有效,只有在程序重置或运行
                                              指令 IDelete 后才失效

3) 限制

当一个中断数据完成连接后，这个中断数据不允许再次连接到任何中断处理程序(包括已经连接的中断处理程序)。如果需要再次连接到任何中断处理程序，必须先使用指令 IDelete 将原连接去除。程序实例如下：

```
PROC main( )
    CONNECT int1 WITH   r1;
    ISignalDI   di01, 1 int1;
    ...
    IDelete int1;
ENDPROC
PROC main( )
    CONNECT int1 WITH   r1;
    ISignalDI   di01, 1, int1;
    WHILE TRUE DO
    ...
    ENDWHILE
ENDPROC
```

4. 数字输出信号触发中断 ISignalDO

1) 书写格式

ISingalDO [\Single], Signal, TriggValue, Interrupt;

[\Single]：单次中断信号开关(switch)。

Signal：触发中断信号(singaldi)。

TriggValue：触发信号值(dionum)。

Interrupt：中断数据名称(intnum)。

2) 应用

该指令使用相应的数字输入信号触发相应的中断功能，必须同指令 CONNECT 联合使用；其他用法与 ISignalDI 相同。

5. 模拟输入信号触发中断 ISignalAI

1) 书写格式

ISignalAI [\Single], Signal, Condition, HighValue, LowValue, DeltaValue, [\DPos] [\DNeg], Interrupt;

[\Single]：单次中断信号开关(switch)。

Signal：触发中断信号(signaldi)。

Condition：中断触发状态(aiotrigg)。

HighValue：最大逻辑值(num)。

LowValue：最小逻辑值(num)。

DeltaValue：中断恢复差值(num)。

[\DPos]: 正值中断开关(switch)。

[\DNeg]: 负值中断开关(switch)。

Interrupt: 中断数据名称(intnum)。

2) 中断触发状态

AIO_ABOVE_HIGH: 仿真量信号逻辑值大于最大逻辑值(HighValue)。

AIO_BELOW_HIGH: 仿真量信号逻辑值小于最大逻辑值(HighValue)。

AIO_ABOVE_LOW: 仿真量信号逻辑值大于最小逻辑值(LowValue)。

AIO_BELOW_LOW: 仿真量信号逻辑值小于最小逻辑值(LowValue)。

AIO_BETWEEN: 仿真量信号逻辑值处于最小逻辑值(LowValue)和最大逻辑值(HighValue)之间。

AIO_OUTSIDE: 仿真量信号逻辑值大于最大逻辑值(HighValue)或者小于最小逻辑值(LowValue)。

AIO_ALWAYS: 总是触发中断，与仿真量信号逻辑值处于最小逻辑值(LowValue)与最大逻辑值(HighValue)无关。

3) 应用

该指令使用相应的仿真量输入信号触发相应的中断功能，必须同指令CONNECT联合使用，如图2-36所示。

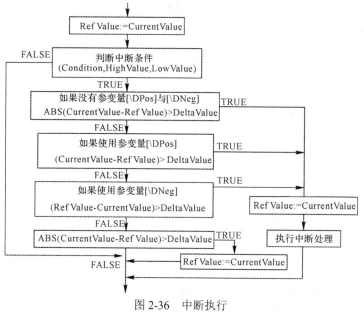

图2-36 中断执行

程序实例如下:

   ...

CONNECT int1 WITH iroutine1;

ISignalAI\Single ai1，AIO_BETWEEN,2,1,0,int1; //中断功能在单次触发后失效

   ...

CONNECT int2 WITH iroutine2;

ISignalAI   ai2, AIO_BETWEEN, 1.5, 0.5, 0, int1;

...

CONNECT   int3 WITH iroutine3;

ISignalAI ai3, AIO_BETWEEN, 1.5, 0.5, 0.1, int3; //中断功能持续有效，只有在程序重置或运行 IDelete 后才失效

4）限制

（1）当前最大逻辑值(HighValue)与最小逻辑值(LowValue)必须在仿真量信号所定义的逻辑值范围内。

（2）最大逻辑值(HighValue)必须大于最小逻辑值(LowValue)。

（3）中断复位差值(DeltaValue)必须为正数或 0。

（4）指令 ISignalDI 的限制仍然适用。

6. 模拟输出信号触发中断 IsignalAO

1）书写格式

ISingalAO [\Single], Signal, Condition, HighValue, LowValue, DeltaValue, [\DPos] [\DNeg], Interrupt

[\Single]：单次中断信号开关(switch)。

Signal：触发中断信号(singaldi)。

Condition：中断触发状态(aiotrigg)。

HighValue：最大逻辑值(num)。

LowValue：最小逻辑值(num)。

DeltaValue：中断恢复差值(num)。

[\DPos]：正值中断开关(switch)。

[\DNeg]：负值中断开关(switch)。

Interrupt：中断数据名称(intnum)。

2）中断触发状态

AIO_ABOVE_HIGH：仿真量信号逻辑值大于最大逻辑值(HighValue)。

AIO_BELOW_HIGH：仿真量信号逻辑值小于最大逻辑值(HighValue)。

AIO_ABOVE_LOW：仿真量信号逻辑值大于最小逻辑值(LowValue)。

AIO_BELOW_LOW：仿真量信号逻辑值小于最小逻辑值(LowValue)。

AIO_BETWEEN：仿真量信号逻辑值处于最小逻辑值(LowValue)和最大逻辑值(HighValue)之间。

AIO_OUTSIDE：仿真量信号逻辑值大于最大逻辑值(HighValue)或者小于最小逻辑值(LowValue)。

AIO_ALWAYS：总是触发中断，与仿真量信号逻辑值处于最小逻辑值(LowValue)与最大逻辑值(HighValue)无关。

3）应用

该指令使用相应的仿真量输入信号触发相应的中断功能，必须同指令

CONNECT 联合使用。程序实例如下：

```
...
CONNECT    int1 WITH iroutine1;
ISignalAO\Single ao1, AIO_BETWEEN,2,1,0,int1;    //中断功能在单次触发后失效
...
CONNECT    int2 WITH iroutine2;
ISignalAO    ao2,AIO_BETWEEN,1.5,0.5,0,int1;
...
CONNECT    int3 WITH iroutine3;
ISignalAO    ao3, AIO_BETWEEN,1.5,0.5,0.1,int3; //中断功能持续有效,只有在程
                         序重置或运行 IDelete 后才失效
```

7. 关闭中断 ISleep

1) 书写格式

```
ISleep    Interrupt;
```

Interrupt：中断数据名称(intnum)。

2) 应用

使机器人相应中断数据暂时失效，直到执行指令 IWatch 后才恢复。程序
实例如下：

```
...
CONNECT   intInspect WITH    rAlarm   ISingalDI di01_Vacuum,0,intInspect;
...            //中断监控
ISleep    intInspect;
...            //中断失效
IWatch    intInspect;
...            //中断监控
```

3) 报警处理

ERR_UNKINO：无法找到当前的中断数据。

8. 激活中断 IWatch

1) 书写格式

```
IWatch    Interrupt;
```

Interrupt：中断数据名称(intnum)。

2) 应用

该指令激活机器人已失效的相应中断数据，正常情况下与指令 ISleep 配
合使用。

9. 关闭所有中断 IDisable

1) 书写格式

```
IDisable    Interrupt;
```

Interrupt：中断数据名称(intnum)。

2) 应用

该指令使机器人相应中断功能暂时不执行，直到执行 IEnable 后，才进入中断处理程序。此指令用于机器人正在执行不希望被打断的操作的过程中，例如通过通信口读写数据。程序实例如下：

```
...
IDisable;
FOR i FROM 1 TO DO
character[i] := ReadBin(sensor);
ENDFOR
IEnable;
...
```

10. 激活所有中断 IEnable

1) 书写格式

    IEnable   Interrupt;

Interrupt：中断数据名称(intnum)。

2) 应用

该指令开始执行被机器人暂停的相应中断功能，正常情况下与指令 IDisable 配合使用。此指令用于机器人正在执行不希望被打断的操作的过程中，例如通过通信口读写数据。程序实例如下：

```
...
IDisable;
FOR i FROM  1  TO  DO
character[i] := ReadBin(sensor);
ENDFOR
IEnable;
...
```

11. 计时中断 ITimer

1) 书写格式

    IWatch   [\Single], Time, Interrupt;

[\Single]：单次中断开关(switch)。

Time：触发中断时间，单位为 s(num)。

Interrupt：中断数据名称(intnum)。

2) 应用

此指令定时处理机器人相应中断数据，常用于通过通信口读写数据等场合。程序实例如下：

```
...
CONNECT timeint WITH check_serialch;
```

ITimer   60,timeint;

...

Trap   check_serialch   WriteBin ch1,buffer,1;

IF ReadBin(ch1\Time := 5)<0   THEN TPWrite   "Communication   is   broken";

    EXIT;

ENDIF

ENDTRAP

 做一做：

利用中断机器人在线降速与恢复

假设机器人前方区域接了光栅 di_0，即信号为 1 时机器人以正常速度运行；信号为 0(有人挡住光栅)时，机器人降速为 10%运行；人离开区域(光栅恢复信号 1)时，机器人恢复运行。

创建初始化程序，设置中断，其中信号由 1 变 0 时触发机器人中断 tr_low_speed，信号由 0 变 1 时触发 tr_fullspeed 中断，如图 2-37 所示。

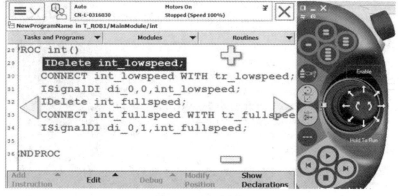

图 2-37   设置中断

机器人速度设置如图 2-38 所示。

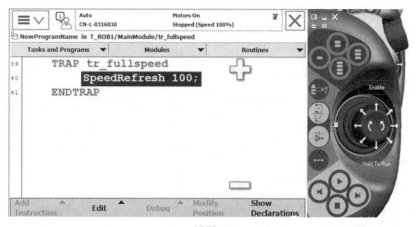

(a) 设置 100%

笔记

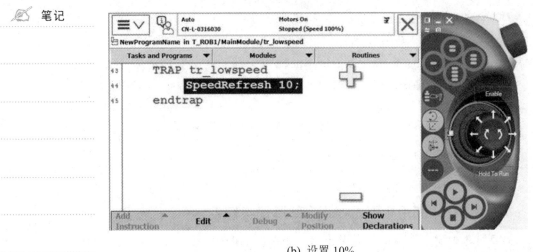

(b) 设置 10%

图 2-38　机器人速度设置

主程序如图 2-39 所示。

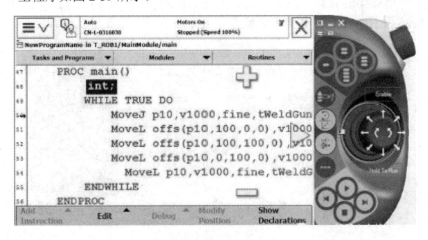

图 2-39　主程序

七、程序流程指令

1. 重复执行 FOR

1) 书写格式

FOR Loop counter FROM Start value TO End value [STEP Step value] DO

...

ENDFOR;

Loop counter：循环计数标识(Identifier)。

Start value：标识初始值(num)。

End value：标识最终值(num)。

[STEP Step value]：计数更改值(num)。

2) 应用

 笔记

该指令通过循环判断标识从初始值逐渐更改至最终值，从而控制相应循环次数。如果不使用参变量[Step]，循环标识每次更改值为1，如果使用参变量[Step]，循环标识每次更改值为参变量相应设置。通常情况下，初始值、最终值与更改值为整数，循环判断标识使用 i、j、k 等小写字母，是标准的机器人循环指令。该指令常在通信口读写、数组数据赋值等数据处理时使用。程序实例如下：

```
FOR i FROM 1TO 10 DO
    routine1;
ENDFOR
FOR i FROM 10 TO 2 STEP -1 DO
    a{i} := a{i-1};
ENDFOR
PROC ResetCount(    )
    FOR i FROM 1 TO 20 DO
    FOR j FROM 1 TO 2 DO
        nCount{i,j} := 0;
    ENDFOR
    ENDFOR
ENDPROC
```

3) 限制

(1) 循环标识只能自动更改，不允许赋值。

(2) 在程序循环内，循环标识可以作为数字数据(num)使用，但只能读取相应值，不允许赋值。

(3) 如果循环标识、初始值、最终值与更改值使用小数形式，必须为精确值。

2. 满足条件执行 WaitUntil

1) 书写格式

WaitUntil [\InPos], Cond   [\MaxTime][\TimeFlag];

[\InPos]：提前量开关(switch)。

Cond：判断条件(bool)。

[\MaxTime]：最长等待时间，单位为 s (num)。

[\TimeFlag]：超时逻辑量(bool)。

2) 应用

该指令用于等待满足相应判断条件后，才执行以后指令。使用参变量[\InPos]，机器人及其外轴必须在完全停止的情况下，才进行条件判断。该指

笔记

令比指令 WaitDI 的功能更广，可以替代其所有功能。

3) 限制

该指令在使用参变量[\InPos]时，若遇到程序突然停止运行，机器人不能保证停在最终停止点进行条件判断。程序实例如下：

```
PROC    PickPart( )
    MoveJ pPrePick, vFastEmpty, zBig, tool1;
    WaitDI di_Ready,1;     //机器人等待输入信号，直到信号 di_Ready 值为 1，
                           才执行随后指令

    …

ENDPROC
PROC    PickPart( )
 MoveJ pPrePick, vFastEmpty, zBig, tool1;
 WaitUntil nCounter=4\MaxTime := 5;
 //机器人等待相应输入信号，如果 5 秒内仍没有得到相应数据值 4，自动进
    行 Error Handler 处理，如果没有 Error Handler，机器人停机报错
    …
ERROR
    IF    ERRNO=ERR_WAIT_MAXTIME    THEN TRWrite "… ";
        RETRY;
    ELSE
        RAISE;
    ENDIF
ENDPROC
PROC    PickPart( )
    MoveJ pPrePick, vFastEmpty, zBig, tool1;
    // 机器等待到位信号，如果 1 秒内仍没有等到信号 di_Ready 值为 1，机器
        人执行随后指令，但此时 TimeFlag 值为 TRUE，机器人等到 di_Ready 值
        为 1，此时 TimeFlag 值为 FALSE
    bTimeout := TRUE;
    nCounter := 0;
    WHILE bTimeout DO
        IF nCounter>3 THEN    TPWrite "…";
        ENDIF
        IF nCounter>30 THEN     Stop;
        ENDIF
        WaitUntil bOK=TRUE\MaxTime := 1\TimeFlag := bTimeOut;
        Incr nCounter;
```

ENDWHOLE

…

ENDPROC

3. 等待指定时间 WaitTime

1）书写格式

WaitTime [\InPos], Time;

[\InPos]：程序运行提前量开关(switch)。

Time：相应等待时间，单位为 s (num)。

2）应用

该指令只用于机器人等待相应时间后，才执行以后指令。使用参变量[\InPos]，机器人及其外轴必须在完全停止的情况下，才进行等待时间计时。该指令会延长循环时间。程序实例如下：

WaitTime　3;

WaitTime\InPos, 0.5;

WaitTime\InPos, 0;

3）限制

(1) 该指令在使用参变量[\InPos]时，若遇到程序突然停止运行，机器人不能保证停在最终停止点进行等待计时。

(2) 参变量[\InPos]不能与机器人指令 SoftServo 同时使用。

4. 条件转移 Compact IF

1）书写格式

IF Condition…;

Condition：判断条件(switch)。

2）应用

该指令是指令 IF 的简化版，判断条件后只允许跟一句指令，如果有多句指令需要执行，必须采用指令 IF。程序实例如下：

IF reg1>5 GOTO next IF counter>10 set do1;

…

5. 多条件转移 IF

1）书写格式

IF Condition THEN …

{ELSEIF Condition THEN…}

[\ELSE…]

…

ENDIF

Condition：判断条件(switch)。

2) 应用

该指令通过判断相应条件，控制需要执行的相应指令，是机器人程序流程的基本指令。程序实例如下：

```
IF reg1>5 THEN
    Set do1;
    Set do2;
ENDIF
IF reg1>5 THEN
    Set do1;
    Set do2;
ELSE
    Reset do1;
    Reset do2;
ENDIF
IF reg2=1 THEN    routine1;
ELSEIF reg2=2 THEN routine2;
ELSEIF reg2=3 THEN    routine3;
ELSEIF reg2=4 THEN    routine4;
ELSE
error;
ENDIF
```

6. 变量判断 TEST

1) 书写格式

```
TEST Test date
{CASE Test value ,{Test value}:…}
[DEFAULT:…]
…
ENDTEST
```

Test date：判断数据变量(All)。

Test value：判断数据值(same as)。

2) 应用

该指令通过判断相应数据变量与其所对应的值，控制需要执行的相应指令。程序实例如下：

```
TEST reg2
CASE 1:
    routine1;
CASE 2:
```

```
        routine2;
CASE 3:
        routine3;
CASE 4、5:
        routine9;
DEFAULT:
        error;
ENDTEST
IF reg2=1 THEN    routine1;
ELSEIF reg2=2 THEN    rountine2;
ELSEIF reg2=3 THEN rountine3;
ELSEIF reg2=4 or reg2=5 THEN rountine4;
ELSE
error;
ENDIF
```

7. 无条件转移 GOTO

1) 书写格式

```
 GOTO Label;
```

Label：程序执行位置标签 (Identifier)。

2) 说明

(1) 使用该指令后，程序内不会显示 Label 字样，直接显示相应标签。

(2) 在同一例行程序内，程序位置标签 Label 的名称必须唯一。

3) 应用

该指令必须与指令 Label 同时使用，执行指令 GOTO 后，机器人将从相应标签位置 Label 处继续运行程序指令。程序实例如下：

```
IF reg1>100 GOTO highvalue
lowvalue;
…
GOTO ready;
highvalue;
…
ready:
…
reg1 := 1;
next:
reg1 := reg1+1;
IF reg1<=5 GOTO next;
```

4) 限制

(1) 只能使用当前指令跳至同一例行程序内相应的位置标签 Label。

(2) 如果相应位置标签 Label 处于指令 TEST 或 IF 内，相应指令 GOTO 必须同处于相同的判断指令内或其分支内。

(3) 如果相应位置标签 Label 处于指令 WHILE 或 FOR 内，相应指令 GOTO 必须同处于相同的循环指令内。

8. 重复执行 WHILE

1) 书写格式

```
WHILE Condition DO
    …
ENDWHILE
    …
```

Condition：判断条件(bool)。

2) 应用

该指令判断相应条件，如果符合判断条件执行循环内指令，如果判断条件不满足则跳出循环指令，继续执行循环指令以后的指令。需要注意，当前指令存在死循环。程序实例如下：

```
WHILE reg1<reg2    DO
    …
    reg1 := reg1+1;
ENDWHILE
PROC main ( )
    rInitial;
    WHILE TRUE DO
        …
    ENDWHILE
ENDPROC
```

9. 循环的跳出及程序调用的跳出

同一个 routine 里，可以同时使用循环指令(for、while 等)与 goto 语句，程序如图 2-40 所示。

往程序里插入 label 时，可点击 prog.flow 下的 Label，如图 2-41 所示。运行结果如图 2-42 所示。

不同 routine 之间满足条件后的跳出可使用 return 语句，return 会返回到调用该例行程序的地方并往下执行，程序如图 2-43 所示。程序在满足 $i>5$ 后，即会返回调用处，即 test12 下，并继续执行 93 行，运行结果如 2-44 所示。

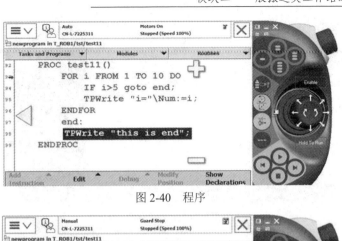

图 2-40 程序

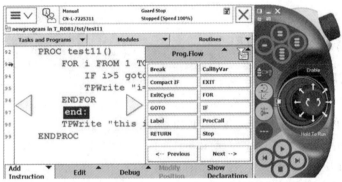

图 2-41 插入 label

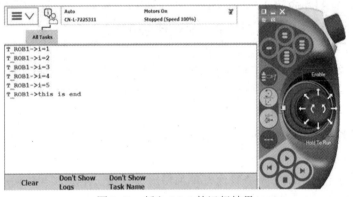

图 2-42 插入 label 的运行结果

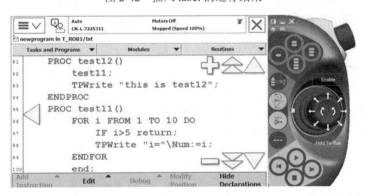

图 2-43 应用 return 语句的程序

笔记

工匠精神

　　大国工匠
是职工队伍
中的高技能
人才。工会
要协同各个
方面为劳动
模范、大国
工匠发挥作
用搭建平
台、提供舞
台，培养造
就更多劳动
模范、大国
工匠。

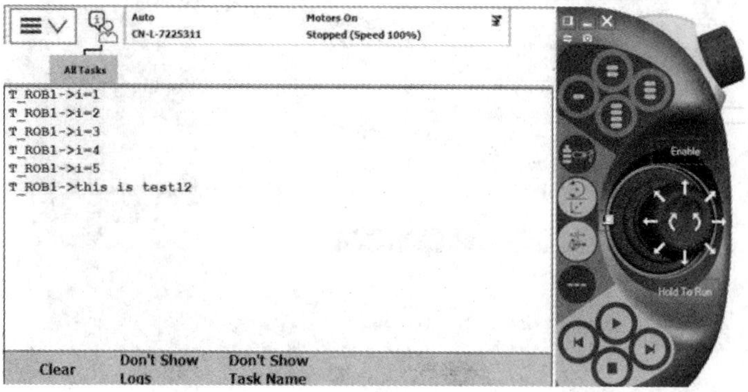

图 2-44　运行结果

八、通信指令(人机对话)

1. 写屏指令 TPWrite

1) 书写格式

　　TPWrite String[\Num][\Bool] [\Pos][\Orient];

String：屏幕显示的字符串(string)。

[\Num]：屏幕显示数字数据值(num)。

[\Bool]：屏幕显示逻辑量数据(bool)。

[\Pos]：显示位置 XYZ(pos)。

[\Orient]：显示方位 q1、q2、q3、q4(orient)。

2) 应用

在示教器屏幕上显示相应字符串，字符串最长 80 个字节，屏幕每行可显示 40 个字节，在字符串后可显示相应参变量。程序实例如下：

　　TPWrite　　string1;

　　TPWrite　　"Cycle Time= "\Num := nTime;

3) 限制

(1) 每个 TPWrite 指令只允许单独使用参变量，不允许同时使用。

(2) 参变量值<0.000005 或>0.999995 将圆整。

2. 清屏指令 TPErase

1) 书写格式

　　TPErase;

2) 应用

该指令将机器人示教器屏幕上所有显示清除，是实现机器人屏幕显示功能的关键部分。程序实例如下：

　　TPErase;

　　TPWrite　　"ABB Robotics";

　　TPWrite　　"＿＿＿＿＿＿＿";

做一做：

ABB 使用 TPWrite 居中写屏

实现 TPWrite 居中写屏的步骤如下：

(1) 建立一个新的 routine，取名 TpCenter，同时为了使用方便，该 routine 带字符串输入参数 s，如图 2-45 所示。

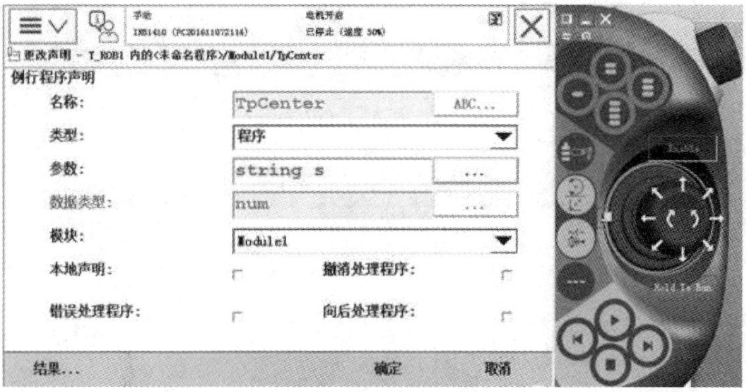

图 2-45　建立新程序

(2) 插入图 2-46 所示的程序，具体代码如下：

```
temp_s := " ";                          //先设立一个空字符串
s_len := StrLen(s);                     //得到输入字符串的长度 s_len
s_len := Round((40-s_len)/2);           //示教器一行最多显示 40 个字符，所以用 40 减去字
                                          符长度再除以 2 得到需要在一开始加入的空格数量
FOR i FROM 1 TO s_len DO
    temp_s := temp_s+" ";
ENDFOR                                  //加入计算出来的空格数量
temp_s := temp_s+s;                     //在要输出的字符串前加入空格
TPWrite temp_s;                         //写屏
```

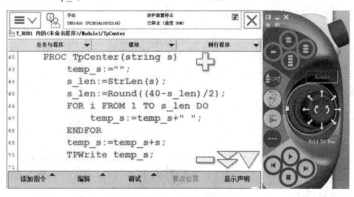

图 2-46　插入程序

(3) 调用 TpCenter，加入参数"Hello World"，如图 2-47 所示，运行结果见图 2-48。

图 2-47　调用 TpCenter

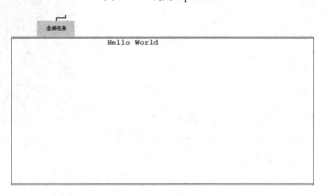

图 2-48　运行结果

3. 功能键读取指令 TPReadFK

1) 书写格式

TPReadFK Answer, Text, FK1, FK2, FK3, FK4, FK5, [\MaxTime] [\DIBreak]

[\BreakFlag];

Answer：数字赋值 1～5(num)。

Text：屏幕字符串(string)。

FKx：功能键字符串(string)。

[\MaxTime]：最长等待时间，单位为 s(num)。

[\DIBreak]：输入信号控制(signaldi)。

[\BreakFlag]：指令状态控制(errnum)。

2) 应用

　　该指令在示教器屏幕上显示相应字符串(Text)，字符串最长 80 个字节，屏幕每行可显示 40 个字节，同时在 5 个功能键上显示相应字符串(FKx)，字符串最长 7 个字节，通过按下相应的功能键，给数字变量(Answer)赋值 1～5。该指令可以进行数据选择，但必须有人参与，无法实现自动化，因此已被输入/输出信号代替。另外，在执行该指令时，必须等到功能键输入，才执行以后指令，除非选择相应参变量。该指令常用于错误处理等场合。程序实例如下：

TPReadFK reg1, "more? ", stEmpty, stEmpty, stEmpty, "yes", "no";

3) 参变量说明

[\MaxTime]: 机器人执行当前指令等待时间超过最长等待时间时，机器人将停机报错，如果同时采用参变量[\BreakFlag]，机器人将继续执行以后的指令，并且给出相应错误数据。

[\DIBreak]: 机器人通过输入信号来继续执行以后的指令，并且给出相应错误数据。

[\BreakFlag]: ERR_TP_MAXTIME; ERR_TP_DIBREAK。

4. 数字键读取指令 TPReadNum

1) 书写格式

TPReadNum Answer, String, [\MaxTime] [\DIBreak] [\BreakFlag];

Answer: 数字赋值 1-5(num)。

String: 屏幕字符串(string)。

[\MaxTime]: 最长等待时间 s(num)。

[\DIBreak]: 输入信号控制(signaldi)。

[\BreakFlag]: 指令状态控制 (errnum)。

2) 应用

该指令在示教器屏幕上显示相应字符串(String)，字符串最长 80 个字节，屏幕每行可显示 40 个字节，同时在功能键上显示 OK，通过数字键输入相应数值，给数字变量(Answer)赋值。该指令可以进行数字数据赋值，但是必须有人参与，无法实现自动化，因此已被输入/输出指令替代。程序实例如下：

TPReadNum reg1, "How many units? "

FOR I FROM 1 TO reg1 DO   produce_part;

ENDFOR

5. 显示错误信息指令 ErrWrite

1) 书写格式

ErrWrite [\W], Header, Reason [\RL2][\RL3] [\RL4];

[\W]: 事件记录开关 (switch)。

Header: 错误信息标题 (string)。

Reason: 错误信息原因(string)。

[\RL2]、[\RL3]、[\RL4]: 附加错误信息原因(string)。

2) 应用

该指令在示教器屏幕上显示标准出错界面，错误代码为 80001，标题最长 24 个字符，原因最长 40 个字符。如果有多种错误原因，可使用参变量[\RL2][\RL3] [\RL4]，每种原因最长 40 个字符。使用参变量[\W]，错误代码为 80002，并且只在事件列表中记录，不在示教器屏幕上显示。该指令只显示或记录出错信息，不影响机器人正常运行。在示教器屏幕上显示的信息，需要按功能

笔记

键 OK 确认并清除。如果需要影响机器人运行，可使用指令 Stop、EXIT、TRReadFK 等。程序实例如下：

```
...
ErrWrite\W, "Search error", "No hit for the first search";
ErrWrite\W, "PLC error", "Fatal error in PLC"\RL2 := "Call service";
...
```

3) 限制

每个 ErrWrite 指令最多能显示 145 个字节(Header + Reason + \RL2 + \RL3 + \RL4)。

6. 通过程序打开窗口 TPShow

1) 书写格式

```
TPShow  Window;
```

Window：显示相应示教器窗口(tpnum)。

2) 说明

(1) TP_PROGRAM：自动模式下显示生产窗口；手动模式下显示测试窗口。

(2) TP_LATEST：显示当前窗口的前一个窗口。

(3) TP_SCREENVIEWER：显示 Screen Viewer 窗口，需要相应的软件。

3) 应用

该指令用于在机器人示教器屏幕上显示相应界面，通常情况下与机器人附加软件 Screen Viewer 配合使用。程序实例如下：

```
...
TPShow TP_PROGRAM;
TPShow TP_TEST
```

九、FUNCTION 功能

1. Offs：工件坐标系偏移功能

以选定的目标点为基准，沿着选定工件坐标系的 X、Y、Z 轴方向偏移一定的距离。实例如下：

```
MoveL Offs(p10, 0, 0, 10), v1000, z50, tool0\WObj := wobj1;
```

将机器人 TCP 移动至以 p10 为基准点，沿着 wobj1 的 Z 轴正方向偏移 10 mm 的位置。

2. RelTool：工具坐标系偏移功能

RelTool 同样为偏移指令，而且可以设置角度偏移，但其参考的坐标系为工具坐标系。如：

```
MoveL RelTool (p10, 0, 0, -100\Rx := 0\Ry := 0\Rz=30), v1000, z50, tool1;
```

则机器人 TCP 移动至以 p10 为基准点，沿着 tool1 坐标系 Z 轴正负向偏移 100 mm 的位置，且 TCP 沿着 tool1 坐标系 Z 轴旋转 30°，如图 2-49 所示。

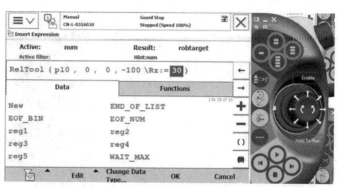

图 2-49 RelTool 的应用

十、单轴偏移函数

（1）新建 routine，命名为 AbsjOffs，类型选择"功能"，数据类型选择 jointtarget（即功能返回值类型为 jointtarget），如图 2-50 所示。参数为输入参数，如图 2-51 所示。第一个 Point 类型为 jointtarget，其余为 6 个轴的偏移，类型为 num，如图 2-52 所示。

图 2-50 新建 AbsjOffs

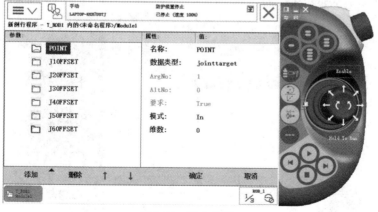

图 2-51 输入参数

笔记

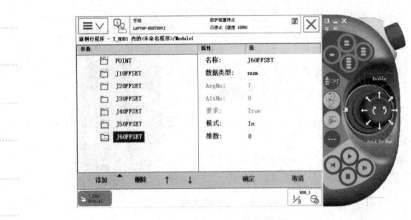

图 2-52　数据类型

(2) 建立一个临时变量 joint_temp，类型选择 jointtarget。

(3) 让 joint_temp=point，也就是 joint_temp 等于要使用的输入位置。

(4) 依次对某个轴进行偏移设置，如图 2-53 所示。

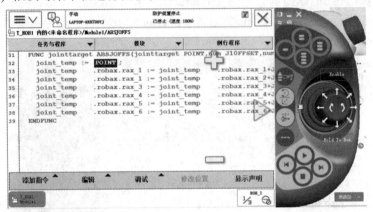

图 2-53　偏移设置

(5) 用 return 返回结果。

(6) 正常插入 MoveAbsJ 语句，如图 2-54 所示。然后点击"功能"软键，选择新建的 AbsjOffs，如图 2-55 所示，即机器人相对 jpos10 的 1 轴旋转 30°。

图 2-54　插入 MoveAbsJ 语句

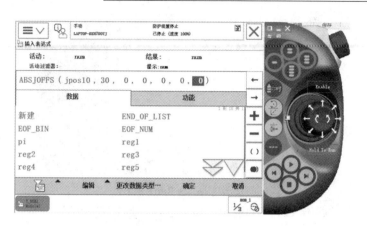

图 2-55　新建 AbsjOffs

十一、ABB 机器人读取位置函数

ABB 机器人有两种位置数据，一种是 robtarget，记录 xyz 等，另一种是 jointtarget，记录各个轴角度。使用 crobt 函数可读取当前 robtarget 形式位置。

(1) 插入赋值语句，左侧类型选择 robtarget 新建时，注意只有 var 和 pers 类型才可以赋值，默认的常量不能赋值，如图 2-56 所示。选择图 2-57 右侧的 Function，找到 CRobT 并插入，程序如图 2-58 所示。

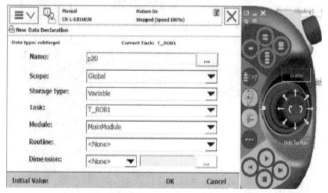

图 2-56　插入赋值语句

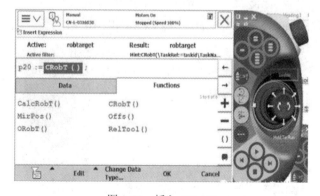

图 2-57　插入 CRobT

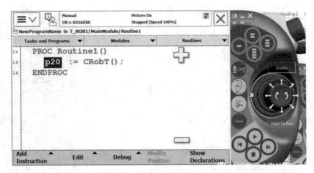

图 2-58　插入 CRobT 的程序

(2) 建议点击 CRobT()语句，用可选项，选择要使用的工具和工件坐标系，如图 2-59 所示，其结果如图 2-60 所示。

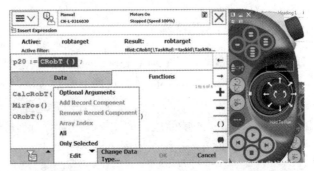

图 2-59　选择要使用的工具和工件坐标系

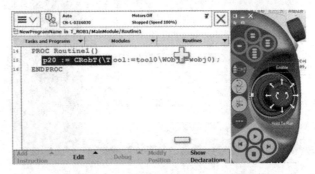

图 2-60　加入要使用的工具和工件坐标系

(3) 获取 jointtarget 类型位置，其结果如图 2-61 所示。

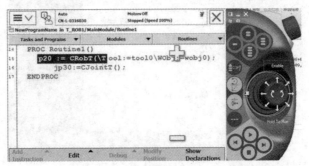

图 2-61　获取 jointtarget 类型位置

十二、中断运动指令

1. 停止 StopMove

1) 书写格式

StopMove

2) 应用

该指令使机器人运动临时停止，直到运行指令 StartMove 后，才继续恢复被临时停止的运动。此指令通常用于处理牵涉到机器人运动的中断程序。程序实例如下：

```
StopMove;
WaitDI ready_input,1;
StartMove;
...
CONNECT intno1 WITH go_to_home_pos;
ISignalDI di1, 1, intno1;
...
TRAP go_to_home_pos;      // 机器人完成当前运动指令后停止运动，并记录运动
                            路径，在 Home 位置等待
 di1 为 0 后，继续原运动状态
   StorePath;
   p10 := CRobT( )
   MoveL Home, v500, fine, tool1;
   WaitDI di1,0;     //机器人临时停止运动，并记录运动路径，在 Home 位置等待
                        di1 为 0 后，继续原运动状态
   MoveL p10, v500, fine, tool1;
   RestoPath;
   StartMove;
ENDTRAP
```

2. 重启运动 StartMove

1) 书写格式

Start Move

2) 应用

该指令必须与指令 StopMove 联合使用，使机器人临时停止的运动恢复。此指令通常被用于处理牵涉到机器人运动的中断程序。

3) 报警处理

ERR_PATHDIST：偏离原来路径(大于 10 mm 或 20°)。

3. 存储最近路径 StorePath

1) 书写格式

StorePath

2) 应用

该指令用来记录机器人当前运动状态，通常与指令 RestoPath 联合使用。此指令通常被用于处理牵涉到机器人运动的中断程序。

3) 限制

(1) 该指令只能用来记录机器人运动路径。

(2) 机器人临时停止后，需要执行新的运动，必须记录当前运动路径。

(3) 机器人系统只能记录一个运动路径。

程序实例如下：

```
TRAP go_to_home_pos
    StorePath;
    p10 := CRobT( );      //机器人临时停止运动，并记录运动路径，在 Home 位
                          置等待 di1 为 0 后，继续原运动状态
    MoveL Home, v500, fine, tool1;
    WaitDI di1, 0;
    MoveL p10, v500, fine, tool1;
    RestoPath;
    StartMove;
ENDTRAP
```

4. 重启存储路径 RestoPath

1) 书写格式

RestoPath

2) 应用

该指令用来恢复已经被记录的机器人运动状态，必须与指令 StorePath 联合使用。此指令通常被用于机器人错误处理与处理牵涉到运动的中断程序。

3) 限制

(1) 该指令只能用来恢复机器人运动路径。

(2) 机器人临时停止后，需要执行新的运动，必须记录当前运动路径。

(3) 机器人系统只能记录一个运动路径。

做一做

中断运动指令应用实例

机器人在工作区域一时，工人进入光幕区域，机器人不停。机器人在工作区域二时(会有与人交互区域)，工人进入光幕区域，机器人停止运动。

(1) 建立 2 个中断程序，如图 2-62 所示，tr_stop 处理光栅信号变为 0 时 ✎ 笔记
机器人停止，tr_start 处理光栅信号变为 1 时机器人启动。

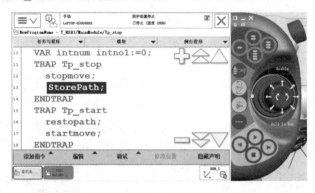

图 2-62　建立 2 个中断程序

(2) 插入图 2-63 所示初始化程序。

图 2-63　初始化程序

其中：

CONNECT intstart WITH tr_start 表示建立 intstart 中断号和 tr_start 中断
程序的连接。

ISignalDI di_0,1,intstart 表示信号由 0 变 1 时触发(注意，默认插入时带有
single 参数，即只会在第一次发生中断触发，之后不会再触发。如要反复触
发，可去除 single 参数)。

(3) 在循环里插入图 2-64 所示的中断控制指令。

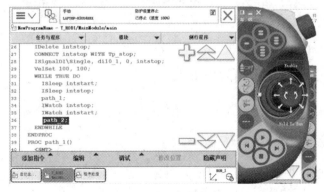

图 2-64　中断控制指令

📝 笔记

ISleep 为停用中断，在此期间产生的中断机器人忽略。IWatch 为恢复使用中断，和 ISleep 构成一对。

图 2-64 即表示 path_1 时不启用中断，path_2 时启用中断。

十三、jointtarget 与 robtarget 转化

Jointtarget 记录的是机器人各轴位置，robtarget 记录的是笛卡尔坐标系下的 xyz 坐标及角度等。从 robtarget 计算出 jointtarget，使用 CalcJointT 函数，如图 2-65 所示；从 jointtarget 计算出 robtarget，使用 CalcRobT 函数，如图 2-66 所示；输入为 robtarget 类型数据，及使用的 tool 和使用的工件坐标系。

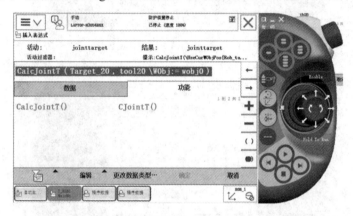

图 2-65　选择 CalcJointT

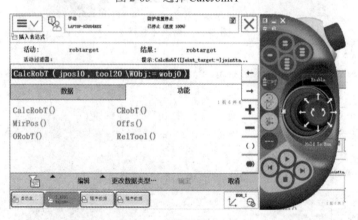

图 2-66　选择 CalcRobT

十四、机器人各轴上下限位修改

机器人各轴出厂都设置了上下限位，如图 2-67 所示。实际使用中，可以根据需要改小限位。示教器进入控制面板选择"配置"→"主题"→"Motion"，如图 2-68 所示；进入 Arm，找到对应轴，如图 2-69 所示，Upper Joint Bound 为上限位。此处用弧度表示角度，如图 2-69 中的 3.14 即为 180°。根据需要，可计算得到对应的新限位弧度并输入。

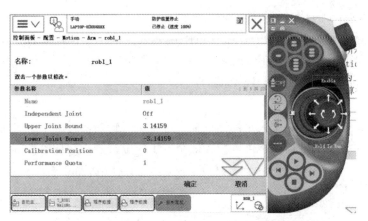

图 2-67　出厂设置的上下限位

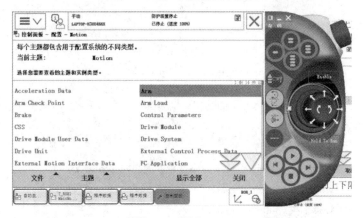

图 2-68　进入 Arm

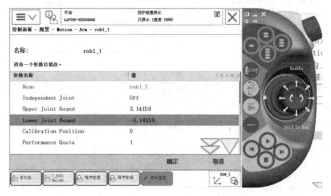

图 2-69　限位

笔记

十五、坐标转换指令

1. 坐标偏移 PDispOn

1) 书写格式

PDispOn [\Rot][\Exep] ProgPoint, Tool[\Wobj];

[\Rot]：坐标旋转开关(switch)。

✎ 笔记

[\Exep]：运行起始点(robtarget)。

ProgPoint：坐标原始点(robtarget)。

Tool：工具坐标系(Tooldate)。

[\Wobj]：工件坐标系(wobjdate)。

2）应用

该指令可以使机器人坐标通过编程进行实时转换，通常用于水切割等运动轨迹保持不变的场合，可以快捷地完成工作位置修正，如图2-70所示。

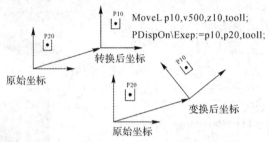

MoveL p10,v500,fine\Inpos:=inpos50,tool;

PDispOn\Rot\Exep:=p10,p20,tool1; .

图2-70　坐标偏移

程序实例如下：

```
PROC draw_square( )
    PDispOn, *, tool1;          //不使用参变量[\Exep],机器人默认为当前点
    MoveL *, v500, z10, tool1;
    MoveL *, v500, z10, tool1;
    MoveL *, v500, z10, tool1;
    MoveL *, v500, z10, tool1;
    PDispOff;
ENDPROC
MoveL p10, v500, fine\Inpos := inpos50, tool1;
Draw_square;
MoveL p20, v500, fine\Inpos := inpos50, tool1;
Draw_square;
MoveL p30, v500, fine\Inpos := inpos50, tool1;
Drar_square;
SearchL sen1, psearch, p10, v100, tool1;
PDispOn\Exep := psearch, *, tool1;
```

3）限制

（1）当前指令在使用后，机器人坐标将被转换，直到使用指令 PDispOff 后才失效。

（2）在下列情况下，机器人坐标转换功能将自动失效：机器人系统冷启动；加载新机器人程序；程序重置。

2. 关闭偏移 PDispOff

1）书写格式

PDispOff

2）应用

该指令用于使机器人通过编程达到的坐标转换功能失效，必须与指令 PDispOn 或 PDispSet 同时使用。程序实例如下：

MoveL p10, v500, z10, tool1;

PDispOn\Exep := p10, p11, tool1;　　// 坐标转换指令生效

MoveL p20, v500, z10, tool1;

MoveL p30, v500, z10, tool1;

PDispOff　　　　　　　　　　　// 坐标转换指令失效

MoveL p50, v500, z10, tool1;

3. 指定数值偏移 PDispSet

1）书写格式

PDispSet DispFrame;

DispFrame：坐标偏差量(pose)。

2）应用

该指令通过输入坐标偏差量，使机器人坐标通过编程进行实时转换，通常用于水切割等运行轨迹保持不变的场合，可以快捷地完成工作位置修正，如图 2-71 所示。

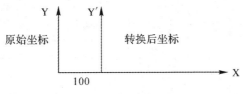

图 2-71　指定数值偏移

程序实例如下：

VAR pose xp100 := [[100,0,0],[1,0,0,0]];

MoveL p10, v500, z10, tool1;

PDispSet　xp100;　　　　　　　// 坐标转换指令生效

MoveL p20, v500, z10, tool1;

PDispOff　　　　　　　　　　　// 坐标转换指令失效

MoveL p30, v500, z10, tool1;

3）限制

(1) 当前指令在使用后，机器人坐标将被转换，直到使用指令 PDispOff 后才失效。

(2) 在下列情况下，机器人坐标转换功能将自动失效：机器人系统冷启动；加载新机器人程序；程序重置(Start From Beginning)。

笔记

笔记

 做一做

工件坐标系旋转

现场建立 workobject_1 工件坐标系，对上面的产品设置了属于 workobject_1 的 oframe。由于产品位置发生旋转，例如绕 Z 轴旋转了 30°，如图 2-72(a)所示。先建立三个 num 变量 rx、ry、rz，如图 2-72(b)所示，再通过 eulerzyx 函数获取对应坐标系姿态的角度。

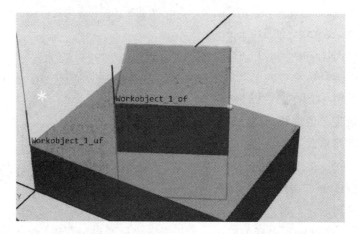

(a) 创建工件坐标系

Name	Value	Module	2 to 8 of 8
reg2	0	user	Global
reg3	0	user	Global
reg4	0	user	Global
reg5	0	user	Global
rx	0	module1	Global
ry	0	module1	Global
rz	0	module1	Global

(b) 建立三个 num 变量

图 2-72　工件坐标系旋转

 做一做

创建工件坐标系

可以在手动界面，通过手动方法创建工件坐标系；也可以通过例行程序新建赋值语句，左侧选择类型为 pose，右侧选择功能，即可找到 DefFrame 函数，如图 2-73(a)所示。输入三个 robtarget 类型数据，运算后即可获得所创建的坐标系，如图 2-73(b)所示。

代码如下：

DefFrame(NewPl　NewP2　NewP3 [\Origin]);

其中 NewP1 数据类型为 robtarget，第一个位置将定义新坐标系的原点；

NewP2 数据类型为 robtarget，第二个位置将定义新坐标系 X 轴的方向；NewP3
数据类型为 robtarget，第三个位置定义新坐标系的 XY 平面。点 3 将位于正
Y 轴侧。

✍ 笔记

(a) 找到 DefFrame 函数

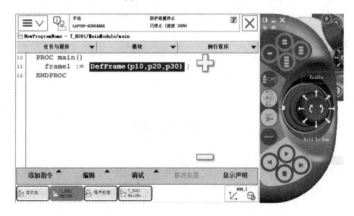

(b) 输入三个 robtarget 类型数据

图 2-73　创建工件坐标系

使用时，也可加入可选参数 Origin，如图 2-74 所示。

图 2-74　加入可选参数 Origin

可选参数将规定如何确定新坐标系的原点。Origin = 1，意味着原点位于
过 NewP1 的直线上，即如同省略该参数。Origin = 2，意味着 X 轴为过 New

P1 与 New P2 的直线，如图 2-75 所示。Origin = 3，意味着原点位于通过 New P1 和 New P2 的直线上，New P3 将位于 Y 轴上，如图 2-76 所示。

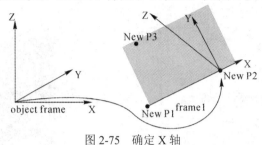

图 2-75　确定 X 轴

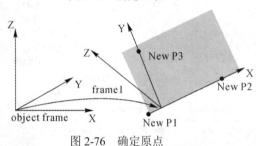

图 2-76　确定原点

做一做：

工具坐标系旋转

下述程序示例中已经有一个工具坐标系 tool100，如果想修改 tool100，比如工具坐标系绕当前工具 Z 轴旋转 90°，可以先建立一个新的 tool101(避免修改出错，导致 tool100 也出错)。

```
PROC tool rotate()
    tool101 := tool100;
    r_x := EulerZYX (\x, tool100.tframe.rot);
    r_y := EulerZYX (\y, tool100.tframe.rot);
    r_z := EulerZYX (\z, tool100.tframe.rot);
    r_z := r_z+90;
    tool101. tframe.rot := OrientZYX(r_z, r_y, r_x);
ENDPROC
```

十六、程序运行控制指令

1. 程序暂停指令 Break

功能：使程序暂停，机器人停止运动，程序指针停留在下一行指令，可以用示教器上的运行键继续运行机器人。

2. 程序暂停指令 Stop

功能：使程序暂停，机器人停止运动，程序指针停留在下一行指令，可

以用示教器上的运行键继续运行机器人，如果机器人停止期间被人为移动后
直接启动机器人，机器人将警告确认路径，如果此时采用参数变量
[\NoRegain]，机器人将直接运行。

注意：可以使用示教器的 Stop 停止程序运行，或者使用 system input 接
入信号停止程序运行，也可使用 Stop 和 Break 指令停止运行。Stop 和 Break
的区别见图 2-77。如果前面有运动指令，Break 在到达目标点前即开始拐弯
时停止，Stop 则是在准确到达目标点时停止。

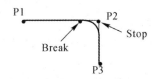

图 2-77　Stop 和 Break 的区别

3. 程序停止并复位指令 Exit

功能：使机器人停止运行，同时程序被重置。

程序里如果只是停止机器人移动，可以使用 StopMove 指令(程序继续运
行，只是机器人停止运动)，启动运动可以使用 StartMove 指令。

带领学生到工业机器人边介绍，但应注意安全。

一体化教学

任务实施

一、数组

1. 数组的定义

所谓数组，是相同数据类型的元素按一定顺序排列的集合。若将有限个
类型相同的变量的集合命名，那么这个名称就是数组名。组成数组的各个变
量称为数组的分量，也称为数组的元素，有时也称为下标变量。用于区分数
组的各个元素的数字编号称为下标。

2. 数组的应用

工业机器人在定义程序数据时，可以将同种类型、同种用途的数值存放
在同一个数据中，当调用该数据时需要写明索引号来指定调用的是该数据中
的哪个数值，这就是所谓的数组。在 RAPID 中可以定义一维数组、二维数
组以及三维数组。

1) 一维数组

```
VAR num reg1{3} := [5, 7, 9];      //定义一维数组 reg1
reg2 := reg1{2};                    //reg2 被赋值为 7
```

2) 二维数组

```
VAR num reg1{3,4} := [[1,2,3,4], [5,6,7,8], [9,10,11,12]];   //定义二维数组 reg1
```

reg2 := reg1{3,2};   //reg2 被赋值为 10

3) 三维数组

VAR num reg1{2,2,2} := [[[1,2],[3,4]],[[5,6],[7,8]]];   //定义三维数组 reg1

reg2 := reg1{2,1,2};   //reg2 被赋值为 6

3. 典型案例

1) 码垛放置位置的参考点

已知物料长 30 mm,宽 30 mm,高 30 mm,物料在 X 轴方向距离为 70 mm,
Y 轴方向距离为 40 mm, 如图 2-78 所示。

当第一个物料位置示教完成后,其他的物料可以通过建立数组来建立相对
的空间位置。

图 2-78　参考点

2) 数组的建立

(1) 进入 ABB 主菜单,选择"程序数据"选项,如图 2-79 所示。

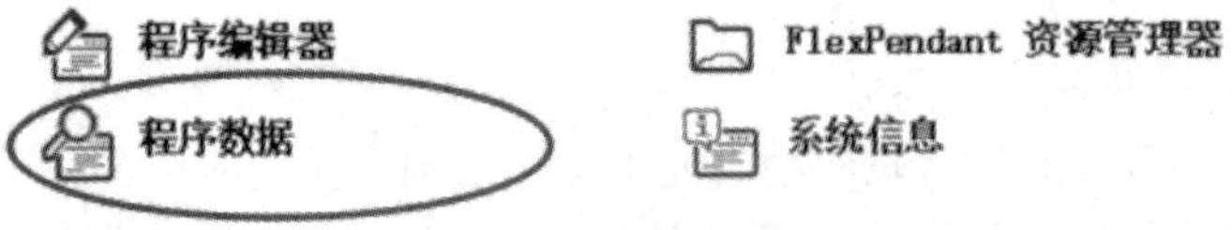

图 2-79　"程序数据"选项

(2) 选择"num",显示数据,如图 2-80 所示。

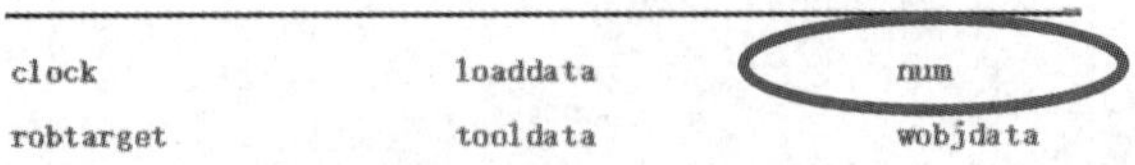

图 2-80　选择"num"

(3) 单击"新建",新建数组,如图 2-81 所示。

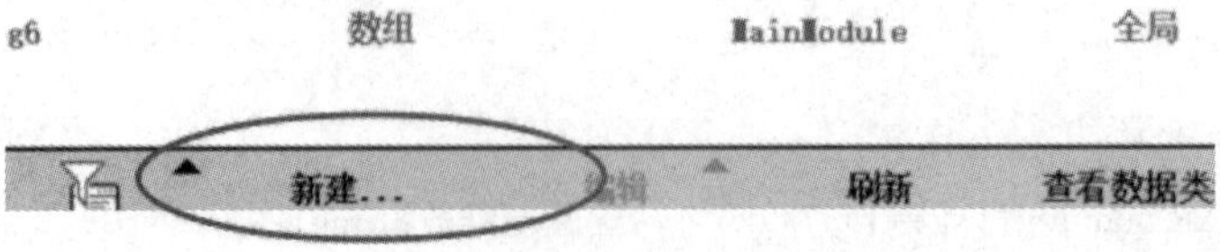

图 2-81　新建数据数组

(4) 建立二维数组,如图 2-82 所示。图 2-82 中{6,2}的含义是 6 排(或
物料块总数)2 列(X 和 Y)数组偏移量的设置,如图 2-83 所示。

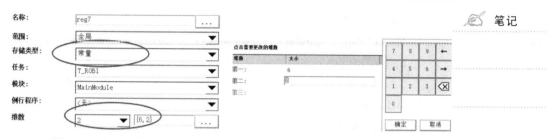

图 2-82　建立二维数组　　　　图 2-83　6 排 2 列数组偏移量设置

（5）点击"确定"，界面如图 2-84 所示，图中{1，1}中的 1 代表 X 方向的偏移。{1，2}中的 2 代表 Y 方向的偏移。

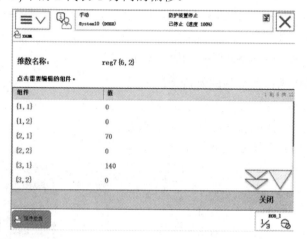

图 2-84　确定数据

3）数组指令的运用方法

（1）新建运动指令如图 2-85 所示。

MoveL **p130** , v200 , fine , tool1 \WObj:= wobj1;

图 2-85　新建运动指令

（2）单击"功能"，选中"Offs"，如图 2-86 所示。

)ffs (**<EXP>** , <EXP> , <EXP> , <EXP>)

图 2-86　"Offs"的应用

"Offs"括号内 4 个值的含义分别是参考点、X 方向的偏移量、Y 方向的偏移量、Z 方向的偏移量，这里需使用一个常量 reg1，如图 2-87 所示。

Offs (**p130** , reg7 {reg1 , 1} , reg7 {reg1 , 2} , 0

图 2-87　偏移量

4）物料块码垛的参考程序

MoveAbsJ Home\NoEOffs, v1000, fine, tool0;

reg1 := 0;

WHILE reg1 < 6 DO

MoveJ Offs(p10, reg6{reg1,1}, reg6{reg1,2}, -80), v1000, fine, tool0;

MoveL Offs(p10, reg6{reg1,1}, reg6{reg1,2}, 0), v1000, fine, tool0;

Set DO_01;

WaitTime 1;

MoveL Offs(p10, reg6{reg1,1}, reg6{reg1,2}, -80), v1000, fine, tool0;

MoveJ Offs(p11, reg7{reg1,1}, reg7{reg1,2}, -80), v1000, fine, tool0;

MoveJ Offs(p11, reg7{reg1,1}, reg7{reg1,2}, 0), v1000, fine, tool0;

Reset DO_01;

MoveL Offs(p11, reg7{reg1,1}, reg7{reg1,2}, -80), v1000, fine, tool0;

ENDWHILE

MoveAbsJ Home\NoEOffs, v1000, fine, tool0;

4. 使用数组作为参数的例行程序

(1) 新建例行程序，在 Parameters 处点击省略号，添加参数，如图 2-88 所示。设置参数 Dimension，1 表示一维数组，2 表示二维数组，3 表示三维数组，点击"OK"完成设置，如图 2-89 所示。

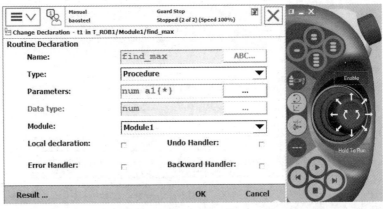

图 2-88 添加参数

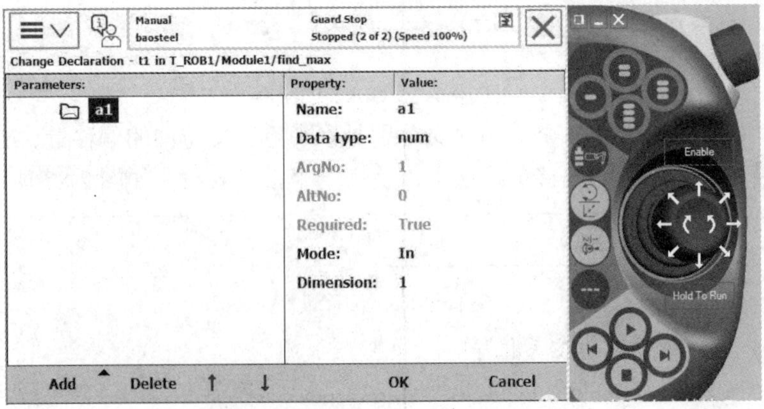

图 2-89 添加参数 Dimension

（2）希望查找数组内最大值，并写屏输出最大值及对应数组元素序号程　　✍ **笔记**
序如下：

```
PROC find_max(num a1{*})
    VAR num no_tmp;
    VAR num no_seq;
    no_tmp := a1{1};
    no_ seq := 1;
    FOR i FROM 2 TO Dim(a1, 1) DOdim(a1,1)     //返回数组 a1 的第 1 维的
                                                    元素个数
        IF a1{i}>no_tmp THEN
            no_tmp := a1(i);
            no_seq := i;
        ENDIF
    ENDFOR
    TPWrite " max data in "+argname(a1)+" is "\num := no_tmp;
    //argname(a1)获取传入参数的原有变量名
        TPWrite "max data_ seq is "\num := no seq;
ENDPROC


PROC test222()
    VAR num a100{10};
    FOR i FROM 1 TO 10 DO
        a100{i} := i;
    ENDFOR
    find_max a100;
```

运行结果是数组 a100 的值为[1, 2, 3, 4, 5, 6, 7, 8, 9, 10]，所以最大值为
10，最大值的序号是第 10 个元素，如图 2-90 所示。

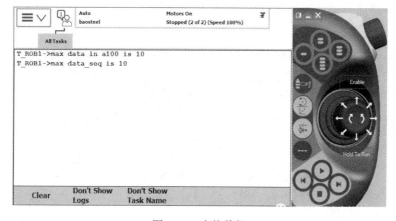

图 2-90　查找数组

二、复杂程序数据赋值指令

指令作用：对程序中任意的参数进行赋值。

应用举例：

PERS robtarget p10 := [[0,0,0],[1,0,0,0],[0,0,0,0],[9E9,9E9,9E9,9E9,9E9,9E9]];

PERS robtarget p20 := [[100,0,0],[0,0,1,0],[1,0,1,0],[9E9,9E9,9E9,9E9,9E9,9E9]];

目标点四组数据依次为

TCP 位置数据 trans：[0,0,0]

TCP 姿态数据 rot：[1,0,0,0]

轴配置数据 robconf：[1,0,1,0]

外部轴数据 extax：[9E9,9E9,9E9,9E9,9E9,9E9];

进行赋值操作如下：

p10.trans.x := p20.trans.x+50;

p10.trans.y := p20.trans.y-50;

p10.trans.z := p20.trans.z+100;

p10.rot := p20.rot;

p10.robconf := p20.robconf;

执行结果：

PERS robtarget p10 := [[150, -50, 100], [0, 0, 1, 0], [1, 0, 1, 0], [9E9, 9E9, 9E9, 9E9, 9E9, 9E9]];

三、功能程序 FUNC

例行程序一共有三种类型，分别为 Procedures(普通程序)、Functions(功能程序)、Trap(中断程序)。

Procedures 包括常用的主程序、子程序等。

Functions 会返回一个指定类型的数据，在其他指令中可作为参数调用。

Trap 指中断程序。当中断条件满足时，则立即执行该程序中的指令，运行完成后返回调用该中断的地方继续往下执行。

应用举例：

```
FUNC bool bCompare (num nNum, num nMin, num nMax)
VAR bOK := FALSE;
bOK := nNum >=nMin   AND   nNum <= nMax;
RETURN   bOK;
ENDFUNC
PROC   Main( )
    IF    bCompare (nCount, 5, 10)   THEN
        …
    ENDIF
ENDPROC
```

此段程序为比较大小的布尔量型功能类型程序，调用时，需要输入要进行比较的数据以及最小值和最大值。如在 main 程序中，如果数据 nCount 大于等于 5 并且小于等于 10，则 bCompare 为 TRUE，否则为 FALSE。

根据实际情况，让学生在教师的指导下进行。

四、事件过程 Event Routine

Event Routine 是使用 RAPID 指令编写的例行程序去响应系统事件的功能。在 Event Routine 中不能有移动指令，也不能有太复杂的逻辑判断，防止程序死循环，影响系统的正常运行。在系统启动时，可通过 Event Routine 检查 I/O 输入信号的状态。下面以响应系统事件 POWER_ON 为例，进行此功能的说明。

技能训练

Event Routine 操作步骤见表 2-7。

表 2-7　Event Routine 操作步骤

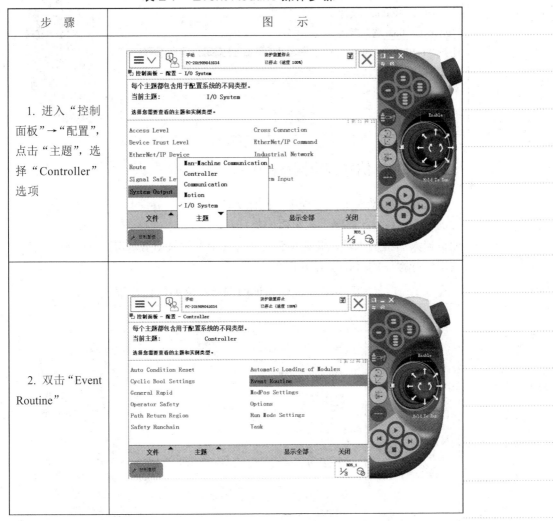

步　骤	图　示
1. 进入"控制面板"→"配置"，点击"主题"，选择"Controller"选项	
2. 双击"Event Routine"	

✑ 笔记

步　骤	图　示
3. 单击"添加"按钮	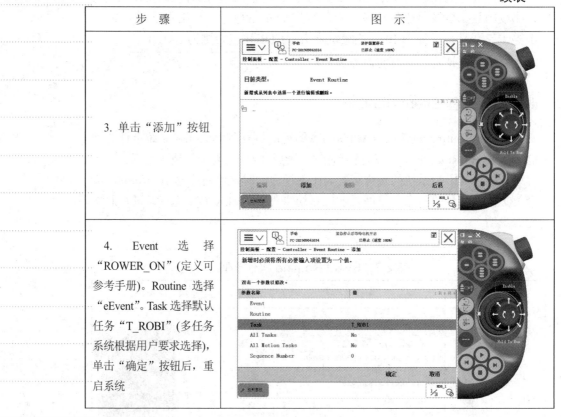
4. Event 选择"ROWER_ON"(定义可参考手册)。Routine 选择"eEvent"。Task 选择默认任务"T_ROBI"(多任务系统根据用户要求选择),单击"确定"按钮后,重启系统	

五、使用 I/O 信号调用例行程序

在工业机器人工作过程中,操作员会通过人机界面直接调出机器人要执行的 RAPID 例行程序。人机界面将程序编号发给 PLC,PLC 将编号发到工业机器人的组输入端,组输入端信号对应相应的 RAPID 程序。使用 I/O 信号调用例行程序的操作步骤见表 2-8。

表 2-8　I/O 信号调用例行程序的操作步骤

步　骤	图　示
1. 设定组输入 gil	

步 骤	图 示
2. 编写几个测试程序 proc1()、proc12() 等，rChooseProc() 用来判断调用哪个对应程序	
3. 使用 CallbyVar 指令，"proc"为固定值，根据后面数字的不同，选择调用 proc1、proc2 或者其他程序	

六、限定单轴运动范围的操作

在工业机器人工作过程中，由于工作环境或控制的需要，单轴的运动范围需要限定。设定的数据包含以弧度的方式进行表达，通过设定单轴的上限和下限值来限定单轴运动范围。对单轴限定后，工业机器人的工作范围变小。

限定单轴运动范围的操作步骤见表 2-9。

表 2-9 限定单轴运动范围的操作步骤

步 骤	图 示
1. 进入"控制面板"→"配置"，点击"主题"，选择"Motion"	

✎ 笔记

步　骤	图　示
2. 进入"控制面板"→"配置",选择"Motion"主题,双击"Arm"	
3. 选择要限定的轴,进入	
4. 设定 Upper Joint Bound 和 Lower Joint Bound 的值来设定单轴的上限和下限,单位为弧度(默认为±180°,即±3.141 59),实际的值与设定值留有一定的余量。单击"确定"按钮,系统重启后生效	
5. 进入手动操纵模式,当轴运动超出设定的范围后,就会报错	

✍ 笔记

工匠精神

七、获取机器人单轴位置速度扭矩

应用 GetJointData 指令，可获取机器人单轴(或者外轴)的实时位置(单位：°)、速度(单位：°/s)和扭矩(单位：N·m)，如程序：

GetJointData 1Position := reg1Speed := reg2Torque := reg3;

把机器人 1 轴的位置存储在 reg1，速度存储在 reg2，扭矩存储在 reg3。如果要获取外轴，可以使用可选参数 ExtTorque。如果希望每 0.5 s 获取一次相关数据并写屏，可以使用定时中断，具体代码如下：

```
TRAP tr_getdata
    TPErase;
    GetJointData 1\Position := reg1\Speed := reg2\Torque := reg3;
    tpwrite " current axis1 pos is"+NumToStr(reg1, 1)+ "degree";
    tpwrite"current axis1 speed is"+NumToStr(reg2, 1)+"degree/s";
    tpwrite "current axis1 torque is "+NumToStr(reg3, 1)+ "Nm";
ENDTRAP

PROC main()
    IDelete intno1;
    CONNECT intno1 WITH tr_getdata;
    ITimer 0.5,intno1;
    WHILE true DO
        MoveL p10, v100, z50,tool0;
        MoveL offs(p10, 100, 0, 0), v100, z50, tool0;
        MoveL offs(p10, 100, 100, 0), v100, z250, tool0;
        MoveL offs(p10,0,100,0),v100,z50,tool0;
        MoveL p10, v100, z50, tool0;
    ENDWHILE
ENDPROC
```

📹 **任务扩展**

SCARA 机器人专用指令 MovePnP

1. 程序编制

ABB 推出的 SCARA 机器人如图 2-91 所示。该机器人有专门的 MovePnP 语句，指令 MovePnP 不支持反向执行，仅适用于 SCARA 机械臂。代码轨迹如图 2-92 所示，pEnd 为结束点。

工匠精神是指工匠不仅要具有高超的技艺，还要有精湛的技能，而且还要有严谨、细致、专注、负责任的工作态度以及对职业的认同感、责任感、荣誉感和使命感。

笔记

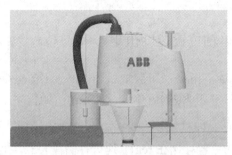

图 2-91　SCARA 机器人

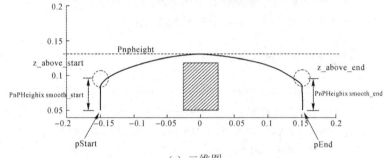

(a)　二维图

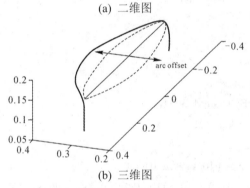

(b)　三维图

图 2-92　代码轨迹

代码示例如下：

```
VAR num my_pnp_height := 130;
VARpnpdata my_pnpdata;
my_pnpdata.smooth_start := 50;
//表示 PnPHeight 的开始高度的百分比，例如 50%，用于描述起点上方垂直移
动的高度。一个较低的值可显著缩短循环时间
my_pnpdata.smooth_end := 50;
//PnPHeight 的百分比，例如 50%，用于描述终点上方垂直移动的高度。一个
较低的值可显著缩短循环时间
MoveLpStart,v300,fine,tool0;
MovePnP    pEnd,v300,\PnPHeight   :=   my_pnp_height,fine,tool0\PnPDataIN   :=
my_pnpdata;
//PnpHeight 表示图 2-92 中机器人会经过的最高点，该点为该运动语句对应坐标
系下的绝对位置
```

2. 快速控制 I/O

快速移动代码轨迹如图 2-93 所示。快速控制 I/O 示例代码如下：

```
VAR num my_pnp_height := 130;
VAR pnpdata my_pnpdataVAR triggdata open_gripper;
my_pnpdata.smooth_start := 50;
my_pnpdata.smooth_end := 50;
TriggIO open_gripper, 25 \DOp := doGripper, 0;
MoveL pStart, v300, fine, tool2;
MovePnP pEnd, v300, \PnPHeight := my_pnp_height, fine, tool2\PnPDataIN := my
_pnpdata \PnP Trigg := open_gripper \PnPTriggOption := 3;
```

//当 TCP 所在位置与 pEnd 的垂直距离为 25 mm 时，数字输出信号 doGripper 被设置为值 0

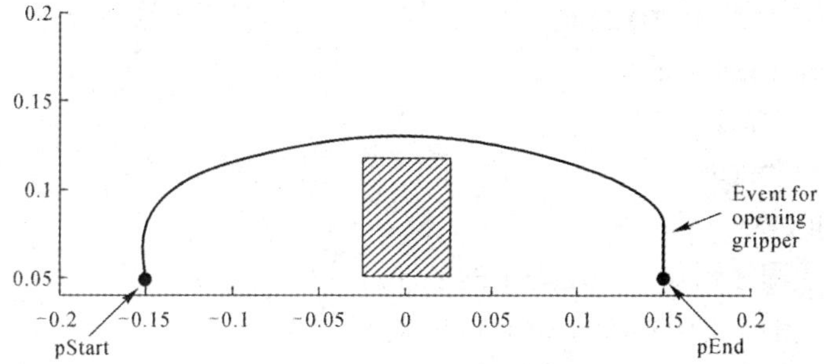

图 2-93 快速移动代码轨迹

▶ 任务巩固

一、填空题：

1. Incr reg1; 等同于 reg1 := reg1_____。

2. ClkStart 表示_____。

3. 语句"CONNECT Interrupt WITH Trap routine;"中的 Interrupt 表示_____，Trap routine 表示_____。

4. 假设有语句"VAR num reg1{3} := [5, 7, 9]; reg2 := reg1{2};"，则执行结果是 reg2 被赋值为_____。

5. ABB 机器人有两种位置数据，一种是 robtarget，记录_____等，另一种是 jointtarget，记录_____。使用_____函数可读取当前 robtarget 形式位置。

6. 从 robtarget 计算出 jointtarget，使用_____函数；从 jointtarget 计算出 robtarget，使用_____函数。

二、判断题：

（   ）1. Procedures 表示普通程序。

（   ）2. Functions 表示中断程序。

（   ）3. IDelete 表示取消中断。

参考答案

笔记

（ ） 4. 机器人各轴出厂都设置了上下限位。

（ ） 5. 单轴的运动范围需要限定。设定的数据以角度的方式进行表达。

三、应用题：

1. 解释下列程序

```
FOR i FROM 1TO 10 DO
routine1;
ENDFOR
FOR i FROM 10 TO 2 STEP -1 DO
a{i} := a{i-1};
ENDFOR
PROC ResetCount(  )
FOR i FROM 1 TO 20 DO
FOR j FROM 1 TO 2 DO
nCount{i,j} := 0;
ENDFOR
    ENDFOR
ENDPROC
```

课程思政

中国特色社会主义进入新时代，我们比历史上任何时期都更接近、更有信心和能力实现中华民族伟大复兴。

2. 下述程序语句中 do1 为 1 的条件是什么？

IF reg1>5 GOTO next IF counter>10 set do1;

3. 指令 Offs 与 RelTool 的区别是什么？

任务三　搬运类工作站的现场编程

任务导入

机器人搬运的动作可分解成为抓取工件、移动工件、放置工件等一系列子任务，还可以进一步分解为把夹具(如吸盘)移到工件上方、抓取工件等一系列动作，如图 2-94 所示。

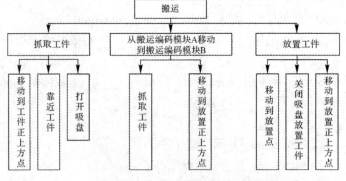

图 2-94　机器人搬运动作分解

任务目标

知 识 目 标	能 力 目 标
1. 掌握上下料程序的编制方法 2. 掌握码垛程序的编制方法 3. 掌握搬运类程序的编制方法	1. 能通过编程完成对装配物品的定位、夹紧和固定 2. 能进行多工位码垛程序编写 3. 能够根据工作任务要求，编制搬运、装配、码垛等工业机器人应用程序

带领学生到工业机器人边进行讲解，但应注意安全。

任务准备

一、上下搬运工件的程序

安川工业机器人搬运零件示意图如图 2-95 所示。

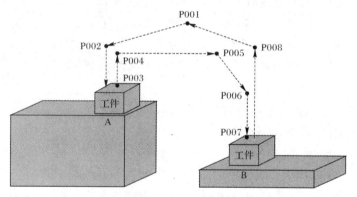

图 2-95　搬运零件图

上下搬运工件的程序如下：

MOVJ P001, V030, Z0;	//移到起始点
MOVJ P002, V030, Z0;	//移到抓取点附近(抓取前)
SET OUT16, OFF;	//打开手抓
MOVL P003, V010, Z0;	//移到抓取点
SET OUT16, ON;	//关闭手抓，抓住工件
MOVL P004, V010, Z0;	//移到抓取点附近(抓取后)
MOVJ P005, V030, Z0;	//移到 B 上方
MOVJ P006, V030, Z0;	//移到放置点附近(放置前)
MOVL P007, V010, Z0;	//移到放置位置
SET OUT16, OFF;	//打开手抓，放置工件
MOVL P008, V010, Z0;	//移到放置位置附近(放置后)

笔记

MOVJ P001, V030, Z0;　　　　//移到起始点，关节插补

二、气爪平移搬运程序

如图 2-96 所示，假设 A 处的工件为传送带输送过来的工件，需要将其抓取到 B 处。现在采用平移功能，只需获取 B 处的示教点 5 即可。

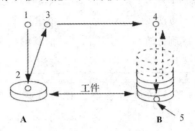

图 2-96　气爪平移搬运程序

1. 气动手爪夹紧子程序 HANDCLOSE

0000	NOP	//程序开始
0001	TIMER T=0.50	//延时 0.5 s
0002	DOUT OT#(18)OFF	//清除气动手爪张开信号
0003	PULSE OT#(17)T=1.00	//输出气动手爪夹紧信号
0004	WAIT IN#(17)=ON	//等待气动手爪夹紧反馈信号
0005	TIMER T=0.20	//延时 0.2 s
0006	END	//程序结束

2. 气动手爪张开子程序 HANDOPEN

0000	NOP	//程序开始
0001	TIMER T: 0.50	//延时 0.5 s
0002	DOUT OT#(17)OFF	//清除气动手爪夹紧信号
0003	PULSE OT#(18)T=1.00	//输出气动手爪张开信号
0004	WAIT IN#(17)=OFF	//等待气动手爪张开反馈信号
0005	TIMER T: 0.20	//延时 0.2 s
0006	END	//程序结束

3. 搬运程序

L01:		//程序号
R001 = 000;		//将工件个数统计变量清零
PR001 = PR001 − PR001;		//将平移量 PR001 清零
L02:		//程序号
MOVJ	P001, V010, Z0;	//移动到示教点 1
MOVL	P002, V010, Z0;	//移动到抓取工件点
MOVL	P003, V010, Z0;	//移动到示教点 3
MOVL	P004, V010, Z0;	//移动到示教点 4

```
SHIFTON    PR001;              //平移开始，并指定平移量
MOVL    P005, V010, Z0;       //移动到平移后的示教点
SHIFTOFF;                     //平移结束
PR001 = PR001 + PR000;        //PR000 为平移量(工件厚度)
MOVL    P004, V010, Z0;       //移动到示教点 4
MOVJ    P001, V010, Z0;       //移动到示教点 1
INCR R001;                    //工件数加 1
GOTO    L02    IF    R001 < 004;  //如果工件数小于 4，继续抓取
GOTO    L01;                  //重新开始抓取
```

程序指令中，PR000 表示平移量，也就是工件的厚度，是通过 PR 变量明细窗口手动设置的，因此需要事先知道工件的厚度尺寸。

根据实际情况，让学生在教师的指导下进行技能训练。

三、ABB 机器人创建码垛程序

码垛是指有规律地移动机器人进行抓取及放置。创建码垛程序时，需设置好工件坐标系和工具，对第一个码垛放置点进行示教，X、Y、Z 方向的间距和个数可以设置。

(1) 创建 m_pallet 模块，如图 2-97 所示。

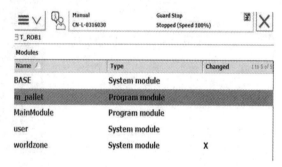

图 2-97　创建 m_pallet 模块

(2) 建立两个 routine，如图 2-98 所示。

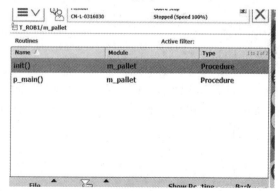

图 2-98　建立两个 routine

✍ **笔记**

(3) 在 init 程序里，设置 X、Y、Z 方向个数和各方向间距，如图 2-99 所示。

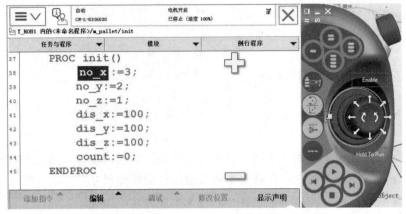

图 2-99　设置 X、Y、Z 方向个数和各方向间距

(4) 在 p_main 程序里，创建机器人移动到 pHome 点，pPick(抓取)位置以及第一个放置点 pPlace_ini，通过三层 for 循环进行码垛。实例程序为先 X 方向，再 Y 方向，再 Z 方向，如图 2-100 所示。

其中偏移如下：

pPlace := offs(pPlace_ini, (i-1)*dis_x, (j-1)*dis_y, (k-1)*dis_z);

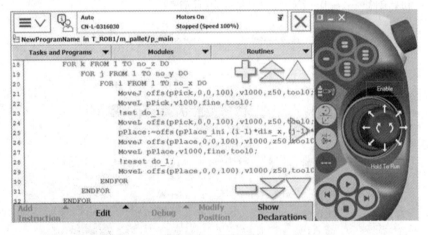

图 2-100　码垛程序

四、示教四点完成码垛

要完成码垛，只需要示教图 2-101 中的 4 个点，即可自动完成计算。图 2-101 中 Target_start 表示码垛放置的第一个点；Target_row 表示码垛第一个方向的最远点；Target_column 表示码垛第二个方向的最远点；Target_layger 表示码垛 Z 方向的最高点，即图 2-101 最终会按图 2-102 示意顺序码垛。不需要设置坐标系，产品码垛方向与机器人大地 X、Y 不平行也没有关系，码垛顺序通过示教即可调整。初始化设置步骤见表 2-10。

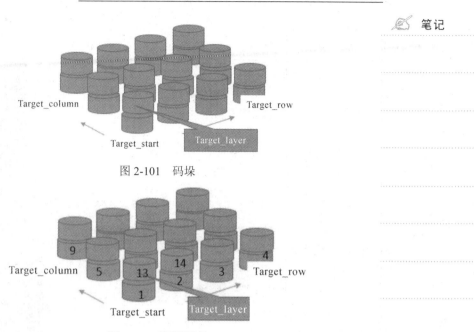

图 2-101 码垛

图 2-102 码垛顺序

表 2-10 示教四点完成码垛的步骤

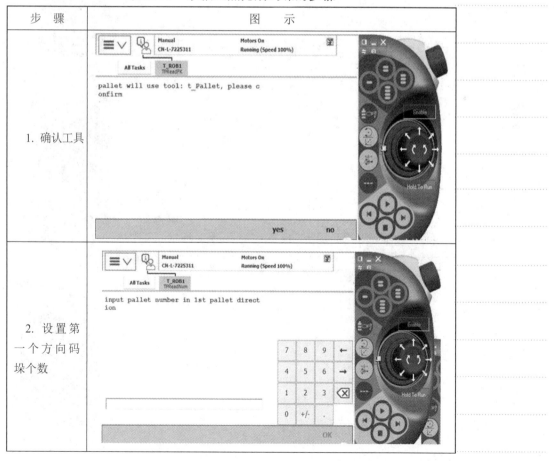

步 骤	图 示
1. 确认工具	
2. 设置第一个方向码垛个数	

✍ 笔记

步　骤	图　　示
3. 设置第二个方向码垛个数	
4. 设置第三个方向码垛个数	
5. 设置抓取及放置的前置高度偏移	
6. 手动移动到第一个 Target_start 位置并记录	

步　骤	图　示
7. 移动第一个方向(row 方向)最远位置并记录(此处数据根据之前设置的个数显示)	move to the (3,1,1) position and click OK
8. 移动第二个方向(column 方向)最远位置并记录(此处数据根据之前设置的个数显示)	move to the (1,4,1) position and click OK
9. 移动 Z 方向(layer 方向)最远位置并记录(此处数据根据之前设置的个数显示)	move to the (1,1,2) position and click OK
10. 移动到抓取位置并记录	move to the pick position and click OK

笔记

步　　骤	图　　　示
11. 移动到 Home 位置并记录	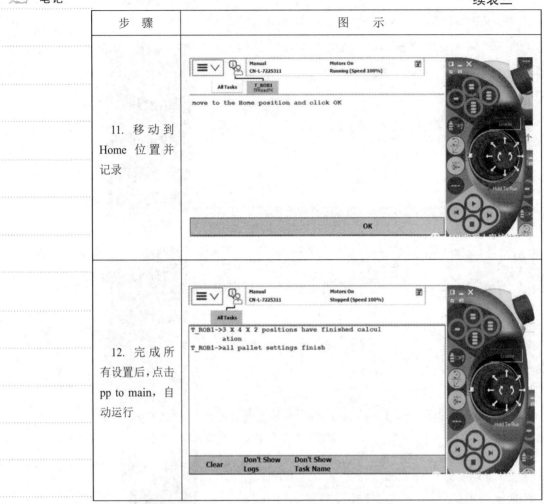
12. 完成所有设置后,点击 pp to main,自动运行	

五、吸盘搬运工作站机器人程序编制

吸盘搬运工作站机器人的程序如下:

```
NOP
 *L10                        //程序标号
 CLEAR B000 1                //置"搬运工件数"记忆存储器 B000 为 0;初始化
 DOUT OT#(9)=OFF             //清除"机器人搬运完成"信号;初始化
 PULSE OT#(18) T=2.00        //YV2 得电 2 s,吸盘 1、2 松开;初始化
 PULSE OT#(20) T=2.00        //YV4 得电 2 s,吸盘 3、4 松开;初始化
 *L9                         //程序标号
 WAIT IN#(9)=ON              //等待 PLC 发出"机器人搬运开始"指令
 MOVJ VJ=10.00 PL=0          //机器人作业原点,作为关键示教点
 MOVJ VJ=15.00 PL=3          //中间移动点
```

企业文化

市场是海,质量是船,品牌是帆。

MOVJ VJ=50.00 PL=3	//中间移动点
MOVL V=83.3 PL=0	//吸盘接近工件，作为关键示教点
PULSE OT#(17) T=2.00YV1	//得电 2 s，吸盘 1、2 吸紧
PULSE OT#(19) T=2.00YV3	//得电 2 s，吸盘 3、4 吸紧
MOVL V=166.7 PL=3	//中间移动点
MOVJ VJ=15.00 PL=3	//中间移动点
MOVJ VJ=10.00 PL=1	//中间移动点
MOVL V=250.0 PL=1	//到达仓库正上方(距离仓库底面在 7 块工件的厚度以上)
JUMP *L0 IF B000=0	//如果搬运第一块工件，跳转至*L0
JUMP *L1 IF B000=1	//如果搬运第二块工件，跳转至*L1
JUMP *L2 IF B000=2	//如果搬运第三块工件，跳转至*L2
JUMP *L3 IF B000=3	//如果搬运第四块工件，跳转至*L3
JUMP *L4 IF B000=4	//如果搬运第五块工件，跳转至*L4
JUMP *L5 IF B000=5	//如果搬运第六块工件，跳转至*L5
JUMP *L6 IF B000=6	//如果搬运第七块工件，跳转至*L6
*L0	//放置第 1 个工件时程序标号
MOVL V=83.3	//放置第 1 个工件时，工件下降的位置，作为关键示教点
JUMP *L8	//跳转至*L8
*L1	//放置第 2 个工件时程序标号
MOVL V=83.3	//放置第 2 个工件时，工件下降的位置
JUMP *L8	//跳转至*L8
*L2	//放置第 3 个工件时程序标号
MOVL V=83.3	//放置第 3 个工件时，工件下降的位置
JUMP *L8	//跳转至*L8
*L3	//放置第 4 个工件时程序标号
MOVL V=83.3	//放置第 4 个工件时，工件下降的位置
JUMP *L8	//跳转至*L8
*L4	//放置第 5 个工件时程序标号
MOVL V=83.3	//放置第 5 个工件时，工件下降的位置
JUMP *L8	//跳转至*L8
*L5	//放置第 6 个工件时程序标号
MOVL V=83.3	//放置第 6 个工件时，工件下降的位置
JUMP *L8	//跳转至*L8
*L6	//放置第 7 个工件时程序标号
MOVL V=83.3	//放置第 7 个工件时，工件下降的位置
*L8	//程序标号*L8
TIMER T=1.00	//吸盘到位后，延时 1 s
PULSE OT#(18) T=2.00YV2	//得电 2 s，吸盘 1、2 松开
PULSE OT#(20) T=2.00YV4	//得电 2 s，吸盘 3、4 松开

✍ 笔记

INC B000	//"搬运工件数"加 1
MOVL V=83.3 PL=1	//中间移动点
MOVJ VJ=20.00 PL=1	//中间移动点
MOVJ VJ=20.00	//回作业原点
PULSE OT#(9) T=1.00	//向 PLC 发出 1 s "机器人搬运完成"信号
JUMP *L9 IF B000<7	//判断仓库是否已经满(7 个工件满)
JUMP *L10	//跳转至*L10
END	

六、上下料工作站机器人程序

上下料工作站机器人主程序如下：

NOP	
MOVJ VJ=20.00	//机器人作业原点，作为关键示教点
DOUT OT#(9) OFF	//清除"机器人搬运完成"信号；初始化
*LABEL1	//程序标号
WAIT IN#(9)=ON	//等待 PLC 发出"机器人搬运开始"命令，进行上料
JUMP *LABEL2 IF IN#(17)=OFF	//判断手爪是否张开
CALL JOB:HANDOPEN	//若手爪处于夹紧状态，则调用手爪释放子程序
*LABEL2	//程序标号
MOVJ VJ=20.00	//机器人作业原点，作为关键示教点
WAIT IN#(17)=OFF	//等待手爪张开
MOVJ VJ=25.00 PL=3	//中间移动点
MOVJ VJ=25.00 PL=3	//中间移动点
MOVJ VJ=25.00	//中间移动点
MOV V=83.3	//到达托盘上方夹取工件的位置，作为关键示教点
CALL JOB:HANDCLOSE	//手爪夹紧，夹取工件
WAIT IN#(17)=ON	//等待手爪夹紧
MOVL V=83.3 PL=1	//提升工件
MOVJ VJ=25.00 PL=3	//中间移动点
MOVJ VJ=25.00 PL=3	//中间移动点
MOVJ VJ=25.00	//中间移动点
MOVL V=83.3	//到达数控机床卡盘上方释放工件的位置，作为关键示教点
CALL JOB:HANDOPEN	//手爪张开，释放工件
WAIT IN#(17)=OFF	//等待手爪释放
MOVJ VJ=25.00	//退出 CNC，回到等待位置
PULSE OT#(9) T=1.00	//向 PLC 发出 1 s "机器人搬运完成"信号，上料完成
WAIT IN#(9)=ON	//等待 PLC 发出"机器人搬运开始"命令，进行下料
MOVJ VJ=25.00 PL=1	//中间移动点

MOVJ VJ=25.00 PL=1   //中间移动点

MOVL V=166.7   //到达数控机床卡盘上方夹取工件的位置,作为关键示教点

CALL JOB:HANDCLOSE   //手爪夹紧,夹取工件

WAIT IN#(17)=ON   //等待手爪夹紧

MOVL V=83.3 PL=1   //提升工件

MOVJ VJ=25.00 PL=1   //中间移动点

MOVJ VJ=25.00 PL=1   //中间移动点

MOVJ VJ=25.00   //中间移动点

MOVL V=83.3   //到达托盘上方释放工件位置,作为关键示教点

CALL JOB:HANDOPEN   //手爪张开,释放工件

WAIT IN#(17)=OFF   //等待手爪释放

MOVL V=166.7 PL=1   //中间移动点

MOVL V=416.7 PL=2   //中间移动点

PULSE OT#(9) T=1.00   //向 PLC 发出 1 s "机器人搬运完成"信号,下料完成

MOVJ VJ=25.00 PL=3   //中间移动点

MOVJ VJ=25.00   //返回工作原点

JUMP *LABEL1   //跳转到开始的位置

END

📹 任务扩展

环形仓码垛

机器人仓储码垛有常见的直线跺型,也有图 2-103 所示的环形跺型。环形跺型可以更好地利用 6 轴工业机器人自身的机械结构优势,完成产品的中转和分拣。

图 2-103 环形跺型

环形仓码垛的机器人通常位于环形的中间,故可以利用产品到中心的距

✎ **笔记**

离以及相应角度，通过计算得到各产品具体位置坐标。

假设以图 2-104 中的抓取位置为基准位置，此处与环形中心相距 1500 mm。利用机器人坐标系 X、Y、Z 对应方向，计算点位数组中各元素的位置，按图 2-104 中 1～9 的顺序进行码垛。

```
count := 1;
radius := 1500;
FOR j FROM 1 TO 3 DO;          //假设共三层
FOR i FROM -4 TO 4 DO;         //每层共 9 个，位置 1～9 如图 2-104 所示
pPlace_cal{count} := pPlace0;
pPlace_cal{count}.trans.x := radius*cos(i*36);     //计算坐标
pPlace_cal{count}.trans.y := radius*sin(i*36);
pPlace_cal{count}.trans.z := pPlace0.trans.z+(j-1)*205;
pPlace_cal{count} := RelTool(pPlace_cal{count}, 0, 0, 0Rz := -i*36);
//修正点位姿态，此处假设机器人工具 Z 垂直向下
count := count+1;
ENDFOR
ENDFOR
```

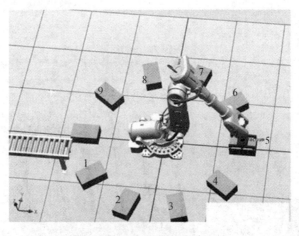

图 2-104 码垛顺序

机器人在环形仓中运动时，运动范围较大，通常为 1 轴旋转较大角度，若直接使用 MoveJ，则可能产生碰撞/姿态奇异等问题。故在从抓取位置去放置位置时，先移动到抓取位置，再基于该位置获取 Jointtarget，让机器人只是先 1 轴旋转一定角度后，再去放置位置。

```
jtmp := CJointT();          //获取机器人抓取位置
JointTarget
jtmp2 := CJointT();
IF count>9 THEN count := count-9;
IF count>9 count := count-9;
ENDIF
```

jtmp.robax.rax_1 := jtmp.robax.rax_1+count*36-10;

//计算机器人的抓取位置 1 轴坐标，此后先只移动一轴

MoveAbsJ jtmpNoEOffs, v5000, fine, tVacuumWObj := wobj0; //先只移动一轴

MoveJ offs(pPlace{i},0,0,200),v5000,z10,tVacuumWObj := wobj0;

//再移动到计算得到的放置位置

📹 任务巩固

1. 完成图 2-105 所示的重叠式码垛程序。已知传送带节拍为 2 min，垛高为三层，零件为边长为 500 mm 的正方体。

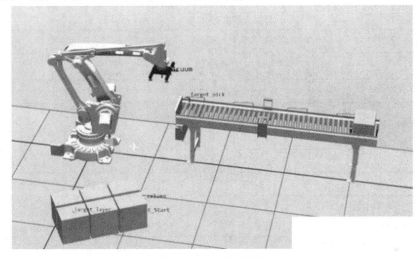

图 2-105　重叠式码垛

2. 完成图 2-106 所示的正反交错式码垛程序。已知传送带节拍为 5 min，垛高为五层，零件为边长为 750 mm、宽为 500 mm、高为 200 mm 的长方体。图 2-106 为第一层。

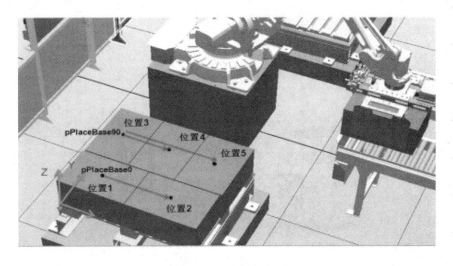

图 2-106　正反交错式码垛

操作与应用

工 作 单

姓　名		工作名称	一般搬运类工作站的现场编程
班　级		小组成员	
指导教师		分工内容	
计划用时		实施地点	
完成日期		备注	

工 作 准 备

资　料	工　具	设　备

工作内容与实施

工作内容	实　施
1. 例行程序有哪几种？	
2. 中断程序编程指令有哪几种？	
3. 什么是数组？数组分哪几种？	

图1为工业机器人在机加工件上下料中的应用，选择龙门式(5轴)，末端执行器为气吸附。采用在线示教方式为机器人输入搬运作业程序。

(1) 完成程序点说明；

(2) 完成作业示教流程的编制；

(3) 说明示教条件，并编制程序。

图1　上下料工作站

完成图 2 所示的正反交错式码垛程序。已知每条传送带节拍为 10 min，并交错进行。垛高为三层，零件为边长为 150 mm、宽为 75 mm、高为 20 mm 的长方体

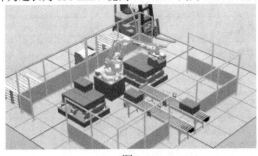

图 2

工 作 评 价

	评 价 内 容				
	完成的质量 （60 分）	技能提升能力 （20 分）	知识掌握能力 （10 分）	团队合作 （10 分）	备 注
自我评价					
小组评价					
教师评价					

1. 自我评价

序号	评 价 项 目	是	否
1	是否明确人员的职责		
2	能否按时完成工作任务的准备部分		
3	工作着装是否规范		
4	是否主动参与工作现场的清洁和整理工作		
5	是否主动帮助同学		
6	是否正确操作工业机器人		
7	是否正确设置工业机器人工具坐标系		
8	是否正确设置工业机器人工件坐标系		
9	是否完成上下料程序的编制与调试		
10	是否完成码垛程序的编制与调试		
11	是否完成了清洁工具和维护工具的摆放		
12	是否执行 6S 规定		
评价人		分数　　　　　时间　　年　　月　　日		

📝 笔记

2. 小组评价

序号	评 价 项 目	评 价 情 况
1	与其他同学的沟通是否顺畅	
2	是否尊重他人	
3	工作态度是否积极主动	
4	是否服从教师的安排	
5	着装是否符合要求	
6	能否正确地理解他人提出的问题	
7	能否按照安全和规范的规程操作	
8	能否保持工作环境的整洁	
9	是否遵守工作场所的规章制度	
10	是否有岗位责任心	
11	是否全勤	
12	是否能正确对待肯定和否定的意见	
13	团队工作中的表现如何	
14	是否达到任务目标	
15	存在的问题和建议	

3. 教师评价

课程	工业机器人现场编程与调试	工作名称	一般搬运类工作站的现场编程	完成地点	
姓名		小组成员			
序号	项 目		分 值	得 分	
1	简答题		10		
2	正确操作工业机器人		10		
3	正确设置工业机器人工具坐标系		20		
4	正确设置工业机器人工件坐标系		20		
5	上下料程序的编制与调试		20		
6	码垛程序的编制与调试		20		

自 学 报 告

自学任务	环状布局工作站上下料与装配工作站的程序编制与调试
自学要求	1. 环状布局工作站上下料程序编制 2. 装配工作站的程序编制 3. 根据实际情况完成程序调试
自学内容	
收获	
存在问题	
改进措施	
总结	

课程思政

我们伟
大的祖国
文明灿烂、
幅员辽阔、
历史悠久，
中华民族
多元一体
是先人们
留给我们
的丰厚遗
产，也是我
国发展的
巨大优势。

模块三　具有视觉功能的工作站现场编程

任务一　认识视觉功能

任务导入

一般来说，机器视觉系统中包括照明系统、镜头、摄像系统和图像处理系统。从功能上来看，典型的机器视觉系统可以分为图像采集部分、图像处理部分和运动控制部分。图 3-1 所示为具有智能视觉检测系统的工业机器人系统。

串联机器人的
视觉系统

并联机器人的
视觉系统

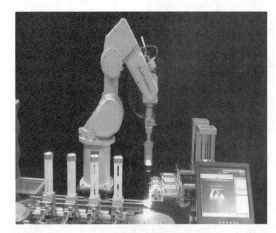

(a) 串联机器人的视觉系统

(b) 并联机器人的视觉系统

图 3-1　具有智能视觉检测系统的工业机器人系统

📹 任务目标

知 识 目 标	能 力 目 标
1. 掌握工业机器人视觉系统的组成	1. 能完成视觉识别的软件设置
2. 掌握视觉系统的硬件连接及软件操作方法	2. 能确定静态物件的坐标位置
3. 掌握工业相机、镜头和光源以及视觉检测系统的选型方法	3. 能熟练切换视觉系统的应用场景,完成视觉检测程序的调用

📹 任务准备

教师上网查询或自己制作多媒体。

多媒体教学

一、工业机器人视觉系统的组成

图 3-2 所示为工业机器人的视觉系统,其由软件和硬件两大部分组成。

(a) 工业机器人的视觉系统外观示意图

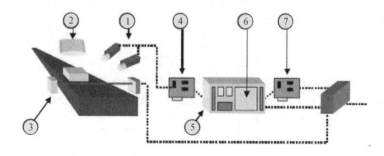

①—工业相机与工业镜头;②—光源;③—传感器;④—图像采集卡;⑤—PC 平台;
⑥—视觉处理软件;⑦—控制单元(包含 I/O、运动控制、电平转换单元等)

(b) 工业机器人的视觉系统组成示意图

图 3-2 工业机器人的视觉系统

1. 硬件

视觉系统的硬件主要包括光照系统、摄像机、镜头、部件传感器、图像采集卡、PC 平台、外部设备。

1) 光照系统

光照系统用于照亮部件，以便通过摄像头拍摄到更好的图像。光照系统应用于形状、尺寸和亮度不同的光源，一般包括 LED 光源、卤素灯(光纤光源)、高频荧光灯等几种。目前 LED 光源最常用，LED 光源按形状通常可分为以下几类：

(1) 环形光源。环形光源的特点：提供不同照射角度、不同颜色组合的光，更能突出物体的三维信息；高密度 LED 阵列，高亮度；多种紧凑设计，节省安装空间；能解决对角照射阴影问题；可选配漫射板导光，光线均匀扩散。

(2) 背光源。背光源用高密度 LED 阵列面提供高强度背光照明，能突出物体的外形轮廓特征，尤其适合作为显微镜的载物台。红白两用背光源、红蓝多用背光源能调配出不同颜色，满足不同被测物多色要求。

(3) 条形光源。条形光源是较大的方形结构被测物的首选光源；颜色可根据需求搭配，自由组合；照射角度与安装随意可调。

(4) 同轴光源。同轴光源可以消除物体表面不平整引起的阴影，从而减少干扰；部分采用分光镜设计，可减少光损失，提高成像清晰度，均匀照射物体表面。

(5) AOI 专用光源。AOI 专用光源的特点：不同角度的三色光照明，照射凸显焊锡三维信息；外加漫射板导光，减少反光；不同角度组合。

(6) 球积分光源。球积分光源具有积分效果的半球面内壁，均匀反射从底部 360° 发射出的光线，使整个图像的照度十分均匀。

(7) 线形光源。线形光源具有超高亮度，采用柱面透镜聚光，适用于各种流水线连续检测场合。

(8) 点光源。大功率 LED 点光源体积小、发光强度高，可作为光纤卤素灯的替代品，尤其适合作为镜头的同轴光源等；具有高效散热装置，可以大大提高光源的使用寿命。

(9) 组合条形光源。该光源四边配置条形光源，每边照明均独立可控，可根据被测物要求调整所需照明角度，适用性广。

(10) 对位光源。对位光源的特点：对位速度快、视场大、精度高、体积小、便于检测集成、亮度高，可选配辅助环形光源。VA 系列光源是全自动电路板印刷机对位的专用光源。

2) 工业相机

工业相机俗称摄像机，相比于传统的民用相机而言，它具有高图像稳定性、高传输能力和高抗干扰能力等。目前市面上的工业相机大多是基于 CCD(Charge Coupled Device) 或 CMOS(Complementary Metal Oxide Semiconductor)芯片的相机。

(1) CDD 相机。CCD 是目前机器视觉最为常用的图像传感器。它集光/电转换及电荷存储、电荷转移、信号读取于一体，是典型的固体成像器件。CCD 的突出特点是以电荷作为信号，而不同于其他器件是以电流或者电压为信号。这类成像器件通过光/电转换形成电荷包，而后在驱动脉冲的作用下转移、放大后输出图像信号。典型的 CCD 相机由光学镜头、时序及同步信号发生器、垂直驱动器、模拟/数字信号处理电路组成。CCD 作为一种功能器件，与真空管相比，具有无灼伤、无滞后、低电压工作、低功耗等优点。

（2）CMOS 相机。CMOS 相机中的 CMOS 图像传感器将光敏元阵列、图像信号放大器、信号读取电路、模/数转换电路、图像信号处理器及控制器集成在一块芯片上，还具有局部像素的编程随机访问的优点。目前，CMOS 图像传感器以其良好的集成性、低功耗、高速传输和宽动态范围等特点在高分辨率和高速场合得到了广泛的应用。

3）镜头

镜头的外观如图 3-3 所示。镜头的基本功能就是实现光束变换(调制)，在机器视觉系统中，镜头的主要作用是将目标成像在图像传感器的光敏面上。镜头的质量直接影响到机器视觉系统的整体性能，合理地选择和安装镜头是机器视觉系统设计的重要环节。

图 3-3　镜头

镜头要与摄像机接口和 CCD 的尺寸相匹配。镜头接口中的 C 接口和 CS 接口占主流。安防用的小型 CS 接口摄像机得到普及，FA 行业则大部分采用 C 接口的摄像机与镜头的组合。CCD 元件的尺寸多为 1/3 英寸到 2/3 英寸。

4）部件传感器

部件传感器通常以光栅或传感器的形式出现。当这个传感器感知到部件靠近，它会给出一个触发信号。当部件处于正确位置时，这个传感器告诉机器视觉系统去采集图像。

5）图像采集卡

图像采集卡也称为视频抓取卡，它通常是一张插在 PC 上的卡。这张采集卡的作用是将摄像头与 PC 连接起来。图像采集卡从摄像头中获得数据(模拟信号或数字信号)，然后转换成 PC 能处理的信息，它同时可以提供控制摄像头参数(例如触发、曝光时间、快门速度等)的信号。图像采集卡形式很多，支持不同类型的摄像头，支持不同的计算机总线。

6）PC 平台

计算机是机器视觉的关键组成部分。一般来讲，计算机的速度越快，视觉系统处理每一张图片的时间就越短。由于在制造现场中经常有震动、灰尘、热辐射等，所以一般需要工业级的计算机。

7）外部设备

外部设备是指工业机器人工作站中视觉系统以外的设备，如图 3-4 所示。

笔记

笔记

图 3-4　外部设备

2. 软件

1) 检测软件

机器人视觉软件用于创建和执行程序、处理采集回来的图像数据以及做出"通过/失败(PASS/FAIL)"决定。

机器人视觉有多种控制方式(C 语言库、ActiveX 控件、点击编程等)，可以实现单一功能(例如只用于 LCD 检测、BGA 检测、模板对齐等)，也可以实现多功能(例如设计一个套件，包含计量、条形码阅读、机器人导航、现场验证等)。

2) 数字 I/O 和网络连接

一旦系统完成这个检测，被检测部分必须能与外界通信，例如需要控制生产流程，将"通过/失败(PASS/FAIL)"的信息送给数据库。通常，使用数字 I/O 板卡和(或)网卡来实现机器视觉系统与外界系统和数据库的通信。

二、工作原理

如图 3-5 所示，机器人视觉系统硬件主要包括图像获取和视觉处理两部分功能。机器人视觉系统通过视觉传感器获取环境的二维图像，并通过视觉处理器进行分析和解释，进而转换为符号，让机器人能够辨识物体，并确定其位置。具体过程如图 3-6(a)所示，工作原理如图 3-6(b)所示。

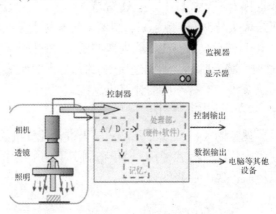

图 3-5　系统构成

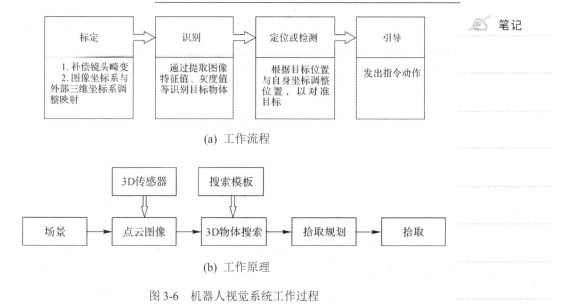

(a) 工作流程

(b) 工作原理

图 3-6 机器人视觉系统工作过程

任务实施

技能训练：根据实际情况，让学生在教师的指导下进行技能训练。

一、ABB 工业机器人视觉系统的安装

1. 硬件安装

如图 3-7 所示，当所有的摄像头都实际连接好后，还需要为每个摄像头配置一个 IP 地址和一个名称。摄像头的 IP 地址默认由控制器使用 DHCP 自动分

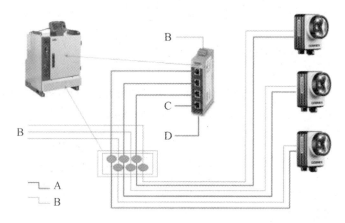

A—以太网；B—从客户电源接入到网关和摄像头的 24 V 电源；

C—网关和控制器机柜服务端口(内部)之间的以太网连接；

D—网关和主计算机服务端口之间的以太网连接

图 3-7 ABB 工业机器人视觉系统的安装

配，但也可以使用静态 IP 地址。摄像头名称在系统的所有部分(例如 RobotStudio、RAPID 程序)中作为一个唯一的识别符。这可以实现在无需修改程序的情况下修改摄像头的 IP 地址(例如在更换了摄像头时)。

RobotStudio 中的 IRC5 控制器有一个图像系统的节点，用于配置和连接摄像头。

如果不能将摄像头安装在固定位置，也可将其安装在操纵器的运动部件上。在这种情况下，一般会将摄像头安装在机器人的手臂上，以避免遮挡。每种应用场合的情况不同，而且工具设计和电缆捆扎也各不相同。安装摄像头的具体步骤如下：

(1) 确保控制器电源开关已经关闭。

(2) 将 Ethernet 电缆从控制器机柜服务端口(内部)连接到交换机上四个 Ethernet 接口中的一个。

(3) 通过控制器机柜上的电缆密封套，将 Ethernet 电缆从每个摄像头连接到交换机上的任何可用的 Ethernet 接口。

(4) 通过控制器机柜上的电缆密封套将 24 V DC 电源电缆从每个摄像头连接到 24 V DC 电源。

注意：小心地剥掉 20 mm 绝缘，将电缆捆扎在电缆密封套的接地片上。

将摄像头安置在移动位置时，用户应负责确保摄像头不承受大于摄像头技术规格中规定的机械力。电缆虽为柔软型，但磨损大小取决于电缆布设位置和机器人的编程路径两个因素。

2. 软件安装

Integrated Vision 配置环境是以 RobotStudio 插件的形式设计的，包含在标准安装中。

(1) 安装 RobotStudio，选择完全安装。

(2) 启动 RobotStudio。

(3) 点击菜单条上的控制器选项卡并启动 Integrated Vision 插件。在插件加载完成后，会显示一个新的选项卡图像(Vision)。

注意：连接了一个控制器时，可以从控制器浏览器中的控制器节点、图形系统节点或摄像头节点的右键菜单启动 Integrated Vision 插件。

二、软件的操作

1. 工件颜色的识别

(1) 新建一个场景。单击"场景切换"，在对话框中选择一个场景，然后点击"确定"按钮，如图 3-8 所示，即可新建一个场景。

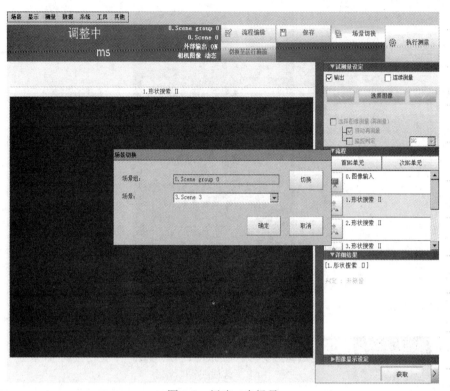

图 3-8　新建一个场景

(2) 流程编辑。在主界面单击"流程编辑",如图 3-9 所示,进入流程编辑界面,如图 3-10 所示。

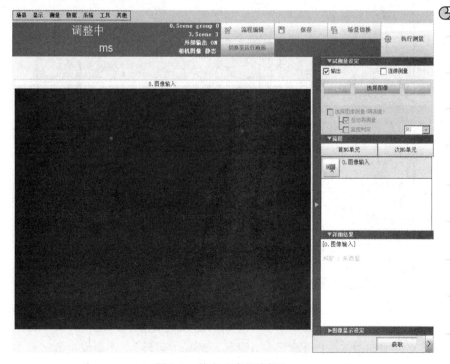

图 3-9　单击"流程编辑"

笔记

工匠精神

工匠精神是指在制作或工作中追求精益求精的态度和品质,是职业道德、职业能力、职业品质的体现,是从业者的一种职业价值取向和行为表现。

笔记

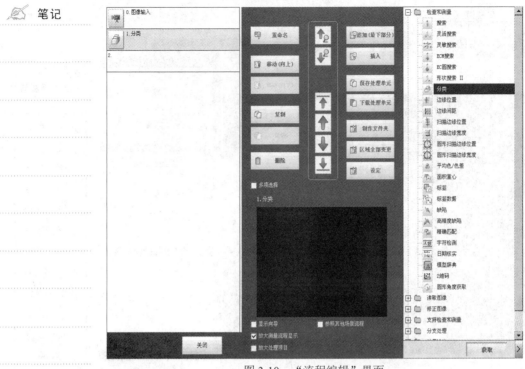

图 3-10　"流程编辑"界面

(3) 输入图像。单击"图像输入",进入"图像输入"界面,设置参数如图 3-11 所示,镜头对准工件后,单击"确定"按钮,则图像获取完毕。

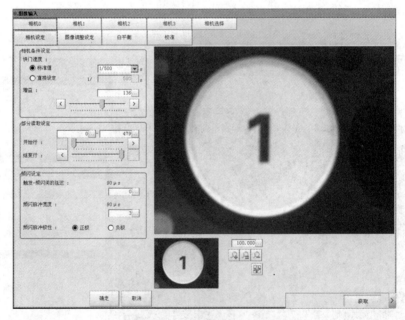

图 3-11　"图像输入"界面

(4) 模型登录。单击"分类"图标,进入设置界面,在"分类"界面先设置"模型参数",在初始状态下设定,选择"旋转",还要设定旋转范围、跳跃角度、稳定度和精度等,具体设置见图 3-12。

图3-12　模型登录参数设置

"分类"界面右边为分类坐标分布。分类坐标共有36行(标有数字部分为索引号)，编号分别为0~35；每行共有5列(未标数字部分为模型编号)，编号分别为0~4。任意单击一个坐标位置，然后单击"模型登录"按钮，进入"模型登录"界面，如图3-13所示。单击左边的图标 ○ ，在右边显示界面会出现一个圆圈，移动圆圈把数字圈在中间，设置测量区域，单击"确定"按钮可以回到分类界面。这样就录好了一个黄色的1号工件，如图3-14所示。通过这样的方法，我们将印有黄、红、蓝、黑四种颜色的工件依次录入，如图3-15所示。全部录入完成后回到"模型登录"界面，点击"测量参数"，进入"测量参数"界面，如图3-16所示，把相似度改为95到100。最后点击"确定"回到主界面。

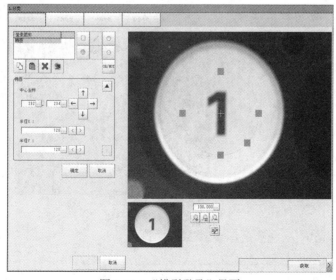

图3-13　"模型登录"界面

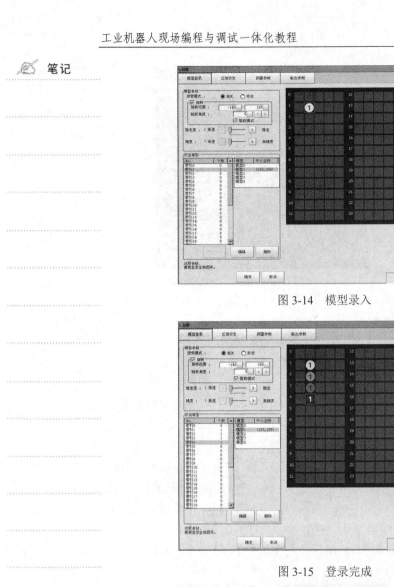

图 3-14　模型录入

图 3-15　登录完成

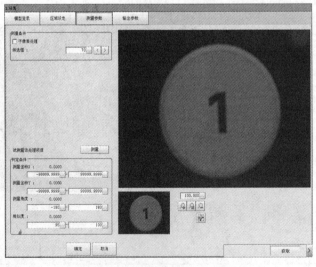

图 3-16　"测量参数"界面

（5）图像测量。回到主界面，镜头对准工件，点击"执行测量"，此时会 在对话框右下角显示测量信息，如图3-17所示。

图 3-17 图像测量结果

2. 工件编号的识别

（1）流程编辑。在主界面点击"流程编辑"，进入"流程编辑"界面。在 "流程编辑"界面右侧的处理项目树中选择要添加的处理项目。选中要处理 的项目后，点击"追加(最下部分)"，添加"分类"，将处理项目添加到单元 列表中。

（2）工件编号分类。单击"分类"图标，进入设置界面，将工件录入相 应位置，比如将编号2录入"索引1、模型2"的位置，先单击坐标位置， 然后单击"模型登录"按钮，进入"模型登录"界面，如图3-18所示。依次 登录其他数字，如图3-19所示。

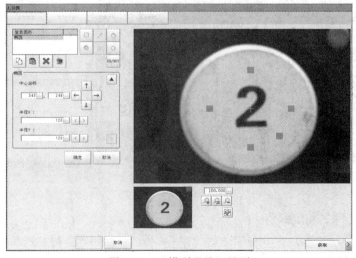

图 3-18 "模型登录"界面

笔记

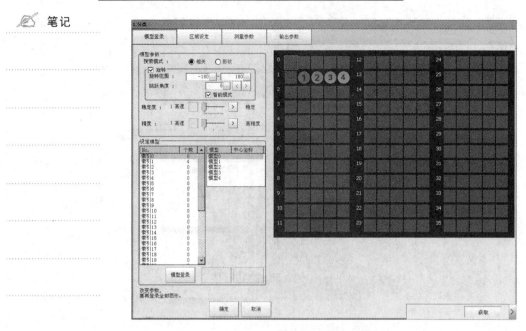

图 3-19　登录完成

（3）图像测量。全部录入完成后回到"模型登录"界面，点击"测量参数"，进入"测量参数"界面，把相似度改为 90 到 100。最后点击"确定"回到主界面。在主界面，镜头对准工件，点击"执行测量"，此时会在右下角对话框显示测量信息，如图 3-20 所示。

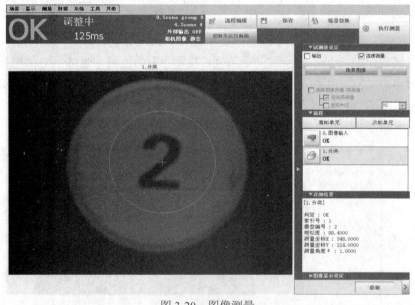

图 3-20　图像测量

3. 工件的角度识别

（1）追加界面。在主界面点击"流程编辑"，进入"流程编辑"界面。在"流程编辑"界面右侧的处理项目树中选择要添加的处理项目，单击"追加

(最下部分)"，添加"形状搜索Ⅱ"，将处理项目添加到单元列表中，如图3-21 ✎ 笔记
所示。

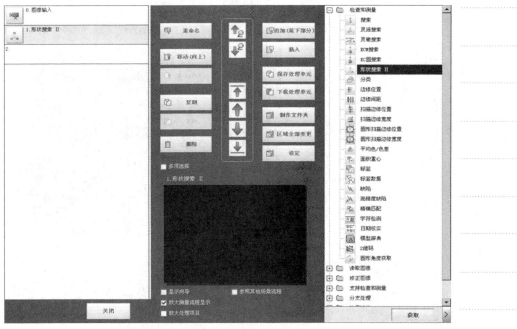

图3-21　"流程编辑"界面

(2) 输入图像。点击"图像输入"进入"图像输入"界面，镜头对准工件后点击"确定"，则图像获取完毕，如图3-22所示。

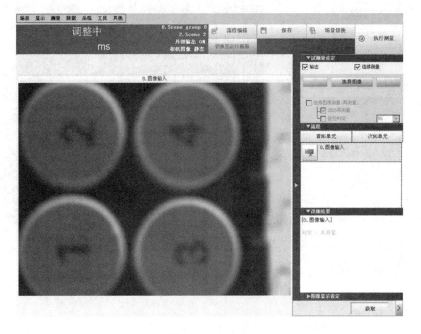

图3-22　输入图像

(3) 模型登录。点击"1.形状搜索Ⅱ"，进行模型登录，点击左边图标 ⊙，

✍ 笔记

在右边显示界面会出现一个圆圈，移动圆圈把数字圈在中间，设置测量区域（见图 3-23），然后勾选"保存模型登录图像"，点击"确定"即 1 号工件模型登录成功，如图 3-24 所示。之后将其他的工件依次全部登录。

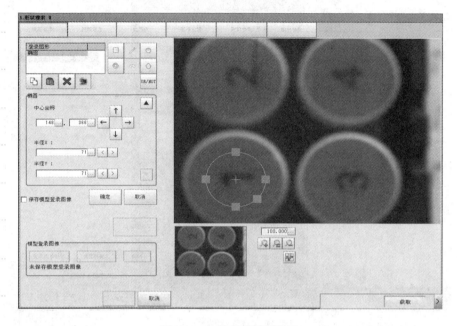

图 3-23　1 号工件模型登录

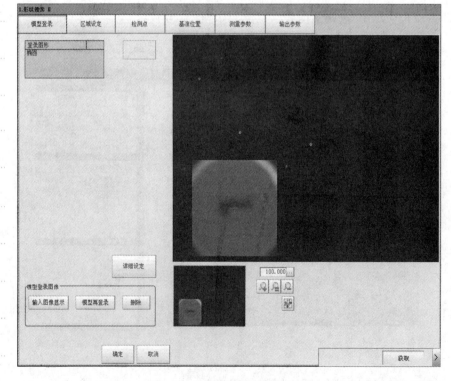

图 3-24　1 号工件模型登录成功

(4) 设置测量参数(见图 3-25)。

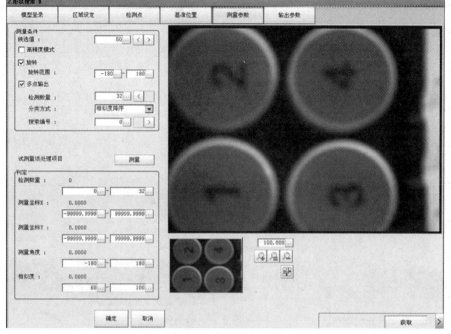

图 3-25　设置测量参数

(5) 追加"串行数据输出"。如图 3-26 所示，追加"串行数据输出"，然后输入表达式(见图 3-27)，接下来设定输出格式，如图 3-28 所示。

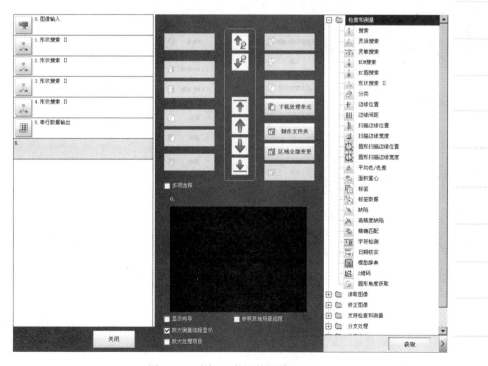

图 3-26　追加"串行数据输出"

笔记

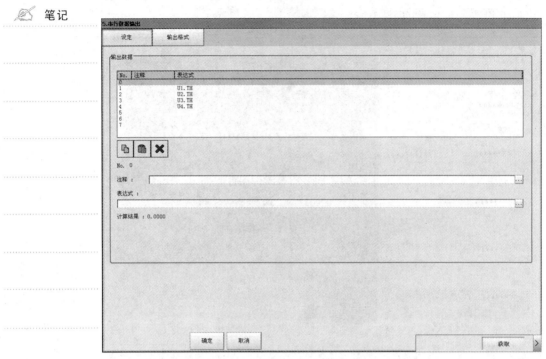

图 3-27　设定表达式

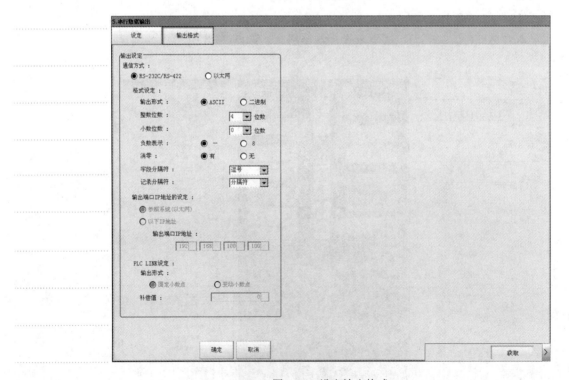

图 3-28　设定输出格式

（6）图像测量。回到主界面，镜头对准工件，点击"执行测量"，此时会在右下角对话框显示测量信息，如图 3-29 所示。

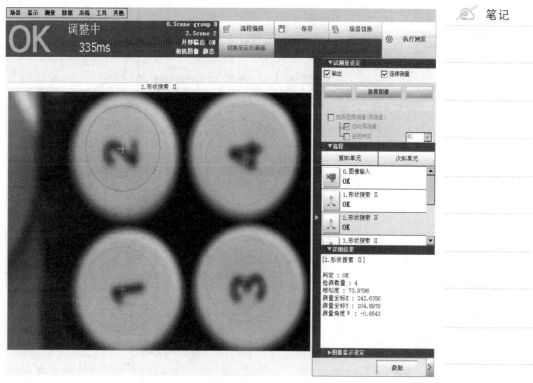

图 3-29　测量结果

(7) 保存文件。选择"数据"→"保存于文件",在弹出的对话框中设置保存的位置,点击"确定",如图 3-30 所示。

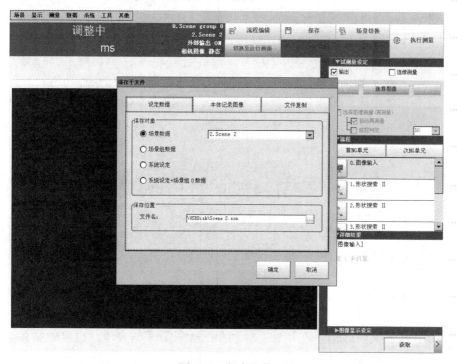

图 3-30　保存文件

✎ 笔记

📹 **任务扩展**

工业机器人视觉系统所用相机的分类

把各种相机拿到学生面前介绍，也可进行多媒体教学。

(1) 按照芯片类型可分为 CCD 相机、CMOS 相机。

(2) 按照传感器的结构特性可分为线阵相机、面阵相机。

(3) 按照扫描方式可分为隔行扫描相机、逐行扫描相机。

(4) 按照分辨率可分为普通分辨率相机、高分辨率相机。

(5) 按照输出信号方式可分为模拟相机、数字相机。

(6) 按照输出色彩可分为单色(黑白)相机、彩色相机。

(7) 按照输出信号速度可分为普通速度相机、高速相机。

(8) 按照频率响应范围可分为可见光(普通)相机、红外相机、紫外相机等。

🐝 **企业文化**

创建有质量文化的质量体系，创造有魅力、有灵魂的质量。

📹 **任务巩固**

一、填空题：

1. 视觉系统的硬件主要包括_____、摄像机、镜头、_____、_____、PC 平台、外部设备。

2. 光照系统一般包括_____、卤素灯(光纤光源)、_____等几种。

3. 目前市面上的工业相机大多是基于_____和_____芯片的相机。

4. 机器人视觉软件用于创建和_____程序、处理采集回来的_____以及做出"通过/失败(PASS/FAIL)"决定。

5. 机器人视觉系统硬件主要包括_____和_____两部分功能。

二、应用题：

根据本单位的实际情况安装工业机器人的视觉系统，并操作相应的软件。

参考答案

任务二　具有视觉功能的工作站现场编程

📹 **任务导入**

视觉工业机器人的码垛程序通过相机视野内目标比例的变化来估算目标的高度，并引导机器人通过运动补偿目标的偏移完成码垛任务。在码垛过程中，机器人的运动包括 X 轴、Y 轴和 X-Y 平面旋转度 R，也包括 Z 轴方向的运动。如图 3-31 所示为具有视觉工业机器人的码垛工作站。

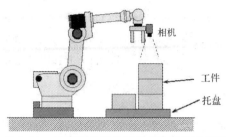

图3-31 具有视觉工业机器人的码垛工作站

笔记

课程思政

共产党人的斗争是有方向、有立场、有原则的,大方向就是坚持中国共产党领导和我国社会主义制度不动摇。

📹 **任务目标**

知 识 目 标	能 力 目 标
1. 掌握视觉系统的硬件连接及软件安装方法 2. 掌握视觉相机的网络配置与连接方法 3. 掌握视觉识别的软件设置方法	1. 能完成工业机器人与相机的通信 2. 能编写典型工作站中视觉与RFID等程序 3. 完成网络通信

📹 **任务准备**

教师讲解

一、指令简介

1. CamFlush:从摄像头删除集合数据

1) 书写格式

CamFlush Camera

Camera:摄像头名称,数据类型为cameradev。

2) 应用

CamFlush mycamera

应用说明:摄像头的mycamera集合数据被删除。

2. CamGetParameter:获取不同名称的摄像头参数

1) 书写格式

CamGetParameter Camera ParName [\Num] | [\Bool] | [\Str]

Camera:摄像头名称,数据类型为cameradev。

ParName:摄像头中参数的名称,数据类型为string。

[\Num]:用于存储所获取的数据对象的数字值,数据类型为num。

[\Bool]:用于存储所获取的数据对象的布尔值(真假值),数据类型为bool。

[\Str]:用于存储所获取的数据对象的布尔值(真假值),数据类型为string。

2) 应用

VAR bool mybool := FALSE;

...

CamGetParameter mycamera, "Pattern_1.Tool_Enabled_Status"\BoolVar := mybool;

TPWite "The current value of Pattern_1.Tool_Enabled_Status is: "\Bool := mybool;

应用说明：获得命名的布尔参数 Pattern_1.Tool_Enabled_Status 并将值写在 FlexPendant 上。

3) 错误处理

表 3-1 所列为执行该命令可能会产生的错误，可以由错误处理程序处理。

表 3-1　CamGetParameter 错误处理

名　称	错 误 原 因
ERR_CAM_BUSY	摄像头正忙于处理其他请求，无法执行当前命令
ERR_CAM_COM_TIMEOUT	与摄像头通信错误，摄像头可能已断开
ERR_CAM_GET_MISMATCH	用 CamGetParameter 指令从摄像头获取的参数的数据类型错误

3. CamGetResult：从集合获取摄像头目标

1) 书写格式

CamGetResult Camera CamTarget [\SceneId] [\MaxTime]

Camera：摄像头名称，数据类型为 cameradev。

CamTarget：摄像头目标，数据类型为 cameratarget。该参数作为图像结果保存位置的变量。

[\SceneId]：场景识别，数据类型为 num。SceneId 是一个识别程序，指定 cameratarget 是从哪个图像生成的。

[\MaxTime]：程序执行可以等待的最大时间(以秒为单位)，数据类型为 num。该参数允许的最大值是 120 s。

2) 程序执行

CamGetResult 从图像结果集合获取摄像头目标。如果没有使用 SceneId 或 MaxTime，则不会获取结果，指令将永远停止。如果在 CamGetResult 中使用了 SceneId，则结果将在 CamReqImage 指令后生成。

SceneId 仅在已经从指令 CamReqImage 请求了图像时可用。如果图像是由外部 I/O 信号生成的，则 SceneId 不能在指令 CamGetResult 中使用。

3) 应用

VAR num mysceneid;

VAR cameratarget mycamtarget;

...

CamReqImage mycamera \SceneId := mysceneid;

CamGetResult mycamera, mycamtarget \SceneId := mysceneid;

应用说明：命令摄像头 mycamera 采集图像，使用 SceneId 获取从图像生成的图像结果。

4) 错误处理

表 3-2 所列为执行该命令可能会产生的错误及产生错误的原因。

表 3-2　CamGetResult 错误处理

名　称	错 误 原 因
ERR_CAM_BUSY	摄像头正忙于处理其他请求，无法执行当前命令
ERR_CAM_MAXTIME	在超时时间不能获取任何结果
ERR_CAM_NO_MORE_DATA	不能以已经使用的 SceneId 获取更多图像结果，否则在超时时间无法获取结果

4. CamLoadJob：加载摄像头任务到摄像头

1) 书写格式

CamLoadJob Camera JobName [\KeepTargets] [\MaxTime]

Camera：摄像头名称，数据类型为 cameradev。

Name：加载到摄像头的作业名称，数据类型为 string。

[\KeepTargets]：用于指定是否保留摄像头产生的任何现有摄像头目标，数据类型为 switch。

[\MaxTime]：程序执行可以等待的最大时间(以秒为单位)，允许的最大值是 120 s，数据类型为 num。

2) 程序执行

CamLoadJob 的执行将会等到作业加载完毕或经过超时错误失败。如果使用可选参数 KeepTargets，则保留指定摄像头的集合数据。默认的操作是删除(清空)旧集合数据。

3) 应用

CamSetProgramMode mycamera;

CamLoadJob mycamera, "myjob.job";

CamSetRunMode mycamera;

应用说明：作业 myjob 加载到名为 mycamera 的摄像头。

4) 错误处理

表 3-3 所列为执行该命令可能会产生的错误及产生错误的原因。

表 3-3　CamLoadJob 错误处理

名　称	错 误 原 因
ERR_CAM_BUSY	摄像头正忙于处理其他请求，无法执行当前命令
ERR_CAM_COM_TIMEOUT	与摄像头通信错误，摄像头可能已断开
ERR_CAM_MAXTIME	摄像头作业不会在超时时间加载
ERR_CAM_NO_PROGMODE	摄像头未处于编程模式

5) 限制

当摄像头设置为编程模式时，才可以执行 CamLoadJob。使用指令 CamSetProgramMode 可将摄像头设置为编程模式。为了能加载作业，作业文件必须存储在摄像头的闪存盘。

✎ 笔记

5. CamReqImage：命令摄像头采集图像

1）书写格式

CamReqImage Camera [\SceneId] [\KeepTargets] [\AwaitComplete];

Camera：摄像头名称，数据类型为 cameradev。

[\SceneId]：场景识别，数据类型为 num。可选参数 SceneId 是所采集图像的一个标识符，这是由 CamReqImage 加上可选变量 SceneId 执行生成的。标识符是一个 1 到 8 388 608 之间的整数。如果没有使用 SceneId，则标识符值设置为 0。

[\KeepTargets]：用于指定是否保留指定摄像头的旧集合数据，数据类型为 switch。

[\AwaitComplete]：数据类型 switch。如果指定可选参数\AwaitComplete，则指令等待，直至已经收到来自图像的结果。如果未产生任何结果，如没有收到图像，则会产生错误 ERR_CAM_REQ_IMAGE。当使用\AwaitComplete 时，必须将相机触发类型设置为外部。

2）程序执行

CamReqImage 用于命令指定摄像头采集图像。如果使用了可选参数 SceneId，则所采集的可用图像结果是该指令生成的唯一数字标记。如果使用可选参数 KeepTargets，则保留指定摄像头的旧集合数据。默认的操作是删除(清空)所有旧集合数据。

3）应用

CamReqImage mycamera;

应用说明：命令摄像头 mycamera 采集图像。

4）错误处理

表 3-4 所列为执行该命令可能会产生的错误及产生错误的原因。

表 3-4 CamReqImage 错误处理

名　称	错 误 原 因
ERR_CAM_BUSY	摄像头正忙于处理其他请求，无法执行当前命令
ERR_CAM_COM_TIMEOUT	与摄像头通信错误，摄像头可能已断开
ERR_CAM_NO_RUNMODE	摄像头未处于运行模式
ERR_CAM_REQ_IMAGE	相机无法生成任何图像结果

5）限制

当摄像头设置为运行模式时，才可以执行 CamReqImage。使用指令 CamSetRunMode 可将摄像头设置为运行模式。

6. CamSetExposure：设置具体摄像头的数据

1）书写格式

CamSetExposure Camera [\ExposureTime] [\Brightness] [\Contrast];

Camera：摄像头名称，数据类型为 cameradev。

[\ExposureTime]：数据类型为 num。如果使用了本参数，则摄像头的曝光时间会更新。该值以毫秒(ms)为单位。

[\Brightness]：数据类型为 num。如果使用了本参数，则将更新摄像头的亮度设置，其值通常以 0 到 1 之间的刻度表示。

[\Contrast]：数据类型为 num。如果使用了本参数，则将更新摄像头的对比度设置，其值通常以 0 到 1 之间的刻度表示。

2) 程序执行

如果具体摄像头的对应参数可能更新，则此指令更新曝光时间、亮度和对比度。如果摄像头不支持某个设置，则会向用户显示错误消息，程序停止执行。

3) 应用

CamSetExposure mycamera \ExposureTime := 10;

应用说明：命令摄像头 mycamera 将曝光时间修改为 10 ms。

4) 错误处理

ERR_CAM_COM_TIMEOUT：与摄像头通信错误，摄像头可能已断开。

7. CamSetParameter：设置不同名称的摄像头参数

1) 书写格式

CamSetParameter Camera ParName [\Num] | [\Bool] | [\Str];

Camera：摄像头名称，数据类型为 cameradev。

ParName：摄像头中参数的名称，数据类型为 string。

[\Num]：数据类型为 num。摄像头的数值在参数 ParName 设置名称时设置。

[\Bool]：数据类型为 bool。摄像头的布尔值在参数 ParName 设置名称时设置。

[\Str]：数据类型为 string。摄像头的字符串值在参数 ParName 设置名称时设置。

2) 应用

CamSetParameter mycamera, "Pattern_1.Tool_Enabled" \BoolVal := FALSE;

CamSetRunMode mycamera;

应用说明：名为"Pattern_1.Tool_Enabled"的参数被设为假，这表示在采集到图像时不应执行指定的图像工具。这将使图像工具的执行更快。但是，工具仍然用最后一次有效执行得到的值产生结果。为了不使用这些目标，应将它们从 RAPID 程序中剔除出去。

3) 错误处理

表 3-5 所列为执行该命令可能会产生的错误及产生错误的原因。

表 3-5　CamSetParameter 错误处理

名　　称	错　误　原　因
ERR_CAM_BUSY	摄像头正忙于处理其他请求，无法执行当前命令
ERR_CAM_COM_TIMEOUT	与摄像头通信错误，摄像头可能已断开
ERR_CAM_SET_MISMATCH	使用命令 CamSetParameter 写入摄像头的参数数据类型错误，或者其值超出范围

8. CamSetProgramMode：命令摄像头进入编程模式

1) 书写格式

CamSetProgramMode Camera;

Camera：摄像头名称，数据类型为 cameradev。

2) 程序执行

当使用 CamSetProgramMode 指令命令摄像头进入编程模式时，可以修改设置并加载作业到摄像头。

3) 应用

CamSetProgramMode mycamera;

CamLoadJob mycamera, "myjob.job";

CamSetRunMode mycamera;

...

应用说明：将摄像头改为编程模式后加载 myjob 到摄像头，然后命令摄像头进入运行模式。

9. CamSetRunMode：命令摄像头进入运行模式

1) 书写格式

CamSetRunMode Camera;

Camera：摄像头名称，数据类型为 cameradev。

2) 程序执行

在使用 CamSetRunMode 命令摄像头进入运行模式时，可以开始采集图像。

3) 应用

CamSetProgramMode mycamera;

CamLoadJob mycamera, "myjob.job";

...

CamSetRunMode mycamera;

应用说明：将摄像头改为编程模式后加载 myjob 到摄像头，然后使用 CamSetRunMode 指令命令摄像头进入运行模式。

10. CamStartLoadJob：开始加载摄像头任务到摄像头

1) 书写格式

CamStartLoadJob Camera Name [\KeepTargets]

Camera：摄像头名称，数据类型为 cameradev。

Name：加载到摄像头的作业名称，数据类型为 string。

[\KeepTargets]：数据类型为 switch，此参数用于指定是否保留指定摄像头的旧集合数据。

2) 程序执行

执行 CamStartLoadJob 命令将会开始加载，无需等待加载完成直接继续下一个指令。如果使用了可选参数\KeepTargets，则不会删除指定摄像头的旧集合数据。默认操作是删除(清空)指定摄像头的旧集合数据。

3) 应用

```
...
CamStartLoadJob mycamera, "myjob.job";
MoveL p1, v1000, fine, tool2;
CamWaitLoadJob mycamera;
CamSetRunMode mycamera;
CamReqImage mycamera;
...
```

应用说明：首先开始加载作业到摄像头，在加载进行时执行了一个移动到位置 p1 的操作。当移动就绪后，加载也完成了，图像也采集好了。

4) 限制

(1) 当摄像头设置为编程模式时，才可以执行 CamStartLoadJob。使用指令 CamSetProgramMode 可将摄像头设置为编程模式。

(2) 当作业的加载在执行中时，无法使用任何其他指令或函数访问对应的摄像头。后续的摄像头指令或函数必须是一个 CamWaitLoadJob 指令。

(3) 为了能加载作业，作业文件必须存储在摄像头的闪存盘。

11. CamWaitLoadJob：等待摄像头任务加载完毕

1) 书写格式

```
CamWaitLoadJob Camera;
```

Camera：摄像头名称，数据类型为 cameradev。

2) 应用

```
...
CamStartLoadJob mycamera, "myjob.job";
MoveL p1, v1000, fine, tool2;
CamWaitLoadJob mycamera;
CamSetRunMode mycamera;
CamReqImage mycamera;
...
```

应用说明：首先开始加载作业到摄像头，在加载进行时执行了一个移动到位置 p1 的操作。当移动就绪后，加载也完成了，图像也采集好了。

3) 错误处理

ERR_CAM_COM_TIMEOUT：与摄像头通信错误，摄像头可能已断开。

4) 限制

当摄像头设置为编程模式时，才可以执行 CamWaitLoadJob。使用指令 CamSetProgramMode 可将摄像头设置为编程模式。

当作业的加载在执行中时，无法使用任何其他指令或函数访问对应的摄像头。后续的摄像头指令或函数必须是一个 CamWaitLoadJob 指令。

二、函数

1. CamGetExposure：获取具体摄像头的数据

1) 书写格式

CamGetExposure (Camera [\ExposureTime]　[\Brightness] [\Contrast])l

Camera：摄像头名称，数据类型为 cameradev。

[\ExposureTime]：返回摄像头曝光时间，数据类型为 num，其值以毫秒 (ms) 为单位。

[\Brightness]：返回摄像头的亮度设置，数据类型为 num。

[\Contrast]：返回摄像头的对比度设置，数据类型为 num。

2) 应用

```
VAR num exposuretime;
...
exposuretime := CamGetExposure(mycamera \ExposureTime);
IF exposuretime = 10 THEN CamSetExposure mycamera \ExposureTime := 9.5;
ENDIF
```

应用说明：如果当前曝光时间设置为 10 ms，则命令摄像头 mycamera 将曝光时间改为 9.5 ms。

3) 返回值

数据类型为 num，从摄像头以数值方式返回的曝光时间、亮度或对比度中的某个设置。

2. CamGetLoadedJob：获取所加载摄像头任务的名称

1) 书写格式

CamGetLoadedJob (Camera);

Camera：摄像头名称，数据类型为 cameradev。

2) 程序执行

CamGetLoadedJob 函数从摄像头获取当前加载的作业名称。如果没有作业加载摄像头，则返回空字符串。

3) 应用

```
VAR string currentjob;
```

```
...
currentjob := CamGetLoadedJob(mycamera);
IF CurrentJob = "" THEN TPWrite "No job loaded in camera " +
CamGetName(mycamera);
ELSE    TPWrite "Job "+CurrentJob+" is loaded in camera "    " +
CamGetName(mycamera);
ENDIF
```

应用说明：在示教器(FlexPendant)上写入加载的作业名称。

4) 返回值

数据类型为 string，指定摄像头当前加载的作业名称。

3. CamGetName：获取所使用摄像头的名称

1) 书写格式

```
CamGetName(Camera)
```

Camera：摄像头名称，数据类型为 cameradev。

2) 应用

```
...
logcameraname camera1;
CamReqImage camera1;
...
logcameraname camera2;
CamReqImage camera2;
...
PROC logcameraname(VAR cameradev camdev)
TPWrite "Now using camera: "+CamGetName(camdev);
ENDPROC
```

3) 返回值

数据类型为 string，当前使用的摄像头的名称以字符串返回。

4. CamNumberOfResults：获取可用结果的数量

1) 书写格式

```
CamNumberOfResults (Camera [\SceneId]);
```

Camera：摄像头名称，数据类型为 cameradev。

[\SceneId]：场景识别，数据类型为 num。SceneId 是一个标识符，指定从哪个图像读取识别的部件的编号。

2) 程序执行

CamNumberOfResults 是读取可用图像结果数量，并将其以数值方式返回的函数，可以用于所有可用结果。此命令被执行时直接返回队列级别。如果在请求图片后直接执行命令，则结果为 0，因为摄像头尚未完成图片处理。

3) 应用

VAR num foundparts;

...

CamReqImage mycamera;

WaitTime 1;

FoundParts := CamNumberOfResults(mycamera);

TPWrite "Number of identified parts in the camera image:"\Num := foundparts;

应用说明：采集图像。等待图像处理完成，在本例中为 1 s。读取识别的部件并将其写入 FlexPendant。

4) 返回值

数据类型为 num，返回指定摄像头集合中结果的数量。

任务实施

带领学生到工业机器人边介绍，但应注意安全。

一、工业机器人与相机通信

ABB 工业机器人提供了丰富的 I/O 接口，可轻松实现与周边设备的通信，如 ABB 的标准通信，与 PLC 的现场总线通信，以及与工业视觉和 PC 进行通信。本节主要介绍 Socket 通信指令，实现 ABB 工业机器人与康耐视相机的数据通信。

1. Socket 通信相关指令

ABB 工业机器人在进行 Socket 通信编程时，其指令见表 3-6，如图 3-32 所示为 Socket 指令在示教器中调用界面。

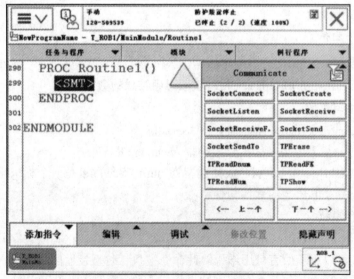

图 3-32　Socket 指令在示教器中调用界面

表3-6　ABB工业机器人Socket通信指令　　　✎ 笔记

指令	书写格式	功能	参数说明
SocketClose	SocketClose Socket	关闭套接字	Socket：有待关闭的套接字
Socketcreate	SocketCreate Socket	创建 Socket 套接字	Socket：用于存储系统内部套接字数据的变量
SocketConnect	SocketConnect Socket, Address, Port	建立 Socket 连接	Socket：有待连接的服务器套接字，必须创建尚未连接的套接字
			Address：远程计算机的 IP 地址，不能使用远程计算机的名称
			Port：位于远程计算机上的端口
SocketGetStatus	SocketGetStatus(Socket)	获取套接字当前的状态	Socket：用于存储系统内部套接字数据的变量
SocketSend	SocketSend Socket[\Str]\[\RawData]\[\Data]	发送数据至远程计算机	Socket：在套接字接收数据的客户端应用中，必须已经创建和连接套接字
			[\Str]、[\RawData]、[\Data]：将数据发送到远程计算机。同一时间只能使用可选参数\Str、\RawData 或\Data 中的一个
SocketReceive	SocketReceive Socket[\Str]\[\RawData]\[\Data]	接收远程计算机数据	Socket：在套接字接收数据的客户端应用中，必须已经创建和连接套接字
			[\Str]、[\RawData]、[\Data]：应当存储接收数据的变量。同一时间只能使用可选参数\Str、\RawData 或\Data 中的一个
StrPart	StrPart(Str ChPos Len)	获取指定位置开始长度的字符串	Str：字符串数据
			ChPos：字符串开始位置
			Len：截取字符串的长度
StrToVal	StrToVal(Str Val)	将字符串转化为数值	Str：字符串数据
			Val：保存转换得到的数值的变量
StrLen	StrLen(Str)	获取字符串的长度	Str：字符串数据

✎ 笔记

2. 工业机器人与相机的通信流程

工业机器人与相机的通信采用后台任务执行的方式，即工业机器人和相机的通信及数据交互在后台任务执行，工业机器人的动作及信号输入输出在工业机器人系统任务执行，后台任务和工业机器人系统任务是并行运行的。后台任务中，工业机器人获取相机图像处理后的数据通过任务间的共有变量共享给工业机器人系统任务；工业机器人系统任务中，根据后台任务共享得到的数据，控制工业机器人执行相应的程序。某工业机器人与相机的通信流程如图 3-33 所示。

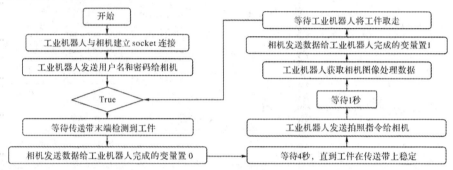

图 3-33　某工业机器人与相机的通信流程

1) 配置相机通信任务

配置相机通信任务的具体操作步骤如下：

(1) 按顺序选择"主菜单"→"系统信息"→"系统属性"→"控制模块"→"选项"，确认系统中是否存在创建多个任务选项："Multitasking"，如图 3-34 所示。

图 3-34　创建多任务选项"MultiTasking"

(2) 在主菜单选择"控制面板"→"配置"，打开配置系统参数界面，如图 3-35 所示。

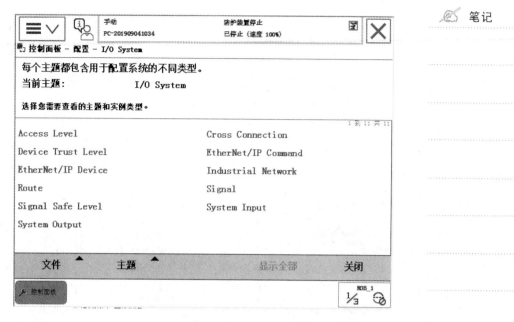

图 3-35　打开配置系统参数界面

(3) 单击"主题"，选择"Controller"，双击"Task"，如图 3-36 所示。

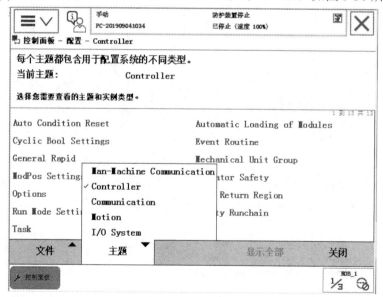

图 3-36　选择"Controller"

(4) 进入 Task 任务界面，如图 3-37 所示。 T_ROB1 是默认的机器人系统任务，用于执行工业机器人运动程序。

(5) 单击"添加"，创建工业机器人与相机通信的后台任务，如图 3-38 所示。

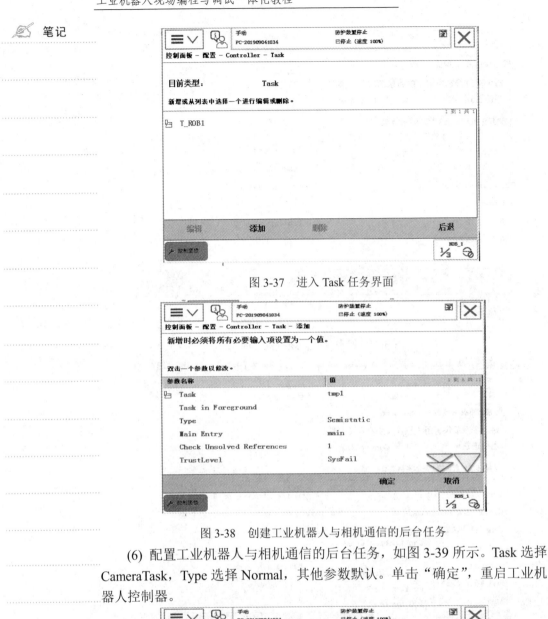

图 3-37　进入 Task 任务界面

图 3-38　创建工业机器人与相机通信的后台任务

(6) 配置工业机器人与相机通信的后台任务，如图 3-39 所示。Task 选择 CameraTask，Type 选择 Normal，其他参数默认。单击"确定"，重启工业机器人控制器。

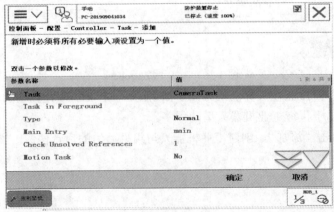

图 3-39　配置工后台任务

（7）系统重启后，Task 参数中就多一个 CameraTask 任务，如图 3-40 所示。

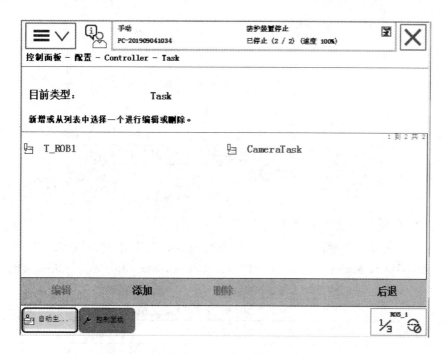

图 3-40　系统重启

（8）在主菜单选择"程序编辑器"，在选中 CameraTask 后出现的界面中选择"新建"，如图 3-41 所示。

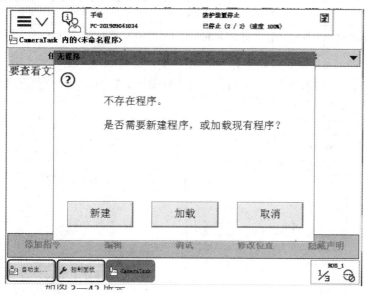

图 3-41　选择"新建"

（9）系统会自动新建模块"MainModule"以及程序"main"，完成相机通信任务的配置，如图 3-42 所示。

✍ 笔记

图 3-42 完成相机通信任务的配置

2) 创建 Socket 及其变量

工业机器人与相机通信所需要用到的 Socket 及其相关变量如表 3-7 所示。PartType、Rotation、CamSendDataToRob 为 CameraTask 和 T_ROB1 任务共享的变量，其存储类型必须为可变量。

表 3-7 Socket 及其相关变量

变量名称	变量类型	存储类型	所属任务	变量说明
ComSocket	Socketdev	默认	CameraTask	与相机 Socket 通信的套接字设备变量
strReceived	string	变量	CameraTask	接收相机数据的字符串变量
PartType	num	可变量	CameraTask	1 为减速器工件，2 为法兰工件
Rotation	num	可变量	CameraTask	相机识别工件的旋转角度
CamSendDataToRob	bool	可变量	CameraTask	相机处理数据完成信号

CameraTask 任务中创建 Socket 相关变量的步骤如下：

(1) 在主菜单选择"程序数据"→"视图"→"全部数据类型"，单击"更改范围"，如图 3-43 所示。

图 3-43 "更改范围"

(2) 将"任务"参数选为"CameraTask",单击"确定",如图 3-44 所示。 ✎ 笔记

图 3-44 选参数"CameraTask"

(3) 选中数据类型"socketdev",如图 3-45 所示。

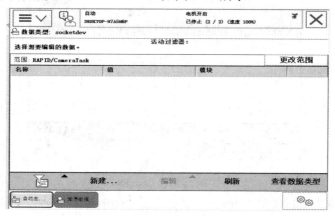

图 3-45 选中数据类型"socketdev"

(4) 单击"新建",创建 socketdev 类型变量,如图 3-46 所示。该变量范围为"全局",任务为"CameraTask",模块为"MainModule",单击"确定",如图 3-47 所示。

图 3-46 创建 socketdev 类型变量

笔记

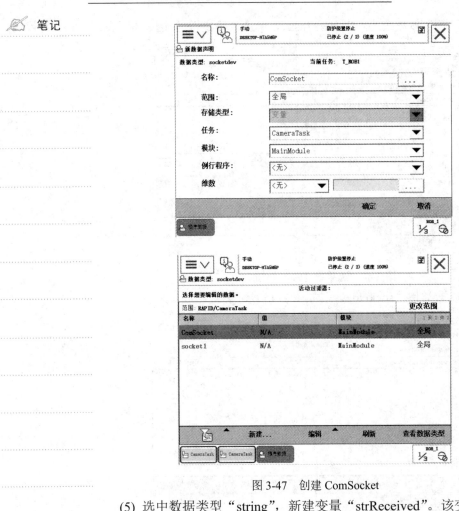

图 3-47　创建 ComSocket

（5）选中数据类型"string"，新建变量"strReceived"。该变量存储类型为"变量"，任务为"CameraTask"，如图 3-48 所示。

图 3-48　新建变量"strReceived"

（6）选中数据类型"num"，新建变量"PartType"。该变量存储型为"可变量"，任务为"CameraTask"，如图 3-49 所示。

图 3-49　新建变量 "PartType"

(7) 选中数据类型 "num"，新建变量 "Rotation"。该变量存储类型为 "可变量"，任务为 "CameraTask"，如图 3-50 所示。

图 3-50　新建变量 "Rotation"

(8) 选中数据类型 "bool"，新建变量 "CamSendDataToRob"。该项变量存储类型为 "可变量"，任务为 "CameraTask"，如图 3-51 所示。

图 3-51　新建变量 "CamSendDataToRob"

笔记

做一做: 对本单位的工业机器人视觉进行调试。

3. 编写相机通信程序

相机通信程序一般包括如图 3-52 所示的几种。

图 3-52 相机通信程序

1) 编写 Socket 连接程序

工业机器人与相机通信时,相机作为服务器,工业机器人作为客户端。Socket 通信例行程序的名称等设置如图 3-53 所示。

图 3-53 工业机器人与相机的通信程序流程

Socket 通信程序的流程是:

(1) 工业机器人同相机建立 Socket 连接;

(2) 工业机器人发送用户名("admin\0d\0a")给相机,相机返回确认信息;

(3) 工业机器人发送密码("\0d\0a")给相机,相机返回确认信息。

创建的 Socket 通信程序如下:

```
PROC RobConnectToCamera                  //RobConnectToCamera 例行程序开始
    SocketClose ComSocket;               //关闭套接字设备 ComSocket
    SocketCreate ComSocket;              //创建套接字设备 ComSocket
    SocketConnect ComSocket, "192.168.101.50", 3010
    //连接相机 IP:192.168.101.50,端口:3010
    SocketReceive ComSocket\Str:=strReceived; //接收相机数据并保存到变量 strReceived
    TPWrite strReceived;                 //将 strReceived 数据显示在示教盒界面上
    SocketSend ComSocket\Str:= "admin\0d\0a";   //发送用户名 admin,\0d\0a 代
                                                //表回车换行
```

SocketReceive ComSocket\Str:=strReceived;   ✎ 笔记

//接收相机数据存到变量 strReceived

TPWrite strReceived;   //将 strReceived 数据显示在示教盒界面上

SocketSend ComSocket\Str:= "\0d\0a"; //发送密码数据到相机,密码数据:\0d\0a

SocketReceive ComSocket\Str:=strReceived;   //接收相机数据存到变量 strReceived

TPWrite strReceived;   //将 strReceived 数据显示在示教盒界面上

ENDPROC   //RobConnectToCamera 例行程序结束

2) 编写相机拍照控制程序

相机拍照程序的名称等设置如图 3-54 所示。

图 3-54 创建 SendmdToCamera 程序

创建的相机拍照程序如下:

PROC SendmdToCamera()   //SendmdToCamera 例行程序开始

SocketSend ComSocket\Str:= "se8\0d\0a"; //发送相机拍照控制指令:se8\0d\0a

SocketReceive ComSocket\Str:=strReceived; //接收数据:1 拍照成功;不为 1

相机故障

IF strReceived <> "1\0d\0a" THEN

TPErase;   //使用 IF 指令判断相机是否拍照成功示教盒画面清除;

TPWrite "Camera Error"   //示教盒上显示“Camera Error”

STOP;   //停止

ENDIF   //判断结束

ENDPROC   //SendmdToCamera 例行程序结束

3) 编写数据转换程序

数据转换程序的名称等设置步骤如下:

(1) CameraTask 任务中新建功能程序“StringToNumData”,如图 3-55 所示。程序声明中的类型为“功能”,数据类型为“num”。

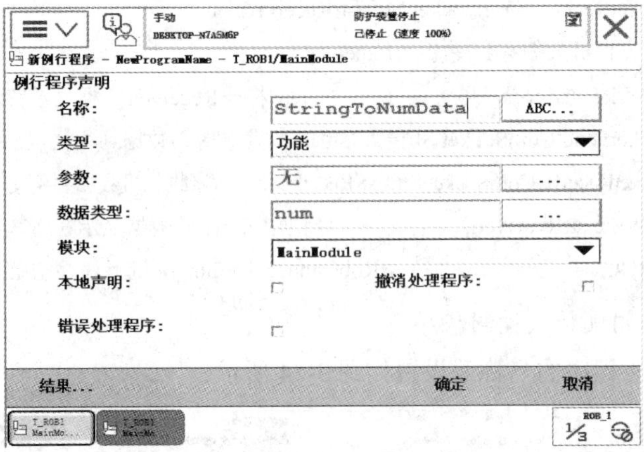

图 3-55　新建功能程序

(2) 创建参数 strData，如图 3-56 所示。数据类型为"string"。

图 3-56　创建参数 strData

(3) 进入功能程序"StringToNumData"，添加指令":="，如图 3-57 所示。

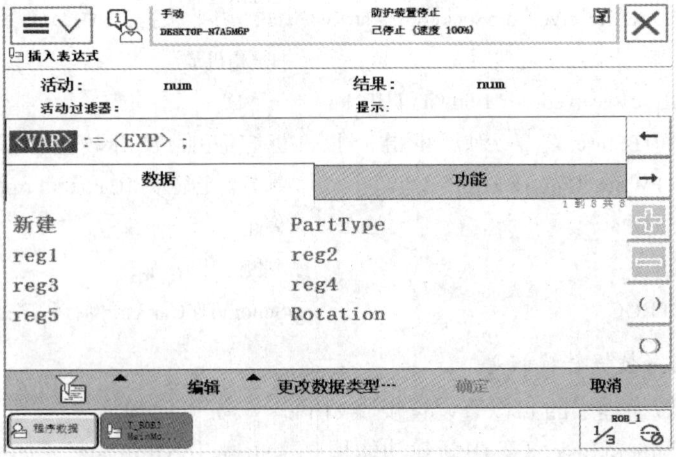

图 3-57　进入功能程序

(4) <VAR>选择新建本地 string 类型变量为"strData2"，如图 3-58 所示。

<EXP>选择 StrPart 指令，并输入相应的参数。StrPart 指令用于拆分字符串，并返回得到的字符串。strData 为程序参数，strData2 为程序本地变量。 ✎ 笔记

图 3-58 新建本地 string 类型变量

(5) 使用赋值指令将 string 数据类型转换成 num 数据类型，如图 3-59 所示。StrToVal 指令用于将字符串转换为数值，返回值为 1 代表转换成功，返回值为 0 代表转换失败。

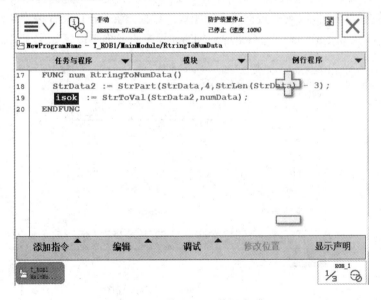

图 3-59 换成 num 数据类型

(6) 使用 RETURN 指令返回数据 numData，如图 3-60 所示。
创建的数据转换程序如下：

```
PROC num StringToNumData(string strData)  //StringToNumData 例行程序开始
    strData2 := StrPart(strData, 4, StrLen(strData)-3);  //分割字符串，获取工件类型
                                            数据字符串
    ok:=StrToVal(strData2,numData);         //将工件类型数据字符串转化为数值
    RETURN numData;                         //使用 RETURN 指令返回数据 numData。
```

笔记

ENDPROC   //StringToNumData 例行程序结束

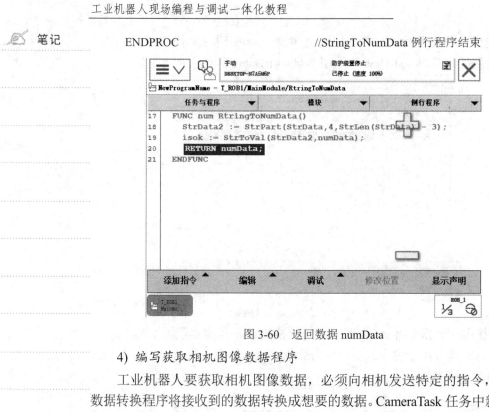

图 3-60 返回数据 numData

4) 编写获取相机图像数据程序

工业机器人要获取相机图像数据，必须向相机发送特定的指令，然后用数据转换程序将接收到的数据转换成想要的数据。CameraTask 任务中新建例行程序"GetCameraData"。 GetCameraData 程序的名称等设置如图 3-61 所示。

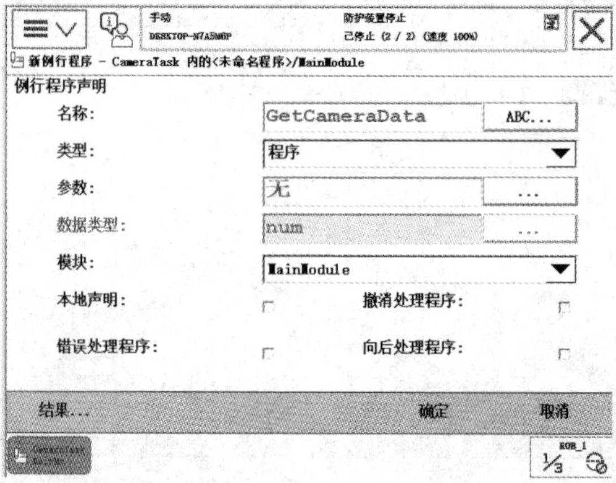

图 3-61 创建 GetCameraData 程序

创建的获取相机图像数据程序如下：

```
PROC GetCameraData()                        //GetCameraData 例行程序开始
   SocketSend ComSocket\Str:= " GVFlange.Pass\0d\0a"; //发送识别工件类型指令
   SocketReceive ComSocket\Str:=strReceived;   //接收相机数据并保存到 strReceived
   numReceived := StringToNumData(strReceived);//将数据转换并赋值给 numReceived
   IF numReceived = 0   THEN                  //如果 numReceived 为 0
      PartType:=1;                           //当前工件为减速机，PartType 设为 1
   ELSEIF numReceived = 1   THEN             //如果 numReceived 为 1
```

```
            PartType:=2;                            //当前工件为法兰，PartType 设为 2
        SocketSend ComSocket\Str:= "GVFlange.Fixture.Angle \0d\0a";
            //发送获取工件旋转角度指令
        SocketReceive ComSocket\Str:=strReceived;      //接收相机数据并保存到 strReceived
        Rotation:= StringToNumData(strReceived);  //将接收到数据转换并赋值给 Rotation
    ENDIF                                           //判断结束
    ENDPROC                                         //GetCameraData 例行程序结束
```

创建的相机任务主程序如下：

```
    PROC main ( )                                   //相机任务(CameraTask)主程序开始
        RobConnectToCamera;                         //调用例行程序"RobConnectToCamera"
        WHILE    TRUE    DO                         //使用循环指令 WHILE，参数设为 TRUE
        WaitDI    EXDI4, 1;                         //等待皮带运输机前限光电开关信号置 1
        CamSendDataToRob:= FALSE;                   //相机处理数据完成信号置 0
        WaitTime 4;                                 //等待 4 秒
        SendCmdToCamera;                            //调用相机拍照控制程序
        WaitTime 0.5;                               //等待 0.5 秒
        GetCameraData;                              //调用获取相机图像数据程序
        CamSendDataToRob:= TRUE;                    //相机处理数据完成信号置 1
        WaitDI    EXDI4, 0;                         //等待皮带运输机前限光电开关信号置 0
    ENDWHILE                                        //WHILE 循环结束
    ENDPROC                                         //main 主程序结束
```

 想一想： 改变参数后怎样进行程序编制。

二、关键信息与坐标系的转化

由于通常点位相对于坐标系关系不变，因此通过相机寻找物体特征点并调整工件坐标系的 Oframe 为常见做法，如图 3-62 所示。

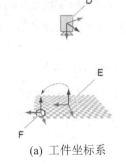
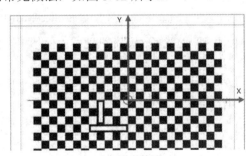

(a) 工件坐标系　　　　　　　　　　　(b) 原点校准

图 3-62　调整工件坐标

图 3-62 中，D 为相机；E 为工件坐标系的 Uframe，通常和相机坐标系的 0 点对齐；F 为工件坐标系的 Oframe，即相机得到目标特征点的位置。

5) 相机 socket 机器人移动实例

(1) 使用两台机器人，一台作为 socket 的 server(模拟相机发送坐标)，另一台作为 client，模拟正常机器人接收相机数据。

(2) client 向 server 请求拍照，第一次 server 给出数据 0，0，0，则机器人走到 workobject 坐标系下的 0,0,0。

(3) client 再次向 server 请求拍照，第二次 server 给出数据 20,0,45，则机器人走到 workobject 坐标系下的沿 X 方向移动 20，并且 Z 旋转 45°。

(4) 先运行 server 机器人，再运行 client 机器人。

三、具有视觉系统的工业机器人装配程序的编制

1. 机器人获取相机图像数据程序

工业机器人为了获取相机图像数据，必须向相机发送特定的指令，然后用数据转换程序将接收到的数据转换成想要的数据，其程序"GetCameraData"如下。

```
PROC GetCameraData()          //GetCameraData 例行程序开始
SocketSend ComSocket\Str := "GVFlange.Pass\0d\0a";   //发送相机指令
                                               "GVFlange.Pass\0d\0a"
SocketReceive ComSocket\Str := strReceived;          //接收相机数据并保存到变量
                                               strReceived
strData := StrPart(strReceived, 4, StrLen(strReceived)-3);  //分割字符串后赋值给 strData
IsOk := StrToVal(strData, nData);      //strData 转换为数值并赋值给 nData
IF nData = 0 THEN PartType := 1;   //如果 nData 为 0 当前工件为减速机，PartType 设为 1
  ELSEIF nData = 1 THEN PartType := 2;   //如果 nData 为 1 当前工件为法兰，
                                         PartType 设为 2
SocketSend ComSocket\Str := "GVFlang.Fixture.Angle\0d\0a";   //发送
                                          "GVFlang.Fixture.Angle\0d\0a"
SocketReceive ComSocket\Str := strReceived;   //接收相机数据并保存到变量 strReceived
strData := StrPart(strReceived, 4, StrLen(strReceived)-3);   //分割字符串后赋值给 strData
IsOk := StrToVal(strData, Rotation);   //strData 转换为数值并赋值给 Rotation
ENDIF                          //判断结束
ENDPROC                        //GetCameraData 例行程序结束
```

2. 相机通信主程序

按照工业机器人与相机通信流程要求，工业机器人与相机通信的主程序如下：

```
PROC main()              //Main 主程序开始
RobConnectToCamera;      //机器人与相机建立连接
WHILE TRUE DO;           //循环开始
WaitDI EXDI4,1;          //等待信号 EXDI4 置 1
```

```
CameraDataFinish := FALSE;   //相机处理数据完成信号置 0
WaitTime 4;                  //等待 4 s
SendCmdToCamera;             //机器人发送控制指令给相机
WaitTime 0.5;                //等待 0.5 s
GetCameraData;               //机器人获取相机处理数据
CameraDataFinish := TRUE;    //相机处理数据完成信号置 1
WaitDI EXDI4,0;              //等待 EXDI4 置 0
ENDWHILE;                    //循环结束
ENDPROC;                     //Main 主程序结束
```

3. 基于视觉的关节法兰装配程序

1) 基于视觉的关节法兰装配流程

基于视觉的关节法兰装配流程如图 3-63 所示。

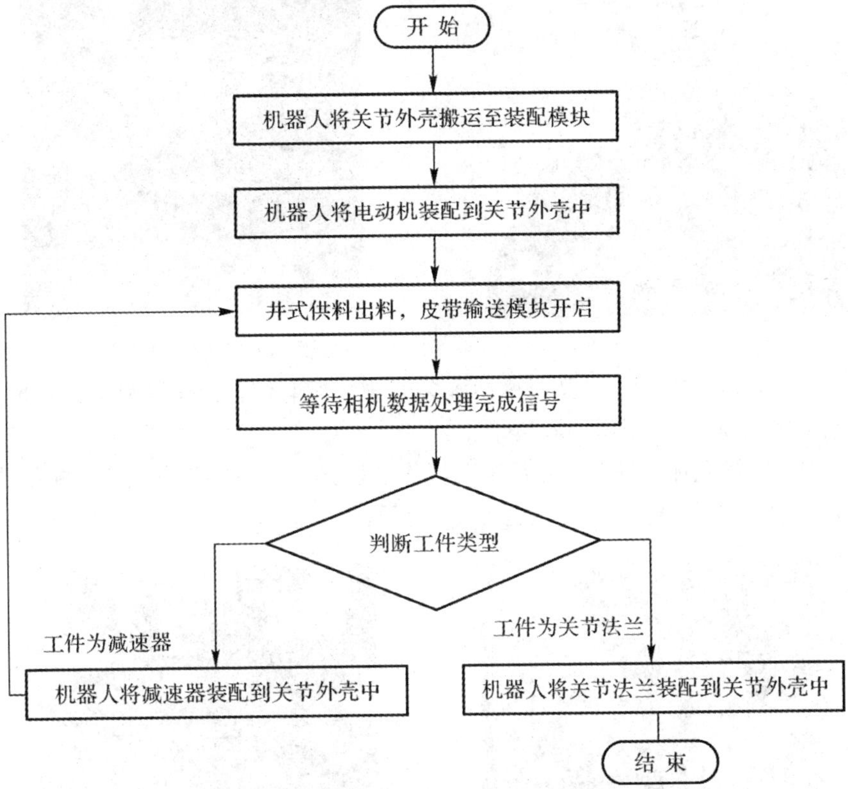

图 3-63　基于视觉的关节法兰装配流程

注意：关节法兰在传送带上的角度不固定，井式供料出料有两种工件，分别是减速机和关节法兰。工件经皮带输送模块到达传送带末端时，工件的位置是固定的，而工件的旋转角度是不固定的。减速机的旋转角度对减速机装配没有影响，而关节法兰的旋转角度将影响关节法兰的装配。所以采用相机识别工件的类型，并将识别到的关节法兰的旋转角度发送给工业机器人，工业机器人调整抓取关节法兰时的位姿，将关节法兰装配到关节外壳中。

2) 调整抓取目标点的方法

(1) 工业机器人先示教关节法兰抓取基准点以及关节法兰装配点。

(2) 在此抓取基准点的基础上结合相机识别得到关节法兰的旋转角度，调整工业机器人抓取关节法兰时的目标点。

(3) 工业机器人完成关节法兰的抓取，并装配到关节外壳中。

3) 工业机器人示教关节法兰抓取基准点的步骤

(1) 吸盘工具手动安装到工业机器人末端主盘工具上，如图 3-64 所示。

(2) 手动将关节法兰放到传送带末端，摆放要求如图 3-65 所示。

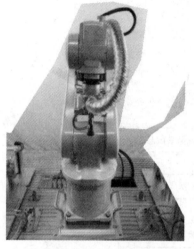

图 3-64　安装吸盘　　　　　　　　图 3-65　放关节法兰

(3) 手动操作工业机器人移动到关节法兰抓取位置，示教机器人抓取当前法兰的目标点，如图 3-66 所示。

(4) 机器人抓取法兰，然后手动操作机器人，移动到关节法兰装配位置，示教当前机器人的目标点，如图 3-67 所示。

图 3-66　机器人移动到关节法兰抓取位置　　　图 3-67　机器人抓取法兰

4) 基于视觉的关节法兰装配程序

```
PROCAsmFalan()                          //AsmFalan 例行程序开始
MoveJ home, v200, fine, tool0;          //工业机器人返回原点
WaitUntil CameraDataFinish, 1;          //等待信号 CameraDataFinish 变量为 1
MoveJ RelTool(pick_falan, 0, 0, 50\Rz := Rotation), v200, z10, tool_xipan;
// 机器人移动到相对 pick_falan 点沿工具 Z 轴偏移 50 以及旋转 Rotation 角度的位置
MoveL RelTool(pick_falan, 0, 0, 0\Rz := Rotation), v20, fine, tool_xipan;
// 机器人移动到相对 pick_falan 点绕工具 Z 轴旋转 Rotation 角度的位置
SetDO YV5, 1;                           //开启吸盘
WaitTime\InPos, 1;                      //延时 1 s
MoveL RelTool(pick_falan, 0, 0, 50\Rz := Rotation), v20, fine, tool_xipan;
// 机器人移动到相对 pick_falan 点绕工具 Z 轴旋转 Rotation 角度的位置
MoveJ home, v200, z10, tool0;           //工业机器人返回原点
...
ENDPROC                                 //AsmFalan 例行程序结束
```

👨‍🎓 看一看

不带视觉的关节法兰装配程序

```
PROCAsmFalan()                          //AsmFalan 例行程序开始
MoveJ home, v200, fine, tool0;          //工业机器人返回原点
MoveJ Offs(pick_falan, -150, -100, 50), v200, z10, tool_xipan ; //机器人到达吸取接
                                                                 近点 1
MoveJ Offs(pick_falan, 0, 0, 50), v200, z10, tool_xipan; //机器人到达吸取接近点 2
MoveL pick_falan, v20, fine, tool_xipan;                  //机器人到达吸取点
SetDO YV5,1;                            //开启吸盘
WaitTime\InPos,1;                       //延时 1 s
MoveL Offs(pick_falan, 0, 0, 50), v20, z10, tool_xipan; //机器人到达吸取接近点 2
MoveL Offs(pick_falan, -150, -100, 50), v200, z10, tool_xipan;   //机器人到达吸取
                                                                 接近点 1
MoveJ home, v200, z10, tool0;                            //工业机器人返回原点
MoveJ Offs(put_falan, 0, 0, 50), v200, z10, tool_xipan; //机器人到达装配接近点 1
MoveL put_falan, v20, fine, tool_xipan;                 //机器人到达装配点
MoveJ put_falan_rot, v20, fine, tool_xipan;             //机器人选择关节法兰
SetDO YV5, 0;                           //关闭吸盘
WaitTime\InPos, 1;                      //延时 1 s
MoveL Offs(put_falan_rot, 0, 0, 50), v20, z10, tool_xipan; //机器人到达装配接近点 1
MoveJ home, v200, fine, tool0;                             //工业机器人返回原点
ENDPROC                                 //AsmFalan 例行程序结束
```

四、RFID 接口及使用

1. RFID 接口属性说明(见表 3-8)

表 3-8　RFID 接口属性说明

接　口	功　能
Command	命令/响应
Stepno	步序(工序)
state	工件状态(类型)
name	操作者标识(以字符或数字组合，最长 8 位)
Date	日期(系统生成，无需操作)
time	时间(系统生成，无需操作)

2. RFID 控制接口(见表 3-9、表 3-10)

表 3-9　Command 控制字

指　令	功　能
10	写数据
20	读数据
30	复位

表 3-10　Command 状态字

指　令	功　能	指　令	功　能
11	写完成	21	读完成
10	写入中	20	读取中
12	写入错误	22	读取错误
100	待机	31	复位完成
101	有芯片在工作区	30	复位中
		32	复位错误

3. 复位程序

```
rfidcon.command := 30;                    //RFID 复位
WaitUntil rfidstate.command=31;           //等待复位完成
rfidcon.command := 0;                     //复位指令清除
```

4. 写入程序

1) 数据准备

Name：可设定为姓名拼音或编号等，8 个字符。

Stepno：步骤/工序。

State：状态/工件类型。

2) 程序

rfidcon.stepno := 1;

rfidcon.state := 1;

3) 写入程序实例

rfidcon.command := 10;　　　　　RFID 复位

WaitUntil rfidstate.command=11;　　等待复位完成

rfidcon.command := 0;　　　　　复位指令清除

5. 机器人端 RFID 接口及编程

机器人端 RFID 接口及编程分为机器人端状态数据接口(图 3-68)、机器人端 RFID 复位程序(图 3-69)和机器人端 RFID 写入程序(图 3-70)、机器人端 RFID 读取程序(图 3-71)。

名称：　　　　　　　　**rfidcon**

点击一字段以编辑值。

名称	值	数据类型	1 到 6 共 6
rfidcon:	[0, 0, "", "", ""]	rfid	
command :=	0	num	
stepno :=	0	num	
name :=	""	string	
date :=	""	string	
time :=	""	string	

图 3-68　机器人端状态数据接口

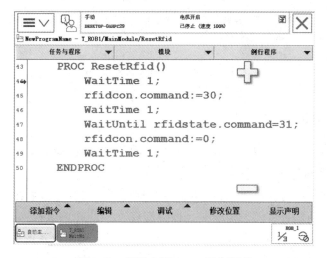

图 3-69　机器人端 RFID 复位程序

✍ 笔记

图 3-70　机器人端 RFID 写入程序

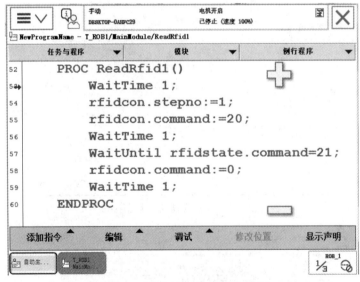

图 3-71　机器人端 RFID 读取程序

五、网络通信

网络通信的软件很多，现以博途软件的网络通信为例介绍。

1. 连接设置

使用网线连接计算机和设备网络，计算机可以访问支持 PROFINET 总线的设备。在访问设备前，需要在"控制面板"中设置 PG/PC 接口。

设置"应用程序访问点"，在博途中找到用于连接设备的"网络连接名称(也可以称为网卡名称)+.TCPIP.Auto.1"选项，如图 3-72 所示。

✎ 笔记

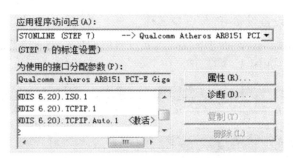

图 3-72　应用程序访问接入点

在选择完连接后建议点击"诊断"按钮进入测试界面，然后点击"测试"按钮，结果显示 OK 即可，如图 3-73 所示。

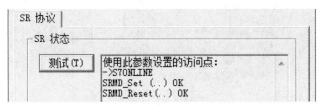

图 3-73　测试

2. 计算机 IP 设置

点击电脑右下角的网络连接，选择"打开网络和共享中心"，然后点击"本地连接"，在属性菜单中选择"Internet 协议版本 4(TCP/IPv4)"，IP 地址见表 3-11。

表 3-11　IP 地址

设备	IP 地址
触摸屏	192.168.8.12
PLC	192.168.8.11
ANYBUS 模块	192.168.8.13
智能相机	192.168.8.2

将 IP 地址设置为"192.168.8.46"，如图 3-74 所示，实际设置时只要不与以上设备重复即可，DNS 不需要设置。

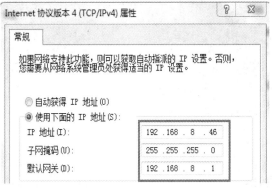

图 3-74　设置地址

✎ 笔记

3. 软件中设置设备 IP 和设备名称

打开项目后，在项目树下找到需要设置的设备，用右键点击，在弹出菜单中选择属性，如图 3-75 所示。

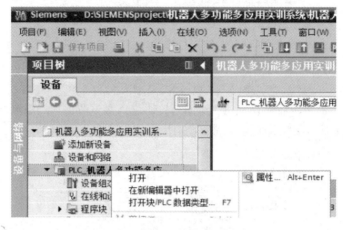

图 3-75　设置设备

在设备属性窗口中，选择"PROFINET 接口"菜单下"以太网地址"页，IP 地址和设备名称均在此页。其中 IP 地址在该页可以更改，设备名称不可更改。

设备名称的更改方法：选中设备后，用左键再次点击，名称就变为可编辑状态，与文件夹更名方法相同，如图 3-76 所示。

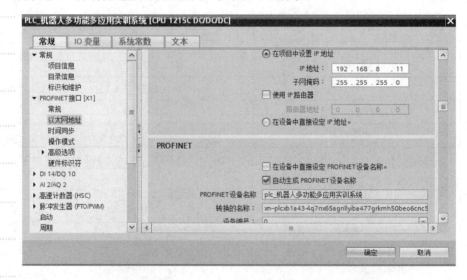

图 3-76　设备名称更改

4. 设备 IP 和名称分配

连接设备网络，打开软件，选择"在线访问"菜单下用于连接设备的网络连接，通常是网卡，打开下拉菜单，点击"更新可访问的设备"，如图 3-77 所示。找到需要设置的设备，双击"在线和诊断"，如图 3-78 所示。

图 3-77 在线访问

图 3-78 在线和诊断

在"功能"菜单下选中"分配 IP 地址",输入 IP 地址后点击"分配 IP 地址",如图 3-79 所示。

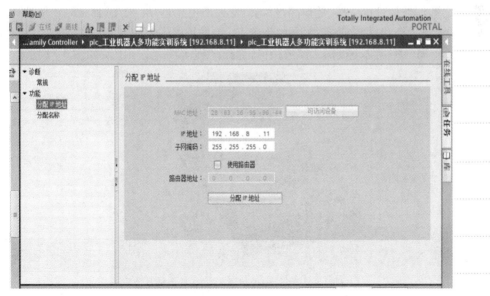

图 3-79 分配 IP 地址

在"功能"菜单下选中"分配名称",确认设备名称后点击右下角"分配名称"按钮,如图 3-80 所示。

✍ 笔记

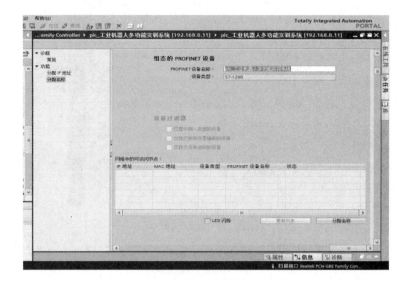

图 3-80　分配名称

📹 **任务扩展**

ABB 机器人飞拍

为提高生产节拍，"飞拍"概念被广泛应用，即机器人在经过拍照点时不需要停下来，而是在运动过程中拍照。实现机器人"飞拍"时，来料位置随机，机器人去固定位置抓取工件。此时抓取的工件位置偏差需要机器人在经过相机上方时触发拍照，并在最后放置时调整机器人姿态将产品放入指定位置。整个过程(尤其是拍照过程)机器人不停止运动。考虑到延时，机器人在经过固定拍照位前需触发拍照信号。触发拍照的方法有两种：

第一种方法是机器人经过摄像机前的传感器并触发拍照，如图 3-81 所示。

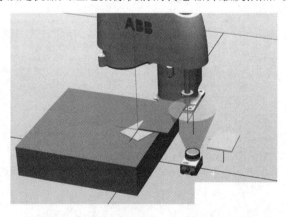

图 3-81　经过摄像机前的传感器并触发拍照

第二种方法是机器人经过摄像机前自身发出信号，即在到达某些位置前发送信号，运动过程不停止。这里使用 ABB 机器人 TriggerL 指令，配合 TriggInt，在指定位置前一定距离或者时间发出信号并在中断里等待拍照，完成信号与接收数据并更新机器人 TCP，整个过程机器人不停止运动。其程序如下：

```
PROC main()
reset do_attach;
tool1 := Tooldata_1; //Tooldata_1 为标准 TCP，即采用该 TCP 去固定位置抓取
count := 0;
IDelete intno1;
CONNECT intno1 WITH tr1;
TriggInt trigg1, 0.5\Time, intno1;
//此处设计为固定点前 0.5 s 触发中断，也可使用提早距离
WHILE count<5 DO
tool1 := Tooldata_1;
PulseDO do_new;
MoveL offs(Target_10, 0, 0, 90), vmax, z100, Tooldata_1\WObj := wobj0;
MoveL Target_10, v1000, fine, Tooldata_1\WObj := wobj0;
set do_attach;
WaitTime 0.3;
MoveL offs(Target_10, 0, 0, 90), v1000, z100, Tooldata_1\WObj := wobj0;
TriggL Target_cam, v500, trigg1, z100, Tooldata_1\WObj := wobj0;
// 经过拍照点前 0.5 s 触发中断，机器人继续运动
//中断事件内收到拍照结果并更新 TCP
MoveL offs(Target_cam, 0, 50, 0), v500, z100, Tooldata_1\WObj := wobj0;
MoveL offs(pPlace, 0, 0, 30), v500, z100, tool1\WObj := wobj0;
//放置时，采用修正后的新 TCP tool1
//运动过程转弯半径不采用 fine，保证机器人不停止
...
Incr count;
ENDWHILE
ENDPROC

TRAP tr1
VAR pose pose1;
PulseDO\PLength := 0.1, do_cam;          //发出拍照信号
waitdi di_cam_wait,1;
//等待拍照完成信号，此处也可修改为通过 socket 接收数据
pose1.trans.y := -pos1.y;
pose1.rot := OrientZYX(-pos1.z/1000*180/pi, 0, 0);
tool1.tframe := posemult(tool1.tframe, pose1);
//更新 TCP，由于拍照结果相对于原 TCP，故应注意拍照结果与原有 TCP 坐标
```
系的关系

笔记

TPWrite "tool1 "\Pos := tool1.tframe.trans;

TPWrite "tool1 rz"\num := -pos1.z/1000*180/pi;

ENDTRAP

任务巩固

参考答案

一、填空题：

1. 当摄像头设置为＿＿＿＿＿时，才可以执行 CamLoadJob。

2. ＿＿＿＿＿命令用于指定摄像头采集图像。

3. 当摄像头设置为＿＿＿＿＿时，才可以执行 CamReqImage。

4. 通电或重启控制器后，一定要运行一次＿＿＿＿＿。

5. 使用网线连接计算机和设备网络，计算机可以访问支持 PROFINET 总线的设备。在访问设备前，需要在"控制面板"中设置＿＿＿＿＿接口。

二、根据图 3-82 编写其码垛程序：

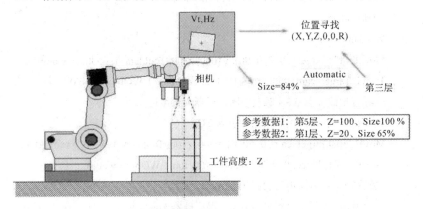

图 3-82　码垛工作站

操作与应用

工 作 单

姓　名		工作名称	具有视觉功能的工作站现场编程
班　级		小组成员	
指导教师		分工内容	
计划用时		实施地点	

完成日期		备注	
	工 作 准 备		
资 料		工 具	设 备
	工作内容与实施		
工作内容		实 施	
工业机器人视觉编程常用指令有哪几种？			

图1为工业机器人固定视觉与移动视觉的情况。根据图1完成如下工作：

(1) 完成硬件安装；

(2) 完成软件安装；

(3) 进行程序编制。

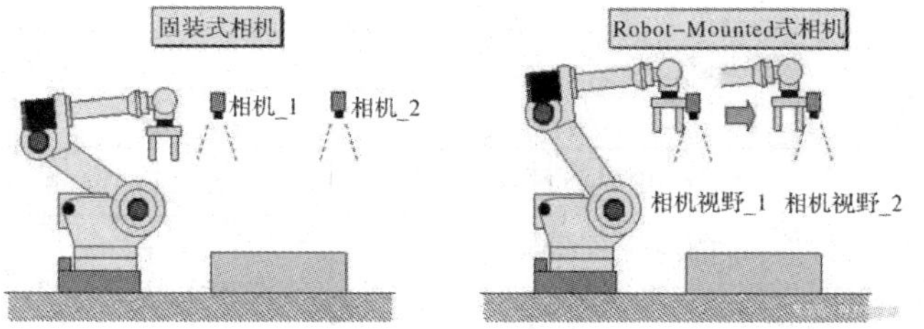

图 1 具有视觉功能的工作站

工 作 评 价

	评 价 内 容				
	完成的质量 (60 分)	技能提升能力 (20 分)	知识掌握能力 (10 分)	团队合作 (10 分)	备注
自我评价					
小组评价					
教师评价					

✎ 笔记

1. 自我评价

序号	评价项目	是	否
1	是否明确人员的职责		
2	能否按时完成工作任务的准备部分		
3	工作着装是否规范		
4	是否主动参与工作现场的清洁和整理工作		
5	是否主动帮助同学		
6	是否正确操作工业机器人		
7	是否正确安装工业机器人视觉硬件		
8	是否正确安装工业机器人视觉软件		
9	是否完成通信程序的编制与调试		
10	是否完成搬运程序的编制与调试		
11	是否完成了清洁工具和维护工具的摆放		
12	是否执行 6S 规定		
评价人	分数	时间	年　　月　　日

2. 小组评价

序号	评价项目	评价情况
1	与其他同学的沟通是否顺畅	
2	是否尊重他人	
3	工作态度是否积极主动	
4	是否服从教师的安排	
5	着装是否符合要求	
6	能否正确地理解他人提出的问题	
7	能否按照安全和规范的规程操作	
8	能否保持工作环境的整洁	
9	是否遵守工作场所的规章制度	
10	是否有岗位责任心	
11	是否全勤	
12	是否能正确对待肯定和否定的意见	
13	团队工作中的表现如何	
14	是否达到任务目标	
15	存在的问题和建议	

3. 教师评价

课程	工业机器人现场编程与调试	工作名称	具有视觉功能的工作站现场编程	完成地点	
姓名		小组成员			
序号	项　目		分　值	得　分	
1	简答题		10		
2	正确操作工业机器人		10		
3	正确安装工业机器人视觉硬件		20		
4	正确安装工业机器人视觉软件		20		
5	通信程序的编制与调试		20		
6	搬运程序的编制与调试		20		

自 学 报 告

自学任务	FANUC 工业机器人具有视觉功能工作站的视觉连接与现场编程
自学要求	1. 硬件安装 2. 软件安装 3. 通信程序的编制
自学内容	
收获	
存在问题	
改进措施	
总结	

模块四　一般轨迹类工作站的现场编程

任务一　认识轨迹类工作站

📹 **任务导入**

轨迹类工作站的工作是以轨迹为主的,是一种非负重工作站。主要工作任务有图 4-1 所示的弧焊、点焊、激光焊接、激光切割、喷涂、去毛刺、轻型加工、雕刻、涂胶、贴条、修边、弱化、滚边等。

弧焊

点焊

激光焊接

激光切割

(a) 弧焊

(b) 点焊

(c) 激光焊接

(d) 激光切割

笔记

(e) 喷涂

(f) 去毛刺

(g) 轻型加工

(h) 雕刻

(i) 涂胶

(j) 贴条

(k) 修边

(l) 弱化

(m) 滚边

图 4-1 轨迹类工作站

喷涂

去毛刺

轻型加工

雕刻

涂胶

贴条

修边

弱化

滚边

笔记

📹 任务目标

知 识 目 标	能 力 目 标
1. 认识典型轨迹类工业机器人及其工作站 2. 能编制典型轨迹类作业的规划	1. 能够根据工作任务要求,编制工业机器人焊接、喷涂等轨迹类作业流程 2. 能够根据工作任务要求,选用适合的工作站

📹 任务准备

教师讲解

一、弧焊工业机器人及其工作站

1. 机器人本体

用于焊接的工业机器人一般有三到六个自由运动轴,在末端执行器夹持焊枪,按照程序要求轨迹和速度进行移动。焊接机器人的轴数越多,运动越灵活。目前工业装备中最常见的就是六轴多关节焊接机器人。

1) 三轴工业机器人

直角坐标机器人即三轴工业机器人,又叫桁架机器人或龙门式机器人。图4-2为全自动三轴直角坐标焊接机器人,它由多维直线导轨搭建而成,直线导轨由精制铝型材、齿型带、直线滑动导轨或齿轮齿条等组成。它的运动自由度仅包含三维空间的正交平移,每个运动自由度之间的空间夹角为直角,同时,在 X、Y、Z 三轴基础上可以扩展旋转轴和翻转轴,构成五自由度和六自由度机器人。直角坐标机器人主要特点是灵活、多功能、高可靠性、高速度、高精度、高负载,可用于恶劣的环境,便于操作维修;缺点就是只有三个自由度,加工范围及灵活性方面的局限性较大,一般用于小型、焊缝简单的工件。

图 4-2　全自动三轴直角坐标系焊接机器人

2) 四轴工业机器人

图 4-3 为常见的两种四轴焊接机器人。四轴工业机器人的手臂部分可以在一个几何平面内自由移动,前两个关节可以在水平面上左右自由旋转,第三个关节可以在垂直平面内向上和向下移动或围绕其垂直轴旋转,但不能倾

斜。这种独特的设计使四轴机器人具有很强的刚性，从而使它们能够胜任高速和高重复性的工作。

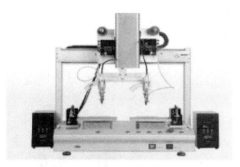

图 4-3　四轴焊接机器人

3) 五轴工业机器人

五轴工业机器人(如图 4-4 所示)可以在 X、Y、Z 三个方向进行转动，可以依靠基座上的轴实现转身的动作，同时手部有灵活转动的轴，可以实现运动机构的升降、伸缩、旋转等多个独立运动方式，比四轴机器人更加灵活。

4) 六轴工业机器人

图 4-5 列举了部分品牌的六轴焊接机器

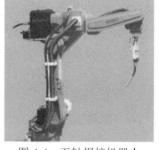

图 4-4　五轴焊接机器人

人。六轴工业机器人是目前工业生产中装备最多的机型。六轴机器人的第一个关节轴能像四轴机器人一样在水平面自由旋转，后两个关节轴能在垂直平面移动。此外，六轴机器人有一个"手臂"、两个"腕"关节，这让它具有类似人类手臂和手腕的活动能力。它可以穿过 X、Y、Z 轴，同时每个轴可以独立转动，与五轴机器人的最大区别就是它增加了一个可以自由转动的轴。六轴工业机器人更加灵活高效，能够深入的工作领域更加广泛。

(a) 川崎BA006　　　　(b) 安川MA1400　　　　(c) ABB1410　　　　(d) FANUC M-10iA

图 4-5　六轴焊接机器人

2. 工作站

焊接机器人工作站是焊接机器人工作的一个单元,按照机器人与辅助设备的组合形式及协作方式大体可以分为简易焊接机器人工作站、焊接机器人 + 变

✍ 笔记 位机组合的工作站(非协同作业)、焊接机器人与辅助设备协同作业的工作站三大类。其中，焊接机器人与辅助设备协同作业的工作站是指机器人与变位机之间，或者不同机器人之间通过协调与合作共同完成作业任务的工作站。

1) 简易焊接机器人工作站

在简易焊接机器人工作站(其构成示意图如图 4-6 所示)中，工件不需要改变位姿，机器人焊枪可以直接到达加工位置，焊缝较为简单，一般没有变位机，把工件通过夹具固定在工作台上即可完成焊接操作，是一种能用于焊接生产的、最小组成的焊接机器人系统。这种类型工作站的主要结构包括焊接机器人系统、工作台、工装夹具、围栏、安全保护设施和排烟系统等，另外根据需要还可安装焊枪清理喷嘴及剪丝装置。该工作站设备操作简单，成本较低，故障率低，经济效益好；但是由于工件是固定的，无法改变位置，因此这种工作站无法应用在复杂焊缝的工况中。

图 4-6　简易焊接机器人工作站

2) 焊接机器人+变位机组合的工作站(非协同作业)

这类工作站是目前装备应用较广的一种焊接系统。非协同作业主要是指变位机和机器人不协同作业，变位机仅用来夹持工件并根据焊接需要改变工件的姿态。它在结构上比简易焊接机器人工作站要复杂一些，变位机与焊接机器人也有多种不同的组合形式。

(1) 回转工作台 + 焊接机器人工作站。

图 4-7 为常见的回转工作台 + 焊接机器人工作站，这种类型的工作站与简易焊接机器人工作站结构相类似，区别在于焊接时工件需要通过变位机的旋转而改变位置。变位机只做回旋运动，因此，常选用两分度的回转工作台(1 轴)只做正反 180° 回转。

回转工作台的运动一般不由机器人控制柜直接控制，而是由另外的可编程控制器(PLC)来控制。当机器人焊接完一个工件后，通过其控制柜的 I/O 端口给 PLC 一个信号，PLC 按预定程序驱动伺服电机或气缸使工作台回转。工作台回转到预定位置后将信号传给机器人控制柜，调出相应程序进行焊接。

(2) 旋转-倾斜变位机 + 焊接机器人工作站。

在焊接加工中，有时为了获得理想的焊枪姿态及路径，需要工件做旋转或倾斜变位，这就需要配置旋转-倾斜变位机，通常为两轴变位机。在这种工作站的作业中，焊件既可以旋转(自传)运动，也可以作倾斜变位，图 4-8 为一种常见的旋转-倾斜变位机 + 焊接机器人工作站。

这种类型工作站的辅助设备一般都是由 PLC 控制，不仅控制变位机正反 180°回转，还要控制工件的倾斜、旋转或分度的转动。在这种类型的工作站中，机器人和变位机不是协调联动的，即当变位机工作时，机器人是静止的，机器人运动时变位机是不动的。所以编程时，应先让变位机使工件处于正确焊接位置后，再由机器人来焊接，再变位，再焊接，直到所有焊缝焊完为止。旋转-倾斜变位机＋焊接机器人工作站比较适合焊接那些需要变位的较小型工件，应用范围较为广泛，在汽车、家用电器等生产中常常采用这种方案的工作站，具体结构会因加工工件不同有差别。

图 4-7　回转工作台＋焊接机器人工作站　图 4-8　旋转-倾斜变位机＋焊接机器人工作站

(3) 翻转变位机＋焊接机器人工作站。

图 4-9 为翻转变位机＋焊接机器人工作站，在这类工作站的焊接作业中，工件需要翻转一定角度以满足机器人对工件正面、侧面和反面的焊接。翻转变位机由头座和尾座组成，一般头座转盘的旋转轴由伺服电机通过变速箱驱动，采用光电编码器反馈的闭环控制，可以任意调速和定位，适用于长工件的翻转变位。

(4) 龙门架＋焊接机器人工作站。

图 4-10 是龙门机架＋焊接机器人工作站中一种较为常见的组合形式。为了增加机器人的活动范围采用倒挂焊接机器人的形式，可以根据需要配备不同类型的龙门机架，图 4-10 中配备的是一台 3 轴龙门机架。龙门机架的结构要有足够的刚度，各轴都由伺服电机驱动，采用光电编码器反馈闭环控制，其重复定位精度必须要求达到与机器人相当的水平。龙门机架配备的变位机可以根据加工工件来选择，图 4-10 中就配备了一台翻转变位机。对于不要求机器人与变位机协调运动的工作站，机器人和龙门机架分别由两个控制柜控

图 4-9　翻转变位机＋焊接机器人工作站　　图 4-10　龙门架＋焊接机器人工作站

制，因此在编程时必须协调好龙门机架和机器人的运行速度。一般这种类型的工作站主要用来焊接中大型结构件的纵向长直焊缝。

(5) 轨道式焊接机器人工作站。

轨道式焊接机器人工作站的形式如图 4-11 所示，一般焊接机器人在滑轨上做往返移动增加了作业空间。这种类型的工作站主要焊接中大型构件，特别是纵向长焊缝、纵向间断焊缝、间断焊点等，变位机的选择是多种多样的，一般配备翻转变位机的居多。

图 4-11　轨道式焊接机器人工作站

3) 焊接机器人与辅助设备协同作业的工作站

这类工作站依据协调方式的不同，又可以分为非同步工作站和同步工作站。非同步工作站中，焊接机器人与辅助设备不同时运动，运动关系和轨迹规划内容比较简单，所能完成的任务也比较简单。对于一些复杂的作业任务，必须依靠机器人与辅助设备在作业过程中同步协调运动，共同完成作业任务，此时机器人与辅助设备的协调运动是同步工作站必须要解决的问题。焊接机器人与变位机协同工作可完成复杂焊缝的焊接，如图 4-1(a)所示。

二、点焊工业机器人

点焊机器人焊钳从用途上可分为 C 形和 X 形两种。C 形焊钳用于点焊垂直及近于垂直倾斜位置的焊点，X 形焊钳则主要用于点焊水平及近于水平倾斜位置的焊点。

从阻焊变压器与焊钳的结构关系上可将焊钳分为内藏式、分离式和一体式三种形式。

1. 内藏式焊钳

这种结构是将阻焊变压器安放到机器人手臂内，使其尽可能地接近钳体，变压器的二次电缆可以在内部移动，如图 4-12 所示。当采用这种形式的焊钳时，必须同机器人本体统一设计，如 Cartesian 机器人就采用这种结构形式。另外，极坐标或球面坐标的点焊机器人也可以采取这种结构。其优点是二次电缆较短，变压器的容量可以减小，但这会使

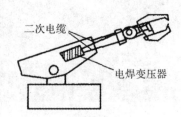

图 4-12　内藏式焊钳点焊机器人

机器人本体的设计变得复杂。

2. 分离式焊钳

分离式焊钳的特点是阻焊变压器与钳体相分离，钳体安装在机器人手臂上(见图 4-13)，而焊接变压器悬挂在机器人的上方，可在轨道上沿着机器人手腕移动的方向移动，二者之间用二次电缆相连。其优点是减小了机器人的负载，运动速度快，价格便宜。

分离式焊钳的主要缺点是需要大容量的焊接变压器，电力损耗较大，能源利用率低。此外，粗大的二次电缆在焊钳上引起的拉伸力和扭转力作用于机器人的手臂，限制了点焊工作区间与焊接位置的选择。分离式焊钳可采用普通的悬挂式焊钳及阻焊变压器，但二次电缆需要特殊制造，一般将两条导线做在一起，中间用绝缘层分开，每条导线还要做成空心，以便通水冷却。此外，电缆还要有一定的柔性。

3. 一体式焊钳

所谓一体式，就是将阻焊变压器和钳体安装在一起，然后共同固定在机器人手臂末端的法兰盘上，如图 4-14 所示。其主要优点是：省掉了粗大的二次电缆及悬挂变压器的工作架，直接将焊接变压器的输出端连到焊钳的上下机臂上，节省能量。例如，输出电流 12 000 A，分离式焊钳需 75 kV·A 的变压器，而一体式焊钳只需 25 kV·A 的变压器。

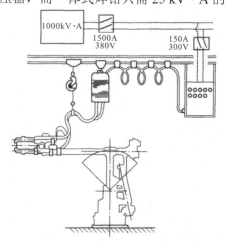
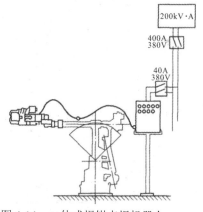

图 4-13 分离式焊钳点焊机器人　　图 4-14 一体式焊钳点焊机器人

一体式焊钳的缺点是焊钳重量显著增大，体积也变大，要求机器人本体的承载能力大于 60 kg。此外，焊钳重量在机器人活动手腕上产生惯性力易于引起过载，这就要求在设计时尽量减小焊钳重心与机器人手臂轴心线间的距离。

阻焊变压器的设计是一体式焊钳的主要问题。由于变压器被限制在焊钳的小空间里，外形尺寸及重量都必须比一般的小，二次线圈还要通水冷却。目前采用真空环氧浇铸工艺，已制造出了小型集成阻焊变压器，例如 30 kV·A 的变压器，体积为 325 mm × 135 mm × 125 mm，重量只有 18 kg。

笔记

任务实施

教师上网查询或自己制作多媒体。

一、涂胶装配

1. 运动规划

图 4-15 所示为机器人涂胶过程的运动规划。

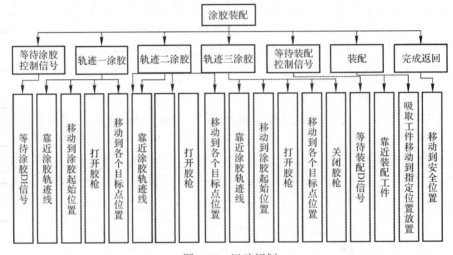

图 4-15　运动规划

2. 涂胶

机器人接收到涂胶信号时，移动到涂胶起始位置点，打开胶枪，沿着图 4-16 中的轨迹一(1—2—3—4—5)涂胶，然后依次完成轨迹二、轨迹三的涂胶任务，最后回到机械原点。

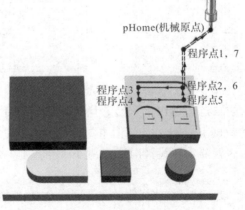

图 4-16　涂胶

3. 装配

机器人接收到装配信号时，移动到装配起始位置点，开启末端吸盘，分别把图 4-17 中的工件放置到对应的槽内，再把黑色的箱盖装配到箱体上，装配完成后机器人回到机械原点，完成装配任务。

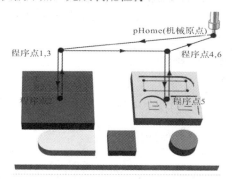

图 4-17　装配

4. 箱体表面涂装

对钢制箱体表面进行涂装作业，喷枪为高转速旋杯式自动静电涂装机，配合换色阀及涂料混合器完成旋杯打开、关闭动作。图 4-18 所示箱体表面涂装轨迹由 8 个程序点构成。涂装作业程序点说明见表 4-1，涂装流程如图 4-19 所示。

表 4-1　涂装作业程序点说明

程序点	说明	程序点	说明
程序点 1	机器人原点	程序点 5	涂装作业中间点
程序点 2	作业临近点	程序点 6	涂装作业结束点
程序点 3	涂装作业开始点	程序点 7	作业规避点
程序点 4	涂装作业中间点	程序点 8	机器人原点

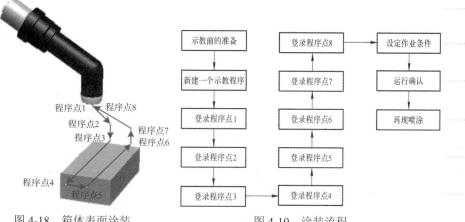

图 4-18　箱体表面涂装　　　　图 4-19　涂装流程

为达到工件涂层的质量要求，需要做到以下几点：

(1) 旋杯的轴线始终要在工件涂装工作面的法线方向。

(2) 旋杯端面到工件涂装工作面的距离要保持稳定，一般为 0.2 m 左右。

(3) 旋杯涂装轨迹要部分相互重叠(一般搭接 2/3～3/4 时较为理想)，并保持适当的间距。

(4) 涂装机器人应能迎上和跟踪工件传送装置上工件的运动。

(5) 在进行示教编程时，若前臂及手腕有外露的管线，应避免与工件接触。

5. 涂装机器人作业示教流程

1) 示教前的准备

示教前的准备工作包括工件表面清理、工件装夹、安全确认、机器人原点确认。

2) 新建作业程序

点按示教器的相关菜单或按钮，新建一个作业程序"Paint_sheet"。

3) 程序点输入(见表 4-2)

表 4-2　涂装作业示教

程序点	示 教 方 法
程序点 1 (机器人原点)	① 手动操纵将机器人移到原点。 ② 程序点插补方式选"PTP"。 ③ 确认保存程序点 1 为机器人原点
程序点 2 (作业临近点)	① 手动操纵将机器人移到作业临近点，调整喷枪姿态。 ② 程序点插补方式选"PTP"。 ③ 确认保存程序点 2 为作业临近点
程序点 3 (涂装作业开始点)	① 保持喷枪姿态不变，手动操纵将机器人移到涂装作业开始点。 ② 程序点插补方式选"直线插补"。 ③ 确认保存程序点 3 为作业开始点。 ④ 如有需要，手动插入涂装作业开始命令
程序点 4~5 (涂装作业中间点)	① 保持喷枪姿态不变，手动操纵将机器人依次移到各涂装作业中间点。 ② 将程序点插补方式选"直线插补"。 ③ 确认保存程序点 4~5 为作业中间点
程序点 6 (涂装作业结束点)	① 保持喷枪姿态不变，手动操纵将机器人移到涂装作业结束点。 ② 将程序点插补方式选"直线插补"。 ③ 确认保存程序点 6 为作业结束点。 ④ 如有需要，手动插入涂装作业结束命令
程序点 7 (作业规避点)	① 手动操纵将机器人移到作业规避点。 ② 将程序点插补方式选"PTP"。 ③ 确认保存程序点 7 为作业规避点
程序点 8 (机器人原点)	① 手动操纵将机器人移到原点。 ② 程序点插补方式选"PTP"。 ③ 确认保存程序点 8 为机器人原点

4) 设定作业条件

(1) 设定涂装条件。涂装条件的设定主要包括涂装流量、雾化气压、喷幅(调扇幅)气压、静电电压以及颜色设置等，主要条件设定参考值见表4-3。

表4-3　涂装条件设定参考值

工艺条件	搭接宽度	喷幅/mm	枪速 /mm·s^{-1}	吐出量 /mL·min^{-1}	旋杯 /kr·min^{-1}	$U_{静电}$ /kV	空气压力 /MPa
参考值	2/3～3/4	300～400	600～800	0～500	20～40	60～90	0.15

(2) 添加涂装次序指令。在涂装开始、结束点(或各路径的开始、结束点)手动添加涂装次序指令，控制喷枪的开关。

5) 检查试运行

(1) 打开要测试的程序文件。

(2) 移动光标到程序开头。

(3) 持续按住示教器上的有关跟踪功能键，实现机器人的单步或连续运转。

6) 再现涂装

(1) 打开要再现的作业程序，移动光标到程序开头。

(2) 切换【模式】旋钮至"再现/自动"状态。

(3) 按下示教器上的【伺服 ON】按钮，接通伺服电源。

(4) 按下【启动】按钮，机器人开始再现涂装。

二、点焊

点焊通常用于板材焊接。焊接限于一个或几个点上，将工件互相重叠。图 4-20 为一个点焊任务实例，本例规划了 8 个程序点，将整个焊缝分为五段进行焊接，每个程序点的用途见表 4-4。

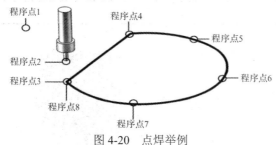

图 4-20　点焊举例

表 4-4　程　序　点

程序点	说明	程序点	说明
程序点 1	Home 点	程序点 5	焊接中间点
程序点 2	焊接开始临近点	程序点 6	焊接中间点
程序点 3	焊接开始点	程序点 7	焊接中间点
程序点 4	焊接中间点	程序点 8	焊接结束点

✎ 笔记

1. TCP 确定

对点焊机器人而言，TCP 一般设在焊钳开口的中点处，且要求焊钳两电极垂直于待焊工件表面，如图 4-21 所示。

(a) 工具中心点设定   (b) 焊接作业姿态

图 4-21   TCP 与姿态

以图 4-22 工件焊接为例，采用在线示教方式为机器人输入两块薄板(板厚 2 mm)的点焊作业程序。此程序由编号 1～5 的 5 个程序点组成。本例中使用的焊钳为气动焊钳，通过气缸来实现焊钳的大开、小开和闭合三种动作。程序点说明见表 4-5，作业示教流程如图 4-23 所示。

表 4-5   程序点说明

程序点	说　明	焊钳动作
程序点 1	机器人原点	
程序点 2	作业临近点	大开→小开
程序点 3	作业开始点	小开→闭合
程序点 4	作业临近点	闭合→小开
程序点 5	机器人原点	小开→大开

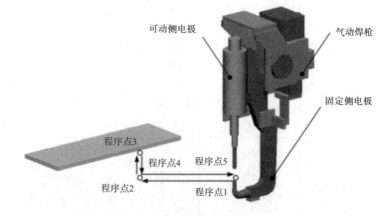

(注：为提高工作效率，通常将程序点5和程序点1设在同一位置)

图 4-22   点焊机器人运动轨迹

✎ **笔记**

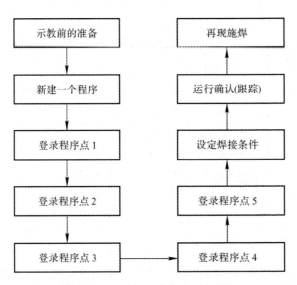

图 4-23　点焊机器人作业示教流程

2. 操作

1) 示教前的准备

示教前的准备工作包括工件表面清理、工件装夹、安全确认、机器人原点确认。

2) 新建作业程序

点按示教器的相关菜单或按钮，新建一个作业程序"Spot_sheet"。

3) 程序点的登录

手动操纵将机器人分别移动到程序点 1 至程序点 5 位置。处于待机位置的程序点 1 和程序点 5 要处于与工件、夹具互不干涉的位置。另外，机器人末端工具在各程序点间移动时，也要处于与工件、夹具互不干涉的位置。点焊作业示教程序点输入方法如表 4-6 所示。

表 4-6　点焊作业示教

程序点	示　教　方　法
程序点 1 (机器人原点)	① 手动操纵将机器人移到原点。 ② 将程序点属性设定为"空走点"，插补方式选"PTP"。 ③ 确认保存程序点 1 为机器人原点
程序点 2 (作业临近点)	① 手动操纵将机器人移到作业临近点，调整焊钳姿态。 ② 将程序点属性设定为"空走点"，插补方式选"PTP"。 ③ 确认保存程序点 2 为作业临近点
程序点 3 (作业开始点)	① 保持焊钳姿态不变，手动操纵将机器人移到点焊作业开始点。 ② 将程序点属性设定为"作业点/焊接点"，插补方式选"PTP"。 ③ 确认保存程序点 3 为作业开始点。 ④ 如有需要，手动插入点焊作业命令

✎ 笔记

程序点	示 教 方 法
程序点4 (作业临近点)	① 手动操纵将机器人移到作业临近点。 ② 将程序点属性设定为"空走点",插补方式选"PTP"。 ③ 确认保存程序点4为作业临近点
程序点5 (机器人原点)	① 手动操纵将机器人移到原点。 ② 将程序点属性设定为"空走点",插补方式选"PTP"。 ③ 确认保存程序点5为机器人原点

注意:对于程序点4和程序点5的示教,利用便利的文件编辑功能(逆序粘贴),可快速完成前行路线的拷贝。

4) 设定作业条件

(1) 设定焊钳条件。焊钳条件的设定主要包括焊钳号、焊钳类型、焊钳状态等。

(2) 设定焊接条件。如表 4-7 所示,焊接条件包括点焊时的焊接电源和焊接时间,需在焊机上设定。

表 4-7   点焊作业条件设定

板厚/mm	大电流—短时间			小电流—长时间		
	时间/周期	压力/kgf	电流/A	时间/周期	压力/kgf	电流/A
1.0	10	225	8800	36	75	5600
2.0	20	470	13 000	64	150	8000
3.0	32	820	17 400	105	260	10 000

5) 检查试运行

为确认示教的轨迹,需测试运行(跟踪)一下程序。跟踪时,因不执行具体作业命令,所以能进行空运行。

(1) 打开要测试的程序文件。

(2) 移动光标至期望跟踪程序点所在命令行。

(3) 持续按住示教器上的相关跟踪功能键,实现机器人的单步或连续运转。

6) 再现施焊

轨迹经测试无误后,将【模式】旋钮对准"再现/自动"位置,开始进行实际焊接。在确认机器人的运行范围内没有其他人员或障碍物后,接通保护气体,采用手动或自动方式实现自动点焊作业。

(1) 打开要再现的作业程序,移动光标到程序开头。

(2) 切换【模式】旋钮至"再现/自动"状态。

(3) 按下示教器上的【伺服 ON】按钮,接通伺服电源。

(4) 按下【启动】按钮,机器人开始运行。

三、弧焊

以图 4-24 所示焊接工件为例，采用在线示教方式为机器人输入 AB、CD 两段弧焊作业程序，加强对直线、圆弧的示教。程序点说明见表 4-8，作业示教流程如图 4-25 所示。

工匠精神

劳动者素质对一个国家、一个民族的发展至关重要。劳动者的知识和才能积累越多，创造的能力就越大。

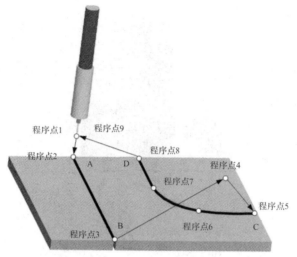

(注：为提高工作效率，通常将程序点9和程序点1设在同一位置)

图 4-24 弧焊机器人运动轨迹

表 4-8 程序点说明

程序点	说 明	程序点	说 明	程序点	说 明
程序点 1	作业临近点	程序点 4	作业过渡点	程序点 7	焊接中间点
程序点 2	焊接开始点	程序点 5	焊接开始点	程序点 8	焊接结束点
程序点 3	焊接结束点	程序点 6	焊接中间点	程序点 9	作业临近点

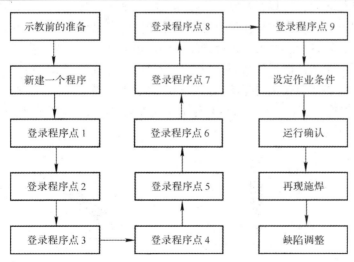

图 4-25 作业示教流程

✎ **笔记**

1. TCP 确定

同点焊机器人 TCP 设置有所不同，弧焊机器人 TCP 一般设置在焊枪尖头，而激光焊接机器人 TCP 设置在激光焦点上，如图 4-26 所示。实际作业时，需根据作业位置和板厚调整焊枪角度。以平(角)焊为例，主要采用前倾角焊(前进焊)和后倾角焊(后退焊)两种方式，如图 4-27 所示。

工具中心点在焊枪尖头

图 4-26　弧焊机器人工具中心点

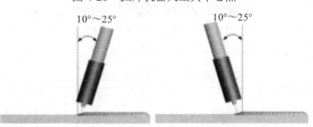

(a) 前倾角焊　　　　　　　　(b) 后倾角焊

图 4-27　前倾角焊和后倾角焊

板厚相同的话，焊枪角度基本上为 10°～25°，焊枪立得太直或太倾斜的都难以产生熔深。前倾角焊接时，焊枪指向待焊部位，焊枪在焊丝后面移动，因电弧具有预热效果，焊接速度较快、熔深浅、焊道宽，所以一般薄板的焊接采用此法；而后倾角焊接时，焊枪指向已完成的焊缝，焊枪在焊丝前面移动，能够获得较大的熔深，焊道窄，通常用于厚板的焊接。在板对板的连接中，焊枪与坡口垂直。对于对称的平角焊而言，焊枪要与拐角成 45°角，如图 4-28 所示。

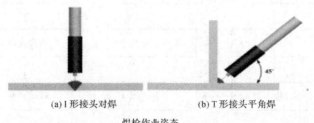

(a) I 形接头对焊　　　　　　　(b) T 形接头平角焊

焊枪作业姿态

图 4-28　焊枪作业姿态

2. 操作

1) 示教前的准备

示教前的准备工作包括工件表面清理、工件装夹、安全确认、机器人原点确认。

2) 新建作业程序

点按示教器的相关菜单或按钮，新建一个作业程序"Arc_sheet"。

3) 程序点的登录

表 4-9 所示为弧焊作业示教程序点输入方法，作业位置附近的程序点 1 和程序点 9 要处于与工件、夹具互不干涉的位置。

表 4-9 弧焊作业示教

程序点	示 教 方 法
程序点 1 (作业临近点)	① 手动操纵将机器人移到作业临近点，调整焊枪姿态。 ② 将程序点属性设为"空走点"，插补方式选"直线插补"。 ③ 确认保存程序点 1 为作业临近点
程序点 2 (焊接开始点)	① 保持焊枪姿态不变，移动机器人到直线作业开始点。 ② 将程序点属性设为"焊接点"，插补方式选"直线插补"。 ③ 确认保存程序点 2 为直线焊接开始点。 ④ 如有需要，手动插入弧焊作业命令
程序点 3 (焊接结束点)	① 保持焊枪姿态不变，移动机器人到直线作业结束点。 ② 将程序点属性设为"空走点"，插补方式选"直线插补"。 ③ 确认保存程序点 3 为直线焊接结束点
程序点 4 (作业过渡点)	① 保持焊枪姿态不变，移动机器人到作业过渡点。 ② 将程序点属性设为"空走点"，插补方式选"PTP"。 ③ 确认保存程序点 4 为作业过渡点
程序点 5 (焊接开始点)	① 保持焊枪姿态不变，移动机器人到圆弧作业开始点。 ② 将程序点属性设为"焊接点"，插补方式选"圆弧插补"。 ③ 确认保存程序点 5 为圆弧焊接开始点
程序点 6 (焊接中间点)	① 保持焊枪姿态不变，移动机器人到圆弧作业中间点。 ② 将程序点属性设为"焊接点"，插补方式选"圆弧插补"。 ③ 确认保存程序点 6 为圆弧焊接中间点
程序点 7 (焊接中间点)	① 保持焊枪姿态不变，移动机器人到圆弧作业中间点。 ② 将程序点属性设为"焊接点"，插补方式选"圆弧插补"。 ③ 确认保存程序点 7 为圆弧焊接中间点
程序点 8 (焊接结束点)	① 保持焊枪姿态不变，移动机器人到直线作业结束点。 ② 将程序点属性设为"空走点"，插补方式选"直线插补"。 ③ 确认保存程序点 8 为直线焊接结束点
程序点 9 (作业临近点)	① 保持焊枪姿态不变，移动机器人到作业临近点。 ② 将程序点属性设为"空走点"，插补方式选"PTP"。 ③ 确认保存程序点 9 为作业临近点

任务扩展

一般轨迹类工作站的周边设备

一、清枪装置

机器人在施焊过程中焊钳的电极头的氧化磨损、焊枪喷嘴内外残留的焊渣以及焊丝干伸长度的变化等势必影响到产品的焊接质量及其稳定性。常见清枪装置有焊钳电极修磨机(点焊)和焊枪自动清枪站(弧焊)，如图4-29所示。

(a) 焊钳电极修磨机　　　　　　(b) 焊枪自动清枪站

图4-29　焊接机器人清枪装置

1. 焊钳电极修磨机

为点焊机器人配备自动电极修磨机，可自动完成电极头工作面氧化磨损后的修磨，提高生产线节拍。

2. 焊枪自动清枪站

如图4-30所示，焊枪自动清枪站主要包括焊枪清洗机、喷硅油/防飞溅装置和焊丝剪断装置。焊枪清洗机的主要功能是清除喷嘴内表面的飞溅物，以保证保护气体的通畅；喷硅油/防飞溅装置喷出的防溅液可以减少焊渣的附着，降低维护的次数；焊丝剪断装置主要用于利用焊丝进行起始点检测的场合，以保证焊丝的干伸长度一定，提高检出的精度和起弧的性能。焊丝剪断装置的结构如图4-31所示。表4-10为清枪动作程序点说明。

清枪

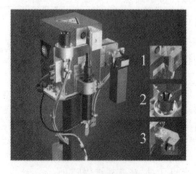

图4-30　焊枪自动清枪站

1—焊枪清洗机；
2—喷硅油/防飞溅装置；
3—焊丝剪断装置

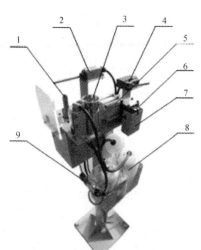

1—清渣头；

2—清渣电机开关；

3—喷雾头；

4—剪丝气缸开关；

5—剪丝气缸；

6—剪丝刀；

7—剪丝收集盒；

8—润滑油瓶；

9—电磁阀

图 4-31　焊丝剪断装置

表 4-10　清枪动作程序点说明

程序点	说　明	程序点	说　明	程序点	说　明
程序点 1	移向剪丝位置	程序点 6	移向清枪位置	程序点 11	喷油前一点
程序点 2	剪丝前一点	程序点 7	清枪前一点	程序点 12	喷油位置
程序点 3	剪丝位置	程序点 8	清枪位置	程序点 13	喷油前一点
程序点 4	剪丝前一点	程序点 9	清枪前一点	程序点 14	焊枪抬起
程序点 5	焊枪抬起	程序点 10	焊枪抬起	程序点 15	回到原点位置

二、喷枪清理装置

为了防止涂装作业中污物堵塞喷枪气路，亦适应不同工件涂装时颜色不同，需要对喷枪进行清理。常用喷枪清理设备如图 4-32 所示。清洗装置在对喷枪清理时一般需经过四个步骤：空气自动冲洗、自动清洗、自动溶剂冲洗、自动通风排气，其编程需要 5～7 个程序点。程序点说明见表 4-11。

图 4-32　Uni-ram UG4000 自动喷枪清理机

✍ 笔记

表 4-11　喷枪动作程序点说明

程序点	说　明	程序点	说　明	程序点	说　明
程序点 1	移向清枪位置	程序点 3	清枪位置	程序点 5	移出清枪位置
程序点 2	清枪前一点	程序点 4	喷枪抬起		

🎥 任务巩固

一、填空题：

1. 常用的弧焊工业机器人本体有_____轴、四轴、_____轴、六轴工业机器人。

2. 点焊机器人焊钳从用途上可分为_____形和_____形两种。

3. C 形焊钳用于点焊_____的焊缝，X 形焊钳则主要用于点焊_____的焊缝。

4. 从阻焊变压器与焊钳的结构关系上可将焊钳分为内藏式、_____式和_____三种形式。

5. 分离式焊钳的特点是_____与_____相分离。

二、判断题：

（　　）1. 弧焊工业机器人本体必须是六轴工业机器人。

（　　）2. 内藏式焊钳是将阻焊变压器安放到机器人手臂内。

（　　）3. 一体式焊钳就是将钳身和钳体安装在一起。

三、应用题：

1. 写出图 4-33 所示直线焊接示教作业程序。

参考答案

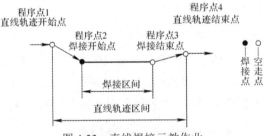

图 4-33　直线焊接示教作业

2. 写出图 4-34 所示圆弧焊接示教作业程序。

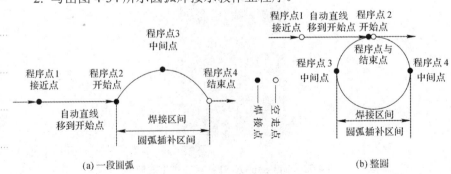

(a) 一段圆弧　　　　　　　　　　　　　(b) 整圆

图 4-34　圆弧焊接示教作业

3. 写出图 4-35 所示连续圆弧焊接示教作业程序。

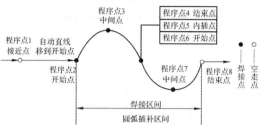

图 4-35　连续圆弧焊接示教作业

任务二　弧焊工作站的现场编程

📹 任务导入

图 4-36 是常见的焊接零件图样，一般采用手工焊接。为了提高其质量和效率，应用弧焊工业机器人来施工的情况也在日趋增加。

课程思政

不忘初心、牢记使命，必须发扬斗争精神，勇于担当作为。

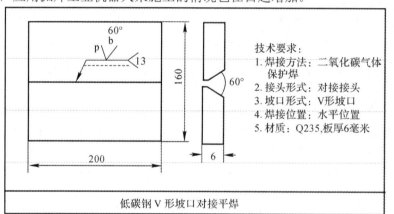

技术要求：
1. 焊接方法：二氧化碳气体保护焊
2. 接头形式：对接接头
3. 坡口形式：V 形坡口
4. 焊接位置：水平位置
5. 材质：Q235，板厚6毫米

低碳钢 V 形坡口对接平焊

图 4-36　工件施焊示意图

📹 任务目标

知 识 目 标	能 力 目 标
1. 掌握运动触发指令的应用方式 2. 掌握常用弧焊指令的应用方法 3. 掌握运动监控的操作方法 4. 掌握ABB 机器人多任务使用方法 5. 掌握焊枪清理程序的编制方法	1. 能够根据工作任务要求，使用多任务方式编写机器人程序 2. 能够根据工作任务要求，编制弧焊工业机器人的应用程序 3. 能进行区域检测(World Zones)I/O 信号设定 4. 能进行 ABB 弧焊机器人轨迹示教操作 5. 能进行多工位预约程序的编制

笔记

📹 **任务准备**

教师讲解

一、运动触发指令

1. 触发输出信号 TriggIO

1) 书写格式

TriggIO TriggDate, Distance [\Start][\Time][\Dop][\Gop][\Aop][\ProcID], SetValue, [\DODelay];

TriggDate：触发变量名称(triggdate)。

Distance：触发距离，单位为 mm(num)。

[\Start]：触发起始开关(switch)。

[\Time]：触发时间开关(switch)。

[\Dop]：触发数字输出(signaldo)。

[\Gop]：触发组合输出(signalgo)。

[\Aop]：触发模拟输出(signalao)。

[\ProcID]：过程处理触发(num)。

SetValue：相应信号值(num)。

[\DODelay]：数字输出延迟(num)。

2) 应用

机器人可以在运动时通过触发指令精确地输出相应信号，当前指令用于定义触发性质，此指令必须与其他触发指令 TriggJ、TriggL 或 TriggC 同时使用才有意义，与机器人指令 TriggEquip 比较，触发指令多了时间控制功能，少了外部设备触发延迟功能，通常用于喷涂、涂胶等行业。参变量[\Start]表示以运动起始点为触发基准点，默认为运动终止点。参变量[\Time]表示以时间来控制触发，允许最大时间为 0.5 s。正常情况下用户无法自行使用参变量[\ProcID]，此参变量用于 IPM 过程处理。

指令 TriggIO 的应用如图 4-37 和图 4-38 所示。

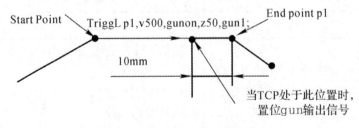

图 4-37   TriggIO 的应用 1

图 4-37 对应的程序如下：

```
VAR triggdate gunon;

TriggIO gunon, 10\Dop := gun,1;
```

TriggL p1, v500, gunon, z50, gun1;

图 4-38 对应的程序如下：

VAR triggdate gunon;

TriggIO gunon, 0\Start\Dop := gun,1;

MoveJ p1, v500, z50, gun1;

TriggL p2, v500, gunon, z50, gun1;

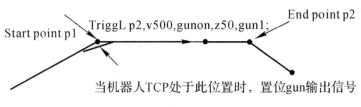

图 4-38　TriggIO 的应用 2

3) 限制

(1) 该指令使用参变量[\Time]可以提高信号输出精度，此参变量以目标点为基准，使用固定的目标点 fine 比转角 zone 精度高，一般情况下此参变量采用固定目标点。

(2) 参变量[\Time]设置的时间应小于机器人开始减速时间(最大 0.5 s)，不同的工业机器人设置的时间是有差异的，例如，运行速度为 500 mm/s 时，IRB2400 机器人可设置为 150 ms，IRB6400 机器人可设置为 250 ms。在设置时间超过减速时间的情况下，实际控制时间会缩短，但不会影响正常的运行。

2. 触发中断程序 TriggInt

1) 书写格式

TriggInt TriggDate, Distance　[\Start][\Time], Interrupt;

TriggDate：触发变量名称(triggdate)。

Distance：触发距离，单位为 mm(num)。

[\Start]：触发起始开关(switch)。

[\Time]：触发时间开关(switch)。

Interrupt：触发中断名称(intnum)。

2) 应用

机器人可以在运动时通过触发指令精确地进入中断处理，该指令用于定义触发性质，必须与其他触发指令 TriggJ、TriggL 或 TriggC 同时使用才有意义，通常用于喷涂、涂胶等行业。参变量[\Start]表示以运动起始点为触发基准点，默认为运动终止点。参变量[\Time]表示以时间来控制触发，允许最大时间为 0.5 s。

3) 限制

(1) 正常情况下，该指令从触发中断到得到响应有 5～120 ms 的延迟，用指令 TriggIO 或 TriggEquip 控制信号输出效果更佳。

(2) 使用参变量[\Time]可以提高中断触发精度，此参变量以目标点为基

笔记

准，使用固定的目标点 fine 比转角 zone 精度高、一般情况下，此参变量采用固定目标点。

(3) 参变量[\Time]设置的时间应小于机器人开始减速时间(最大 0.5 s)，不同的工业机器人设置的时间是有差异的，例如，运行速度为 500 mm/s 时，IRB2400 机器人可设置为 150 ms，IRB6400 机器人可设置为 250 ms。在设置时间超过减速时间的情况下，实际控制时间会缩短，但不会影响正常的运行。

指令 TriggInt 的应用如图 4-39 所示。

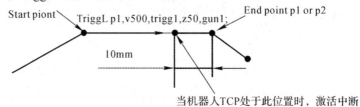

图 4-39   TriggInt 的应用

图 4-39 对应的程序如下：

```
VAR intnum intno1;
VAR triggdate Trigg1;
CONNECT intno1 WITH trap1;
TriggInt trigg1, 5, intno1;
TriggL p1, v500, trigg1, z50, gun1;
TriggL p2, v500, gunon, z50, gun1;
Idelete intno1;
```

3. 指定位置触发指令 TriggEquip

1) 书写格式

TriggEquip TriggDate, Distance [\Start], EquipLag, [\Dop][\Gop] [\Aop][\ProcID], SetValue, [\Inhib];

TriggDate：触发变量名称(triggdate)。

Distance：触发距离，单位为 mm(num)。

[\Start]：触发起始开关(switch)。

EquipLag：触发延迟补偿(num)。

[\Dop]：触发数字输出(signaldo)。

[\Gop]：触发组合输出 (signalgo)。

[\Aop]：触发模拟输出(signalao)。

[\ProcID]：过程处理触发(num)。

SetValue：相应信号值(num)。

[\Inhib]：信号抑制数据(bool)。

2) 应用

机器人可以在运动时通过触发指令精确地输出相应信号，该指令用于定义触发性质，且它必须与其他触发指令 TriggJ、TriggL 或 TriggC 同时使用才有意义。同机器人指令 TriggIO 比较，该指令多了外部设备触发延迟功能，少了时间控制功能，通常用于喷涂、涂胶等行业。

参变量[\Start]表示以运动起始点为触发基准点，End point 默认为运动终止点。参变量[\ProcID]正常情况下用户无法自行使用，它用于 IPM 过程处理。当参变量[\Inhib]值为 TRUE 时，在触发点所有输出信号(AO，GO，DO)将被置为 0。参变量[\Start]的应用如图 4-40 所示。

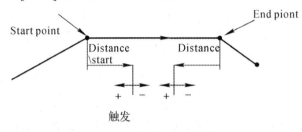

图 4-40　参变量[\Start]的应用

指令 TriggEquip 的应用如图 4-41 所示。

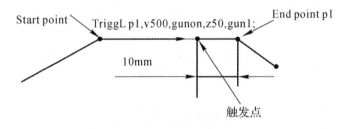

图 4-41　TriggEquip 的应用

图 4-41 对应的程序如下：

```
VAR triggdate gunon;
TriggEquip gunon, 10, 0.1\Dop := gun,1;
TriggL p1, v500, gunon, z50, gun1;
```

3) 限制

(1) 该指令通过触发延迟可以提高信号输出精度，设置的时间应小于机器人开始减速的时间(最大 0.5 s)，不同的工业机器人设置的时间是有差异的，例如，运行速度为 500 mm/s 时，IRB2400 机器人可设置为 150 ms，IRB6400 机器人可设置为 250 ms。在设置时间超过减速时间的情况下，实际时间会缩短，但不会影响正常的运行。

(2) 触发延迟 EquipLag 的值应小于系统参数 Event Preset Time 配置值，默认为 60 ms。

(3) 如果触发延迟 EquipLag 的值大于系统参数 Event Preset Time 配置值，需要使用指令 SingArea\Wrist。

4. 触发关节运动 TriggJ

1) 书写格式

TriggJ [\Conc] ToPoint speed [\T] Trigg_1[\T2][\T3][\T4] Zone　Tool [\Wobj];

Trigg_1：触发变量名称(triggdate)。

[\T2]：触发变量名称(triggdate)。

[\T3]：触发变量名称(triggdate)。

[\T4]：触发变量名称(triggdate)。

2) 应用

机器人可以在运动时通过该触发指令在确定的位置输出某个信号或触发某个中断，同时机器人进行一个圆滑的过渡路径；本指令与 TriggIO、TriggInt、TriggEquip 等指令联合使用才有意义，总共可定义 4 个触发事件。

3) 限制

(1) 该指令通过触发延迟可以提高信号输出精度，设置的时间应小于机器人开始减速的时间(最大 0.5 s)，不同的工业机器人设置的时间是有差异的，例如，运行速度为 500 mm/s 时，IRB2400 机器人可设置为 150 ms，IRB6400 机器人可设置为 250 ms。在设置时间超过减速时间的情况下，实际运行时间会缩短，但不会影响正常的运行。

(2) 触发延迟 EquipLag 的值应小于系统参数 Event Preset Time 配置值，默认为 60 ms。

(3) 如果触发延迟 EquipLag 的值大于系统参数 Event Preset Time 配置值，需要使用指令 SingArea\Wrist。

二、区域检测(World Zones)的 I/O 信号设定

World Zones 选项用于设定一个空间直接与 I/O 信号关联起来。可限制机器人的活动空间，否则机器人的 I/O 信号马上变化并进行互锁(可由 PLC 编程实现)。

World Zones 用于控制机器人在进入一个指定区域后停止或输出一个信号。此功能可用于两个工业机器人协同运动时设定保护区域；也可用于设置压铸机开合模区域等方面。当工业机器人进入指定区域时，给辅助设备输出信号。World Zones 的形状有矩形、圆柱形、关节位置型，可以定义长方体两角点的位置来确定进行监控的区域。

使用 World Zones 选项时，要关联一个数字输出信号，该信号设定时需在一般的设定基础上增加参数级别选项：

(1) All：最高存储级别，自动状态下可修改。

(2) Default：系统默认级别，一般情况下使用。

(3) ReadOnly：只读，在某些特定的情况下使用。

在 World Zones 功能选项中，当机器人进入区域时输出的这个 I/O 信号为自动设置的信号，不允许人为干预，所以需要将此数字输出信号的存储级别设定为 ReadOnly。

1. 与 World Zones 有关的程序数据

在使用 World Zones 选项时，除了常用的程序数据外，还会用到表 4-12

所示的程序数据。

表 4-12　与 World Zones 有关的程序数据

程序数据名称	程序数据注释
Pos	位置数据，不包含姿态
ShapeData	形状数据，用来表示区域的形状
Wzstationary	固定的区域参数
wztemporary	临时的区域参数

2. 与 World Zoes 有关的程序数据

1) WZBoxDef(矩形体区域检测设定指令)

WZBoxDef 用于大地坐标系下设定矩形体的区域检测，设定时需要定义该虚拟矩形体的两个对角点，如图 4-42 所示。

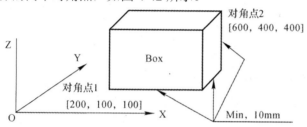

图 4-42　矩形体区域检测设定

指令示例如下：

```
VAR shapedata volume;
    CONST pos corner1 := [200, 100, 100];
    CONST pos corner2 := [600, 400, 400];
    ...
WZBoxDef \Inside, volume, corner1, corner2;
```

指令说明见表 4-13。

表 4-13　WZBoxDef 指令说明

指令变量名称	说　　明
[\Inside]	矩形体内部值有效
[\Outside]	矩形体外部值有效，二者必选其一
Shape	形状参数
LowPoint	对角点之一
HighPoint	对角点之一

2) WZCylDef(圆柱体区域检测设定指令)

WZCylDef 用于在大地坐标系下设定圆柱体的区域检测，设定时需要定义该虚拟圆柱体的底面圆心、圆柱体高度、圆柱体半径三个参数。示例如图 4-43 所示。

笔记

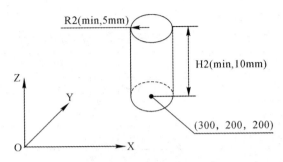

图 4-43　圆柱体区域检测设定

指令示例如下：

```
VAR shapedata volume;
CONST pos C2 := [300, 200, 200];
CONST num R2 := 100;
CONST num H2 := 200;
…
WZCylDef\Inside, volume, C2, R2, H2;
```

指令说明见表 4-14。

表 4-14　WZCylDef 指令说明

指令变量名称	说　　明
[\Inside]	圆柱体内部值有效
[\Outside]	圆柱体外部值有效，二者必选其一
Shape	形状参数
CenterPoint	底面圆心位置
Radius	圆柱体半径
Height	圆柱体高度

3) WZEnable(激活临时区域检测指令)

WZEnable 指令用以激活临时区域检测。指令示例如下：

```
VAR wztemporary wzone;
…
PROC…
        WZLimSup\Temp, wzone, volume;
        MoveL p pick, v500, z40, tool1;
        WZDisable wzone;
        MoveL p place, v200, z30, tool1;
        WZEnable wzone;
        MoveL p home, v200, z30, tool1;
ENDPROC
```

4) WZDisable：激活临时区域检测指令

✍ 笔记

WZDisable 指令用以使临时区域检测失效。指令示例如下：

 VAR wztemporary wzone;

 …

 PROC…

  WZLimSup\Temp, wzone, volume;

  MoveL p pick, v500, z40, tool1;

  WZDisable wzone;

  MoveL p place, v200, z30, tool1;

 ENDPROC

注意：只有临时区域才能使用 WZEnable 指令激活。

5) WZDOSet(区域检测激活输出信号指令)

WZDOSet 用于区域检测被激活时输出设定的数字输出信号。当该指令被执行一次后，机器人的工具中心点(TCP)接触到设定区域检测的边界时，设定好的输出信号将输出一个特定的值。

指令示例如下：

 WZDOSet \Temp,service\Inside, volume, do_service, 1;

指令说明见表4-15。

表4-15　WZDOSet 指令说明

指令变量名称	说　　明
[\Temp]	开关量，设定为临时的区域检测
[\Stat]	开关量，设定为固定的区域检测，二者选其一
World Zone	wztemporary 或 wzstationary
[\Inside]	开关量，当 TCP 进入设定区域时输出信号
[\Before]	开关量，当 TCP 或指定轴无限接近设定区域时输出信号，二者选其一
Shape	形状参数
Signal	输出信号名称
SetValue	输出信号设定值

带领学生到工业机器人旁边进行介绍，但应注意安全。

一体化教学

3. World Zones 区域监控功能的使用

1) 步骤

World Zones 监控的是当前 TCP 的坐标值，监控的坐标区域是基于当前使用的工件坐标 WOBJ 和工具坐标 TOOLDATA 的。一定要使用 Event Routine

📝 笔记

的 POWER_ON 在启动系统时运行一次，就会开始自动监控了。World Zones 操作步骤见表 4-16。

表 4-16　World Zones 操作步骤

步　骤	图　　示
1. 使用 World Zones 必须添加 World Zones 的选项：608-1World Zones。 在"ABB"→"系统信息"→"系统属性"→"控制模块"→"选项"中查看是否有 World Zones 的选项	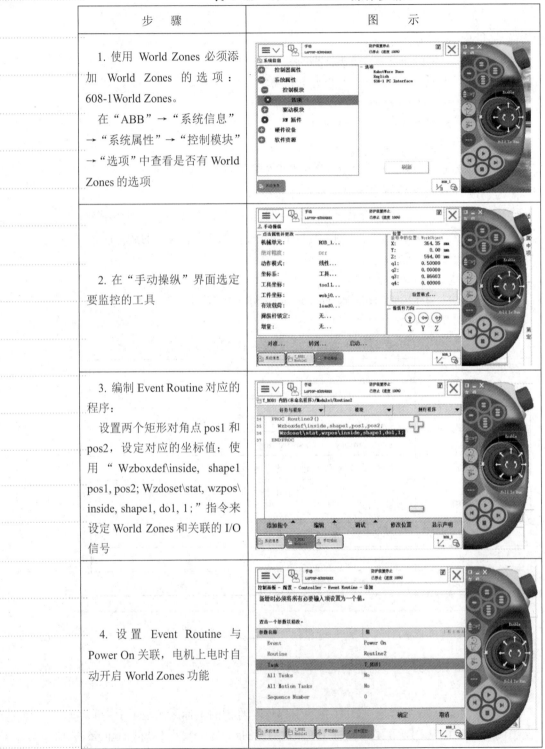
2. 在"手动操纵"界面选定要监控的工具	
3. 编制 Event Routine 对应的程序： 设置两个矩形对角点 pos1 和 pos2，设定对应的坐标值；使用" Wzboxdef\inside, shape1 pos1, pos2; Wzdoset\stat, wzpos\inside, shape1, do1, 1；"指令来设定 World Zones 和关联的 I/O 信号	
4. 设置 Event Routine 与 Power On 关联，电机上电时自动开启 World Zones 功能	

2) 应用 World Zones 创建 Home 输出信号

(1) 选择 608-1 World Zones 功能，如图 4-44 所示。

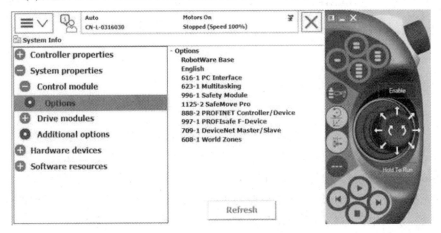

图 4-44　World Zones 功能

(2) 创建 routine，例如 power_on，进行相关设置，如图 4-45 所示。

图 4-45　创建 routine

(3) 插入定义 worldzoneHome 位指令 WZHomeJointDef，如图 4-46 和图 4-47 所示。

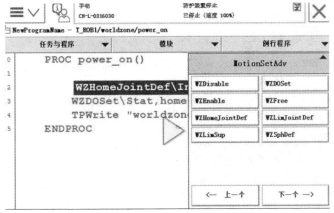

图 4-46　插入 WZHomeJointDef

图 4-47　定义 worldzoneHome

图 4-47 中\Inside 表示监控机器人各轴在这个范围内，joint_space 为 shapedata，即机器人会把后续 Home 点和误差构成的范围存入该数据。图 4-47 中光标位置为 Home 位，数据类型为 JointTarget，光标后的参数为每个轴的允许误差，例如 2，2，2，2，2，2 表示各轴允许基于 Home 位各轴 ±2° 的误差。

(4) 插入 WZDOSet 指令，设置对应 DO 输出，如图 4-48 所示。其中 do_home 为设置的对应输出信号，1 表示需要输出的信号值为 1。如果机器人在 Home 区间内，输出 1，否则输出 0。

图 4-48　插入 WZDOSet

(5) 在控制面板选择"配置"→"I/O"→"Signal"，把 do_home 的 Access Level 设为 ReadOnly(只读)，如图 4-49 所示。

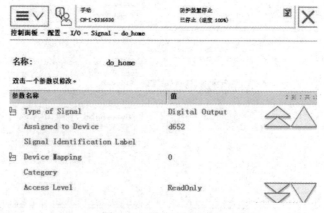

图 4-49　设为 ReadOnly

(6) 以上的设置语句仅需在开机时自动运行一次即可。在控制面板选择 ✍ 笔记
"配置"→"主题"→"Controller",设置 Event Routine,其中 Power On 为
开机事件,Routine 的 power_on 为设置 World Zones 的程序,如图 4-50 所示。

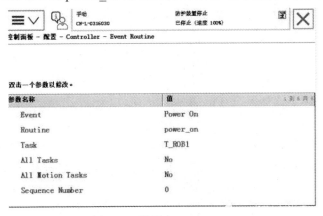

图 4-50 设置 Event Routine

(7) 重启机器人。

(8) 如果机器人在 Home 位,do_home 输出为 1,否则为 0,如图 4-51
所示。

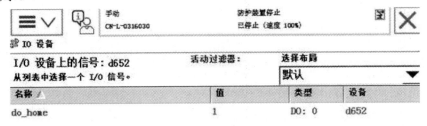

图 4-51 机器人在 Home 位

三、弧焊指令

目前,工业机器人各品牌都有相应的专业软件提供功能强大的弧焊指
令,比如 ABB 的 RobotWare-Arc,KUKA 的 KUKA.ArcTech、KUKA.LaserTech、
KUKA.SeamTech、KUKA TouchSense,以及 FANUC 的 Arc Tool Softwar 等,
可快速地将熔焊(电弧焊和激光焊)投入运行和编制焊接程序,并具有接触传
感、焊缝跟踪等功能,其焊接开始与结束指令见表 4-17。现以 ABB 焊接工
业机器人指令为例介绍之。

表 4-17 4 个品牌工业机器人的焊接开始与结束指令

类别	弧焊作业命令			
	ABB	FANUC	YASKAWA	KUKA
焊接开始	ArcLStart/ArcCStart	Arc Start	ARCON	ARC_ON
焊接结束	ArcLEnd/ArcCEnd	Arc End	ARCOF	ARC_OFF

笔记

1. ABB 焊接机器人运动指令

弧焊指令的基本功能与普通 Move 指令一样，可实现运动及定位，主要包括 ArcL、ArcC、sm(seam)，wd(weld)，Wv(weave)。任何焊接程序都必须以 ArcLStart 或者 ArcCStart 开始，通常运用 ArcLStart 作为起始语句；任何焊接过程都必须以 ArcLEnd 或者 ArcCEnd 结束；焊接中间点用 ArcL 或者 ArcC 语句。焊接过程中不同语句可以使用不同的焊接参数(seam data、welddata 和 wavedata)。

1) 直线焊接指令 ArcL(Linear Welding)

直线焊接指令类似于 MoveL，包含如下 3 个选项：

(1) ArcLStart，表示开始焊接，用于直线焊缝的焊接开始，工具中心点(TCP)线性移动到指定目标位置，整个过程通过参数进行监控和控制。ArcLStart 语句具体内容如图 4-52 所示。

插入 ArcLStart 指令

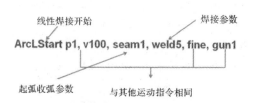

图 4-52　ArcLStart 语句

(2) ArcLEnd，表示焊接结束，用于直线焊缝的焊接结束，工具中心点(TCP)线性移动到指定目标位置，整个过程通过参数进行监控和控制。ArcLEnd 语句具体内容如图 4-53 所示。

插入 ArcLEnd 指令

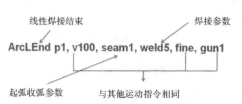

图 4-53　ArcLEnd 语句

(3) ArcL，表示焊接中间点。ArcL 语句具体内容如图 4-54 所示。

插入 ArcL 指令

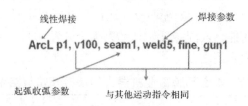

图 4-54　ArcL 语句

2) 圆弧焊接指令 ArcC(Circular Welding)

圆弧焊接指令类似于 MoveC，包括 3 个选项：

(1) ArcCStart 表示开始焊接，用于圆弧焊缝的焊接开始，工具中心点

(TCP)圆弧运动到指定目标位置，整个过程通过参数进行监控和控制。 ✍ 笔记
ArcCStart 语句具体内容如图 4-55 所示。

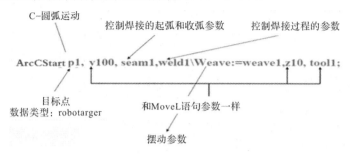

图 4-55 ArcCStart 语句

插入 ArcCStart
指令

(2) ArcC 用于圆弧焊缝的焊接，工具中心点(TCP)圆弧运动到指定目标位置，焊接过程通过参数控制。ArcC 语句具体内容如图 4-56 所示。

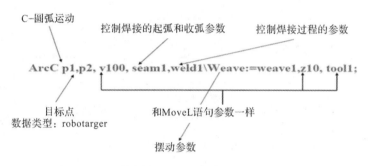

图 4-56 ArcC 语句

插入 ArcC 指令

(3) ArcCEnd 用于圆弧焊缝的焊接结束，工具中心点(TCP)圆弧运动到指定目标位置，整个焊接过程通过参数监控和控制。ArcCEnd 语句具体内容如图 4-57 所示。

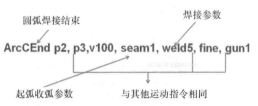

图 4-57 ArcCEnd 语句

插入 ArcCEnd
指令

2. 焊接程序数据的设定

焊接程序中主要包括三个重要的程序数据：seamdata、welddata 和 weavedata。这三个数据是提前设置并存储在程序数据里的，在编辑焊接指令时可以直接调用。同时，在编辑调用时也可以对这些数据进行修改。

1) seamdata 的设定

seamdata 用于定义起弧和收弧时的焊接参数，其参数说明见表 4-18。在

✎ 笔记 示教器中设置 seamdata 的操作步骤如表 4-19 所示。

参数 seamdata
的设置

表 4-18 弧焊参数 seamdata

序号	参数	参 数 说 明
1	purge_time	保护气管路的预充气时间，以秒为单位，这个时间不会影响焊接的时间
2	preflow_time	保护气的预吹气时间，以秒为单位
3	back_time	收弧时焊丝的回烧量，以秒为单位
4	postflow_time	尾送气时间，收弧时为防止焊缝氧化保护气体的吹气时间，以秒为单位

表 4-19 参数 seamdata 的设置

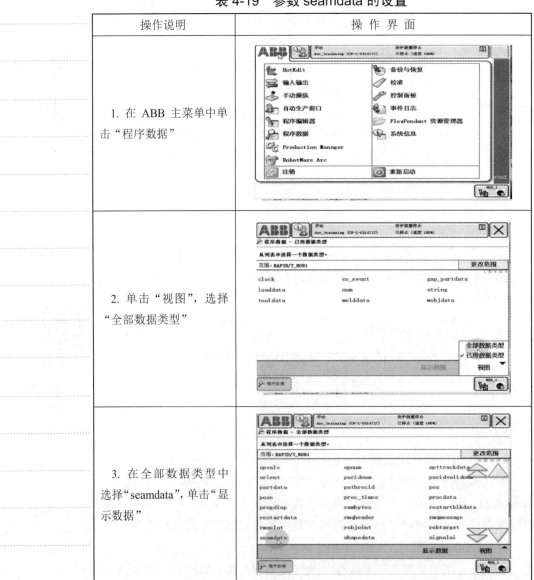

操作说明	操 作 界 面
1. 在 ABB 主菜单中单击"程序数据"	
2. 单击"视图"，选择"全部数据类型"	
3. 在全部数据类型中选择"seamdata"，单击"显示数据"	

续表一

✍ 笔记

操作说明	操作界面
4. 单击"新建",建立一个新的 seamdata 数据	
5. 在当前窗口下可以单击 ⋯⋯ 来命名当前数据,存储类型选择"可变量"。单击"初始值"进行具体参数的设定	
6. 在当前窗口下可以单击任一参数的"值"(如 "pruge_time"后面的数值 0),在弹出的编辑器中可以进行参数的设定。参数设定完单击"确定"	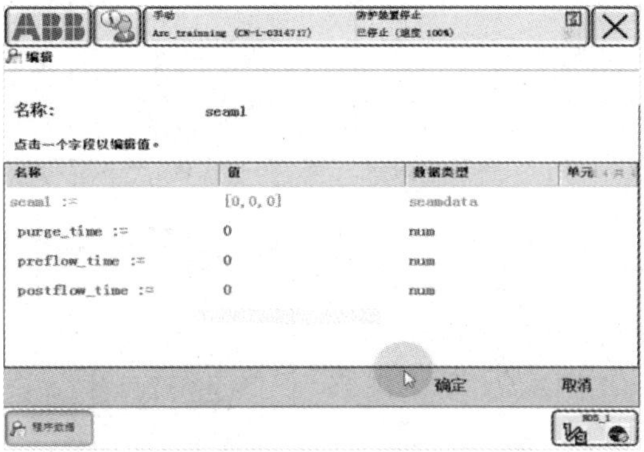
7. 单击"确定"	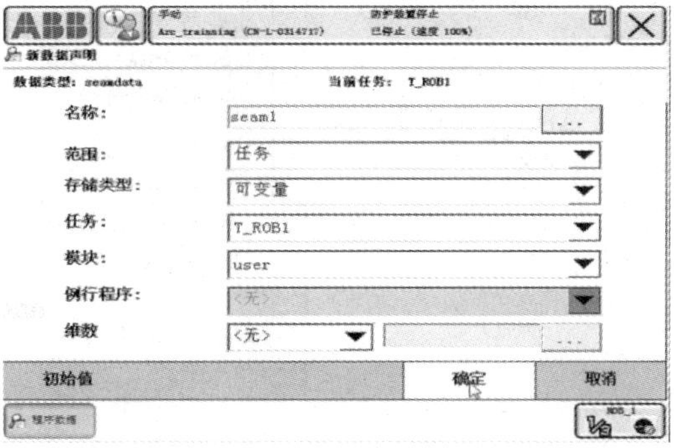

✎ 笔记

操作说明	操作界面
8. 名称为"seam1"的 seamdata 数据设定完成	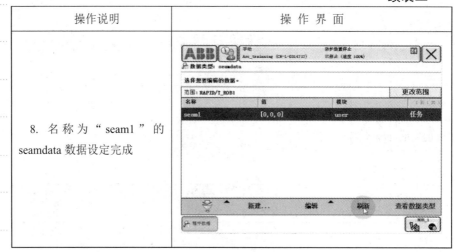

2) welddata 的设定

welddata 是弧焊参数的一种，用于定义焊接加工中的焊接参数，主要参数说明见表4-20。在示教器中设置 welddata 的操作步骤如表4-21所示。

表4-20 弧焊参数 welddata

参数 Welddata 的设置

序号	弧焊指令	参数说明
1	weld_speed	焊缝的焊接速度，单位是 mm/s
2	weld_voltage	焊缝的焊接电压，单位是 V
3	weld_wirefeed	焊接时送丝系统的送丝速度，单位是 m/min
4	weld_speed	焊缝的焊接速度，单位是 mm/s

表4-21 参数 welddata 的设置

操作说明	操作界面
1. 在 ABB 主菜单中选择"程序数据"	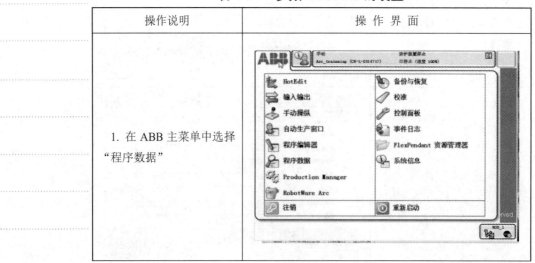

续表一

操作说明	操作界面
2. 单击"视图"，选择"全部数据类型"	
3. 在全部数据类型中选择"welddata"，单击"显示数据"	
4. 单击"新建"，建立一个新的 welddata 数据	
5. 在当前窗口可以单击 ⬚ 来命名当前数据，存储类型选择"可变量"。单击"初始值"进行具体参数的设定	

✎ 笔记

操作说明	操作界面
6. 在当前窗口可以单击任一参数的"值"(如"voltage"后面的数值0),在弹出的编辑器中可以进行参数的设定。参数设定完毕单击"确定"	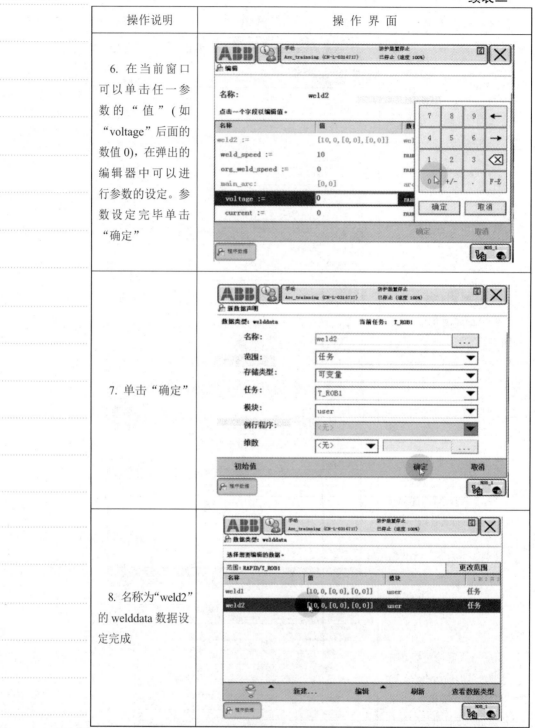
7. 单击"确定"	
8. 名称为"weld2"的 welddata 数据设定完成	

3) weavedata 的设定

weavedata 是弧焊参数的一种,用于定义焊接过程中焊枪摆动的参数,其参数说明见表 4-22。在示教器中设置 weavedata 的操作步骤如表 4-23 所示。

表 4-22 弧焊参数 weavedata

序号	弧焊指令	参 数 说 明	
1	weave_shape 焊枪摆动类型	0	无摆动
		1	平面锯齿形摆动
		2	空间 V 字形摆动
		3	空间三角形摆动
2	weave_type 机器人摆动方式	0	机器人 6 个轴均参与摆动
		1	仅 5 轴和 6 轴参与摆动
		2	1、2、3 轴参与摆动
		3	4、5、6 轴参与摆动
3	weave_length	摆动一个周期的长度	
4	weave_width	摆动一个周期的宽度	
5	weave_height	空间摆动一个周期的高度，只有在三角形摆动和 V 字形摆动时此参数才有效	

笔记

参数 weavedata 的设置

表 4-23 参数 weavedata 的设置

操作说明	操 作 界 面
1. 在 ABB 主菜单中选择"程序数据"	ABB 手动 Arc_training (CN-L-0314717) 防护装置停止 已停止（速度 100%） HotEdit　　　　　备份与恢复 输入输出　　　　　校准 手动操纵　　　　　控制面板 自动生产窗口　　　事件日志 程序编辑器　　　　FlexPendant 资源管理器 程序数据　　　　　系统信息 Production Manager RobotWare Arc 注销　　　　　　　重新启动 ROB_1
2. 单击"视图"，选择"全部数据类型"	ABB 手动 Arc_training (CN-L-0314717) 防护装置停止 已停止（速度 100%） 程序数据 - 已用数据类型 从列表中选择一个数据类型。 范围: RAPID/T_ROB1　　　　　　　　　　更改范围 共 9 类中 clock　　　　　ee_event　　　　gap_partdata loaddata　　　　num　　　　　　string tooldata　　　　weldata　　　　wobjdata 全部数据类型 ✓ 已用数据类型 显示数据　　　　视图 程序数据　　　　ROB_1

✍ 笔记

操作说明	操作界面
3. 在全部数据类型中选择"weavedata"，单击"显示数据"	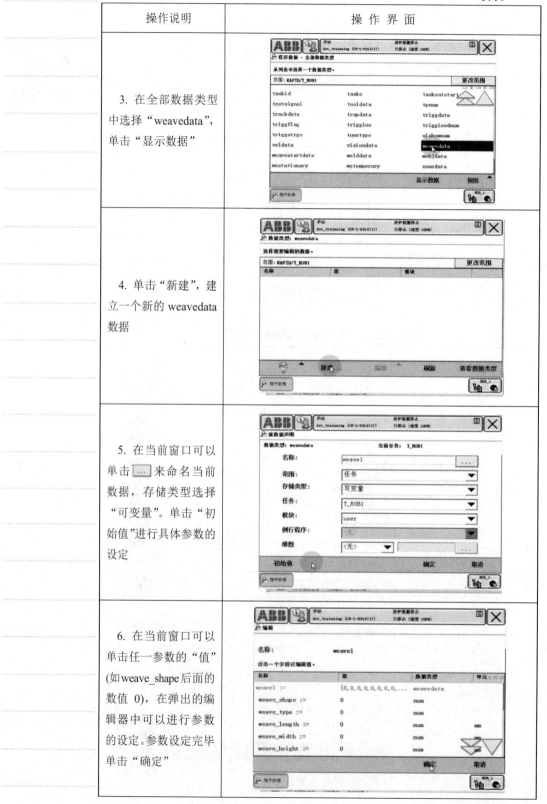
4. 单击"新建"，建立一个新的 weavedata 数据	
5. 在当前窗口可以单击 ⋯ 来命名当前数据，存储类型选择"可变量"。单击"初始值"进行具体参数的设定	
6. 在当前窗口可以单击任一参数的"值"（如weave_shape后面的数值 0），在弹出的编辑器中可以进行参数的设定。参数设定完毕单击"确定"	

操作说明	操作界面
7. 单击"确定"	**ABB** 手动 Arc_training (CN-L-0314717) 防护装置停止 已停止(速度100%) ✕ 新数据声明 数据类型：weavedata　当前任务：T_ROB1 名称： weave1 ... 范围： 任务 ▼ 存储类型： 可变量 ▼ 任务： T_ROB1 ▼ 模块： user ▼ 例行程序： 〈无〉 维数： 〈无〉 ▼ ... 初始值　　　　　　　　　确定　取消 程序数据 ROB_1
8. 名称为"weave1"的 weavedata 数据设定完成	**ABB** 手动 Arc_training (CN-L-0314717) 防护装置停止 已停止(速度100%) ✕ 数据类型：weavedata 选择想要编辑的数据。 范围：RAPID/T_ROB1　　　　　　　　更改范围 名称　　值　　　　　　　模块　　　1到1共1 weave1　[0,0,0,0,0,0,0,0,…　user　　任务 新建…　编辑　刷新　查看数据类型 程序数据 ROB_1

4) 单独设置参数

单独设置起弧、收弧以及回烧(Burnback)电流电压的步骤如下：

(1) 在控制面板选择"配置"→"主题"→"Process"，如图4-58所示。

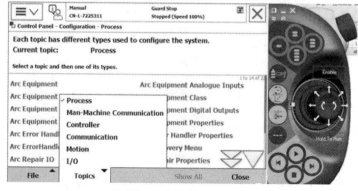

图 4-58　选择 Process

(2) 选择 Arc Equipment Properties，如图 4-59 所示。

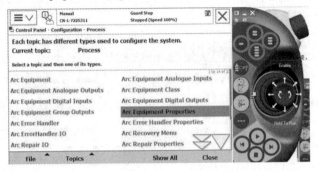

图 4-59　选择 Arc Equipment Properties

(3) 修改 Ignition On 为 TRUE(可以设置起弧参数)，修改 Fill On 为 TRUE(可以设置收弧参数)，修改 Burnback On 为 TRUE (回烧有效，可以设置回烧时间)，修改 Burnback Voltage On 为 TRUE (可以设置回烧电压)，如图 4-60 所示。

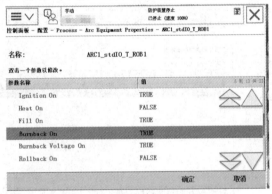

图 4-60　修改参数

(4) 重启。

(5) 在程序数据 seamdata 里可以设置起弧、收弧及回烧参数。

5) 焊接功能屏蔽

(1) 进入 "RobotWare Arc" 窗口，如图 4-61 所示。

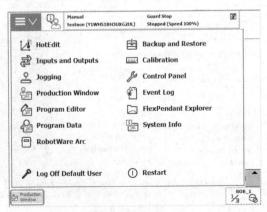

图 4-61　进入 "RobotWare Arc" 窗口

笔记

(2) 选择"Blocking"，如图 4-62 所示。

图 4-62　选择"Blocking"

(3) 选择"Welding Blocked"，如图 4-63 所示。

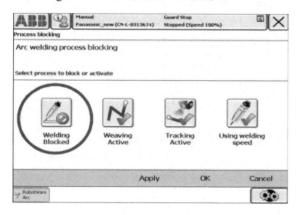

图 4-63　选择"Welding Blocked"

(4) 完成焊接功能屏蔽。

6) 弧焊系统

独立弧焊系统参数设置如图 4-64 与图 4-65 所示。独立焊接工业机器人的系统参数见表 4-24。

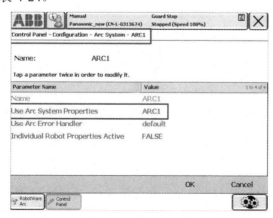

图 4-64　进入弧焊系统

✍ 笔记

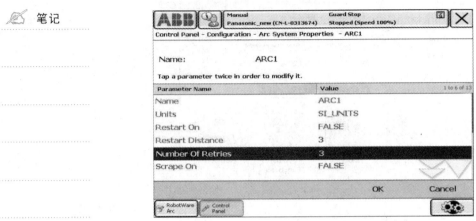

图 4-65　参数

表 4-24　独立焊接工业机器人的系统参数

参数	名称	值	说　　明	类型
Restart On	重复起弧设置	TRUE	机器人会在起弧失败处重复起弧	bool
		FALSE	机器人不会在起弧失败后重复起弧	
Restart Distance	回退距离		每次重复引弧时回退的距离	num
Number Of Retries	重复引弧最大次数		重复引弧的最大次数，超过设置的次数，机器人不会再起弧	num
Scrape On	刮擦起弧设置	TRUE	采用刮擦起弧，刮擦起弧方式在"seamdata"中进行设置	bool
		FALSE	不采用刮擦起弧	
Scrape Option On	刮擦起弧选项设置	TRUE	可对刮擦起弧参数进行设置，包括电流、电压等	bool
		FALSE	不对刮擦起弧参数进行设置	
Scrape Width	刮擦宽度		刮擦起弧时的刮擦宽度	num
Scrape Direction	刮擦起弧方向	0	垂直于焊缝进行刮擦起弧	num
		90	平行于焊缝进行刮擦起弧	
Scrape Cycle Time	刮擦起弧时间		单位：秒	num
Ignition Move Delay On	时间设置	TRUE	引弧成功后可设置等待时间，机器人再开始运动	bool
		FALSE	引弧成功后机器人直接开始运动。当设置为"TRUE"时，在 sandata 中会出现延迟时间选项，单位为秒	

　　协作焊接工业机器人的系统参数如图 4-66 与图 4-67 所示。协作焊接工业机器人的系统参数见表 4-25。

笔记

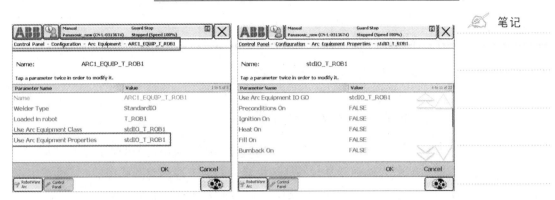

图 4-66　进入一个弧焊系统　　　　　图 4-67　参数

表 4-25　协作焊接工业机器人的系统参数

参数	名称	值	说　　明	类型
Ignition On	引弧功能设置	TRUE	在 seamdata 中出现引弧电流电压参数，可对该参数进行配置	bool
		FALSE	不对引弧参数进行设置	
Heat On	热起弧参数设置	TRUE	在 seamdata 中出现热起弧电流电压与距离，可对各参数进行配置	bool
		FALSE	不对热起弧参数进行设置	
Fill On	填弧坑参数设置	TRUE	在 seamdata 中出现填弧坑电流电压、填弧坑时间与冷却时间，可对各参数进行配置	bool
		FALSE	不对填弧坑参数进行设置	
Burnback On	回烧时间	TRUE	在 seamdata 中出现回烧时间，可对该参数进行配置	bool
		FALSE	不设置回烧时间	
Burnback Voltage On	回烧电压	TRUE	在 seamdata 中出现回烧电压，可对该参数进行配置	bool
		FALSE	不设置回烧电压	
Arc Preset	焊接开始前设置		焊接参数准备，单位为秒。设置为 1 表示焊接开始前 1 秒时机器人将焊接电流与电压预先发给焊接系统	num
Ignition Timeout	引弧时间参数		引弧时间参数，通常设为 1，单位为秒。当机器人将起弧信号给焊机后，在 1 秒内仍未收到起弧成功信号，机器人会自动再次引弧，引弧次数超过设置的起弧次数，系统会报错	num
Motion Time Out	同时引弧时间差		用于 MultiMove 系统中，表示两台机器人同时引弧时允许的时间差。如果超过这个时间差，系统会报错。	num

笔记

任务实施

技能训练：让学生进行实训操作。

一、ABB 弧焊机器人轨迹示教操作

轨迹示教操作一般有直线与圆弧焊缝轨迹两种，现以图 4-68 所示圆弧焊缝轨迹示教为例介绍之。当弧焊机器人的加工焊缝为圆弧焊缝时，主要示教点的编辑操作指令包括 MoveJ、ArcCStart、ArcC、ArcCEnd。

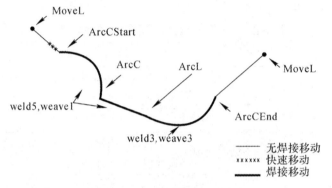

图 4-68　圆弧焊缝轨迹示意图

图 4-68 中 MoveL 是指机器人行走的空间路径，在此处并无焊接操作。整个焊缝包含两条圆弧焊缝和一条直线焊缝。具体示教编程操作如表 4-26 所示。

表 4-26　圆弧焊缝编程示教

操作说明	操作界面
1. 在 ABB 主菜单中选择"手动操作"，查看坐标系、工具坐标、工件坐标等设置是否正确，确认无误后关闭界面	（操作界面截图：手动操纵。点击属性并更改。机械单元：ROB_1...；绝对精度：Off；动作模式：轴 1 - 3...；坐标系：大地坐标...；工具坐标：tool1...；工件坐标：wobj0...；有效载荷：load0...；操纵杆锁定：无...；增量：无...。位置：1: 0.00°，2: 0.00°，3: 0.00°，4: 0.00°，5: 0.00°，6: 0.00°。位置格式...。操纵杆方向 2 1 3。对准... 转到... 启动...）

续表一

笔记

操作说明	操作界面
2. 在 ABB 主菜单中点击"程序编辑器"	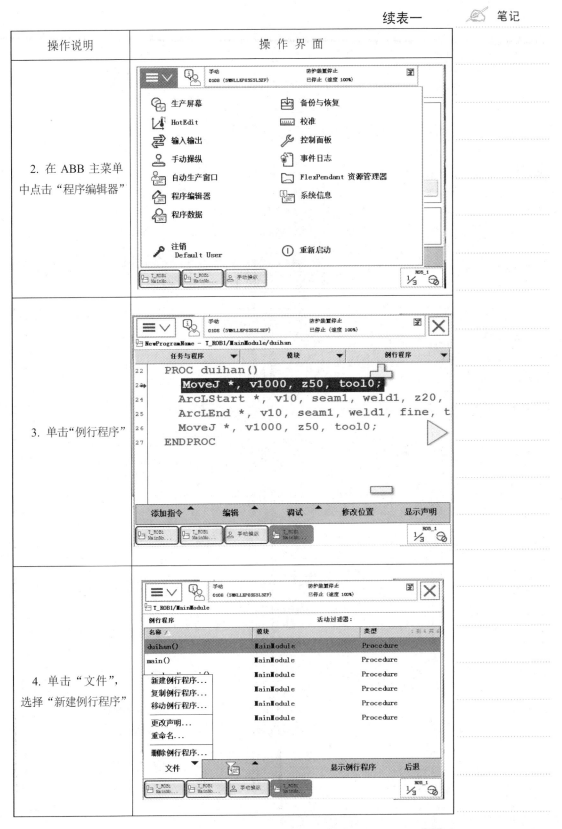
3. 单击"例行程序"	
4. 单击"文件"，选择"新建例行程序"	

✍ 笔记

操作说明	操作界面
5. 单击"ABC...", 命名例行程序	
6. 在键盘中输入例行程序名称"yuanhu", 单击"确定"	
7. 单击"确定"	

续表三

操作说明	操作界面
8. 双击新建程序"yuanhu()",进入程序编辑界面	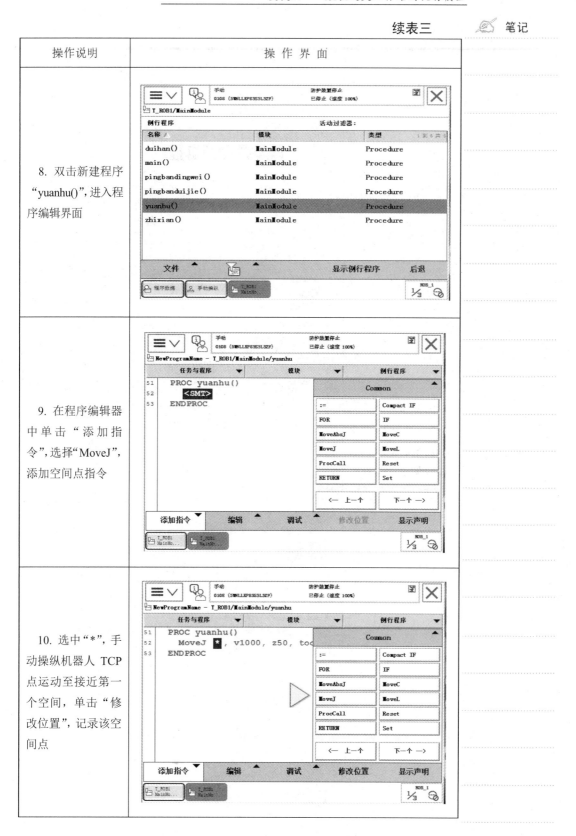
9. 在程序编辑器中单击"添加指令",选择"MoveJ",添加空间点指令	
10. 选中"*",手动操纵机器人 TCP 点运动至接近第一个空间,单击"修改位置",记录该空间点	

笔记

操作说明	操 作 界 面
11. 单击"MoveL"	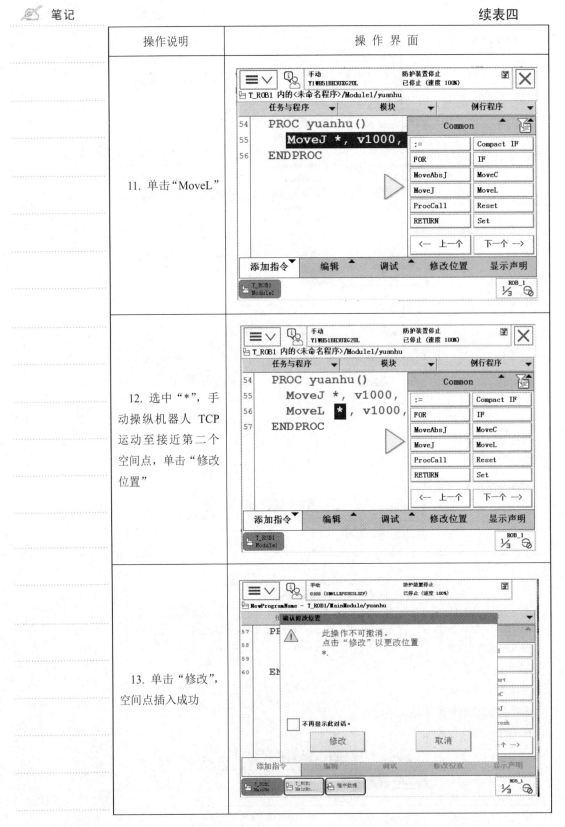
12. 选中"*",手动操纵机器人 TCP 运动至接近第二个空间点,单击"修改位置"	
13. 单击"修改",空间点插入成功	

续表五 ✑ 笔记

操作说明	操 作 界 面
14. 单击"Common"，在下拉菜单中选择"Arc"	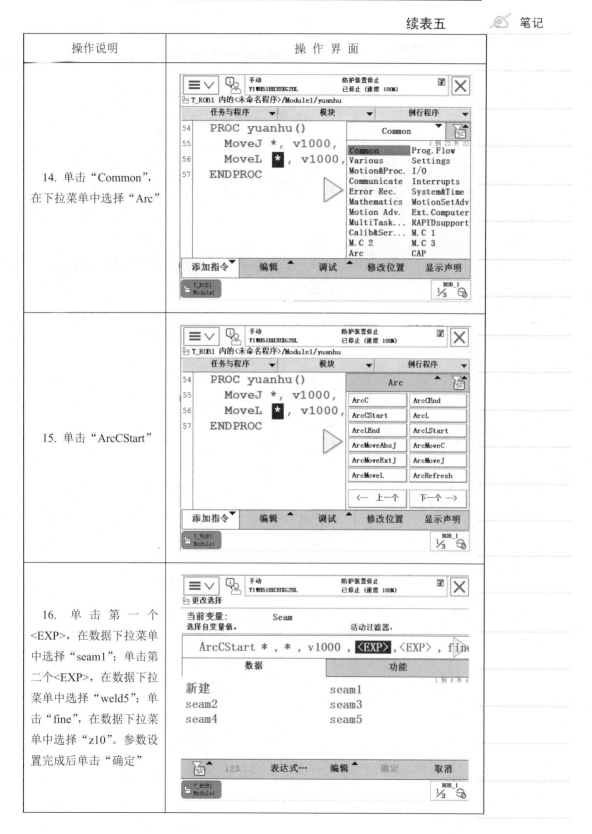
15. 单击"ArcCStart"	
16. 单击第一个 \<EXP\>，在数据下拉菜单中选择"seam1"；单击第二个\<EXP\>，在数据下拉菜单中选择"weld5"；单击"fine"，在数据下拉菜单中选择"z10"。参数设置完成后单击"确定"	

笔记

操作说明	操作界面
17. 选中整行 ArcCStart 指令，然后单击该指令	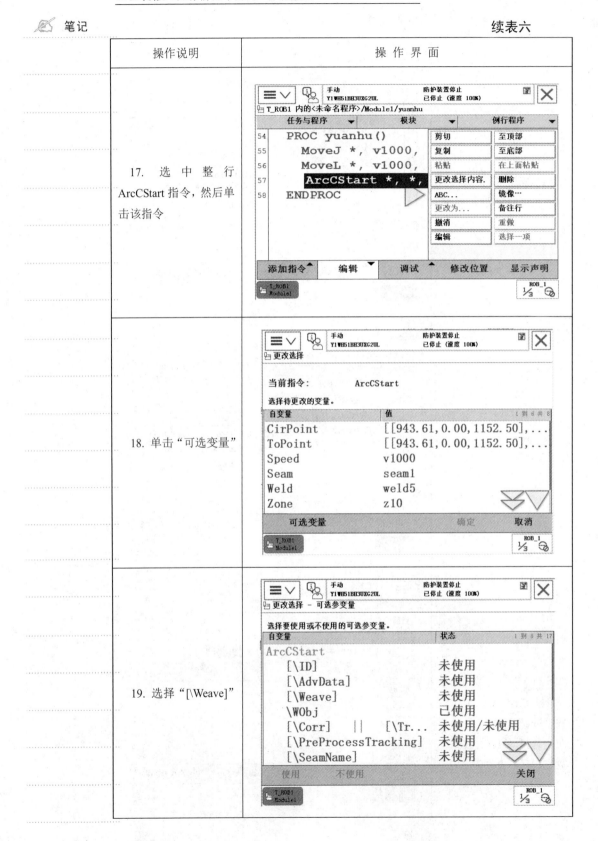
18. 单击"可选变量"	
19. 选择"[\Weave]"	

续表七　　　　　✎ 笔记

操作说明	操作界面
20. 选择"未使用"	**更改选择 - 可选参变量** 选择要使用或不使用的可选参变量。 自变量 / 状态 / 1 到 8 共 17 ArcCStart [\ID] 未使用 [\AdvData] 未使用 [\Weave] 未使用 \WObj 已使用 [\Corr] ‖ [\Tr... 未使用/未使用 [\PreProcessTracking] 未使用 [\SeamName] 未使用 使用　不使用　　　关闭
21. 单击"关闭"	**更改选择 - 可选参变量** 选择要使用或不使用的可选参变量。 自变量 / 状态 / 1 到 8 共 17 ArcCStart [\ID] 未使用 [\AdvData] 未使用 \Weave 已使用 \WObj 已使用 [\Corr] ‖ [\Tr... 未使用/未使用 [\PreProcessTracking] 未使用 [\SeamName] 未使用 使用　不使用　　　关闭
22. 单击"<EXP>"	**更改选择** 当前指令: ArcCStart 选择待更改的变量。 自变量 / 值 / 1 到 6 共 9 CirPoint [[943.61, 0.00, 1152.50],... ToPoint [[943.61, 0.00, 1152.50],... Speed v1000 Seam seam1 Weld weld5 Weave <EXP> 可选变量　　　　确定　取消

✎ 笔记

操作说明	操作界面
23. 选择"weave1"，单击"确定"	**手动** Y1WH51BH3UXG2UL **防护装置停止** 已停止（速度 100%） 更改选择 当前变量：　　　Weave 选择自变量值。　　　　　活动过滤器： ◁ t *, *, v1000, seam1, weld5 \Weave:= **＜EXP＞** 数据　　　　　　　功能　　　　1到7共7 新建　　　　　　　weave1 weave2　　　　　　weave3 weave4　　　　　　weave5 weave6 123… 表达式… 编辑 确定 取消 T_ROB1 Module1　　　ROB_1 1/3
24. 单击"确定"，"weave1"数据插入完成	**手动** Y1WH51BH3UXG2UL **防护装置停止** 已停止（速度 100%） 更改选择 当前指令：　　　ArcCStart 选择待更改的变量。 自变量　　　　　值　　　　　　　1到6共9 CirPoint　　　[[943.61,0.00,1152.50],… ToPoint　　　　[[943.61,0.00,1152.50],… Speed　　　　　v1000 Seam　　　　　　seam1 Weld　　　　　　weld5 Weave　　　　　weave1 可选变量　　　　　　确定　　取消 T_ROB1 Module1　　　ROB_1 1/3
25. 分别选中指令中的"*"，手动操纵机器人TCP运动至第一段圆弧的中间点和终点，然后单击"修改位置"	**手动** Y1WH51BH3UXG2UL **防护装置停止** 已停止（速度 100%） T_ROB1 内的＜未命名程序＞/Module1/yuanhu 任务与程序 ▼　模块 ▼　例行程序 ▼ 54　PROC yuanhu()　　　　Arc 55　　MoveJ *, v1000,　ArcC　ArcCEnd 56　　MoveL *, v1000,　ArcCStart ArcL 57　　ArcCStart *, *,　ArcLEnd ArcLStart 58　ENDPROC　　　　ArcMoveAbsJ ArcMoveC 　　　　　　　　　　ArcMoveExtJ ArcMoveJ 　　　　　　　　　　ArcMoveL ArcRefresh 　　　　　　　　　← 上一个　下一个 → 添加指令 编辑 调试 修改位置 显示声明 T_ROB1 Module1　　　ROB_1 1/3

续表九 ✍ 笔记

操作说明	操作界面
26. 单击"ArcL",插入焊接直线指令,选中指令中的"*",手动操纵机器人 TCP 运动至焊接直线路径的终点,然后单击"修改位置",记录该空间点	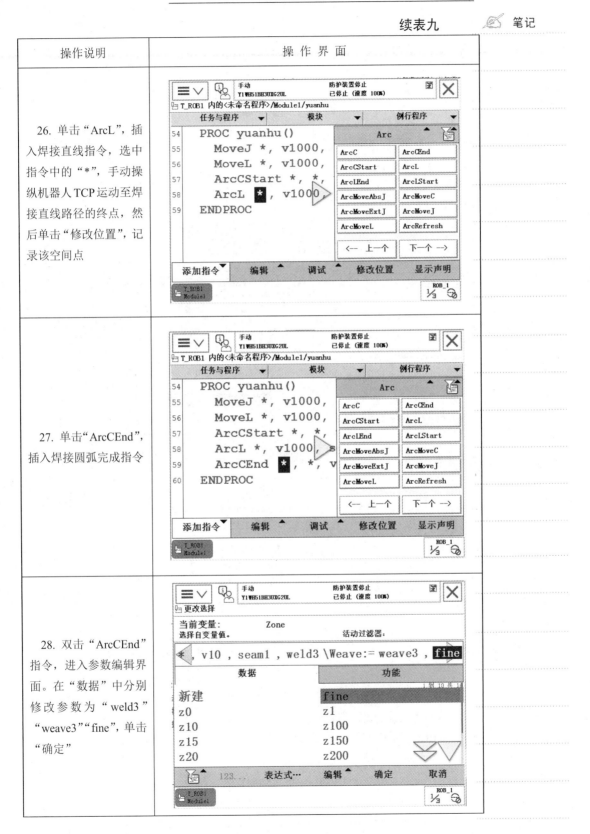
27. 单击"ArcCEnd",插入焊接圆弧完成指令	
28. 双击"ArcCEnd"指令,进入参数编辑界面。在"数据"中分别修改参数为"weld3""weave3""fine",单击"确定"	

✎ 笔记

操作说明	操作界面
29. 分别选中指令中的"*",手动操纵机器人TCP运动至第二段圆弧的中间点和终点,然后单击"修改位置"	
30. 单击"MoveL",插入直线运动指令,选中指令中的"*",手动操纵机器人TCP运动至直线路径的终点,然后单击"修改位置"	
31. 程序编辑完成	

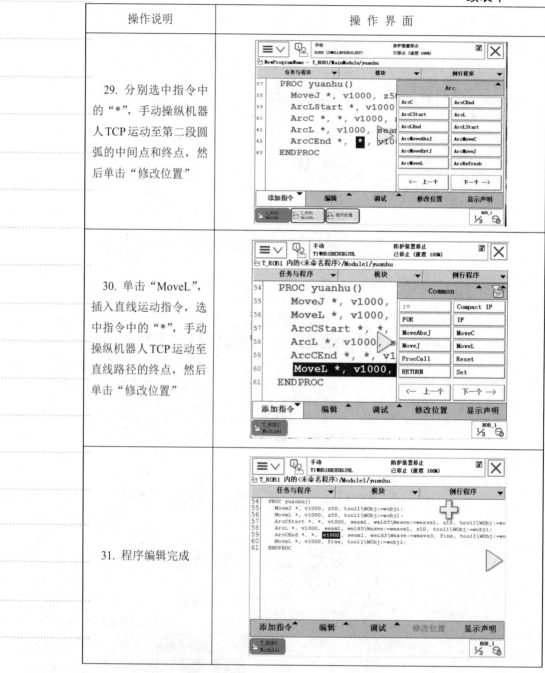

圆弧焊缝的示教程序如下:

PROC yuanhu()

    MoveJ *, v1000, z50, tool1\Wobj := wobj1;

    ArcL*, v1000, z50, tool1\Wobj := wobj1;

    ArcCStart*, *, v1000, seam1, weld5\Weave=weave5, z10, tool1\Wobj := wobj1;

    ArcL*, v1000, seam1, weld5\Weave=weave5, z10, tool1\Wobj := wobj1;

ArcCEnd*, *, v1000, seam1, weld3\Weave = weave3, fine, tool1\Wobj := wobj1;

　　MoveJ *, v1000, fine, tool1\Wobj := wobj1;

　　ENDPROC

程序编辑完成后首先空载运行，检查程序编辑及各点示教的准确性。检查无误后运行程序。

二、平板堆焊示教编程

使用机器人焊接专用指令，设置合适的焊接参数，实现平板堆焊焊接过程。要求用二氧化碳气体保护焊在 Q235 低碳钢热轧钢板(C 级)表面平敷堆焊不同宽度的焊缝。

1. 工艺分析

1) 焊接材料分析

Q235 是一种普通碳素结构钢，其屈服强度约为 235 MPa，随着材质厚度的增加屈服值减小。由于 Q235 钢含碳量适中，因此其综合性能较好，强度、塑性和焊接等性能得到较好的配合，用途最为广泛，大量应用于建筑及工程结构，以及一些对性能要求不太高的机械零件。焊接工件的尺寸为 300 mm × 400 mm × 10 mm，化学成分如表 4-27 所示。

表 4-27　Q235 热轧钢化学成分

牌号	等级	化学成分(质量分数)(%)				
		C	Mn	Si	S	P
					≤	
Q235	A	0.14~0.22	0.30~0.65	0.300	0.050	0.045
	B	0.12~0.20	0.30~0.70		0.045	
	C	≤0.18	0.35~0.80		0.040	0.040
	D	≤0.17			0.35	0.35

2) 焊接性分析

Q235 的碳和其他合金元素含量较低，其塑性、韧性好，一般无淬硬倾向，不易产生焊接裂纹，焊接性能优良。焊接 Q235 钢材时，一般不需要预热和焊后热处理等特殊的工艺措施，也不需选用复杂和特殊的设备。对焊接电源没有特殊要求，一般的交、直流弧焊机都可以焊接。在实际生产中，根据工件的加工要求不同，可选择手工电弧焊、CO_2 气体保护焊、埋弧焊等焊接方法。

3) 焊接工艺设计

二氧化碳气体保护焊工艺一般包括短路过渡和细滴过渡两种。

短路过渡工艺采用细焊丝、小电流和低电压。焊接时，熔滴细小而过渡频率高，飞溅小，焊缝成形美观。短路过渡工艺主要用于焊接薄板及全位置焊接。

笔记

工匠精神

建设知识型、技能型、创新型劳动大军，弘扬劳模精神和工匠精神，营造劳动光荣的社会风尚和精益求精的敬业风气。

笔记

细滴过渡工艺采用较粗的焊丝，焊接电流较大，电弧电压也较高。焊接时电弧是连续的，焊丝熔化后以细滴形式进行过渡，电弧穿透力强，母材熔深大。细滴过渡工艺适合于中厚板焊件的焊接。

CO_2 焊的焊接参数包括焊丝直径、焊接电流、电弧电压、焊接速度、保护气流量及焊丝伸出长度等。如果采用细滴过渡工艺进行焊接，电弧电压必须选取在 34~45 V 的范围内，焊接电流则根据焊丝直径来选择，对于不同直径的焊丝，实现细滴过渡工艺的焊接电流下限是不同的。表 4-28 所示为细滴过渡工艺的电流下限及电压范围。

表 4-28 细滴过渡工艺的电流下限及电压范围

焊丝直径/mm	电流下限/A	电弧电压/V
1.2	300	
1.6	400	34~45
2.0	500	
4.0	750	

本例采用细滴过渡工艺的二氧化碳焊接的具体工艺参数如表 4-29 所示。

表 4-29 平板堆焊焊接参数

焊丝直径/mm	电流下限/A	电弧电压/V	焊接速度/(m/h)	保护气流量/(L/min)
1.2	300	34~45	40~60	25~50

2. 示教编程操作步骤及程序运行

1) 示教编程

示教编程的操作步骤如表 4-30 所示。

表 4-30 平板堆焊示教编程

操作说明	操作界面
1. 在 ABB 主菜单中单击"手动操纵"，查看坐标系、工具坐标、工件坐标等设置是否正确，确认无误后关闭界面	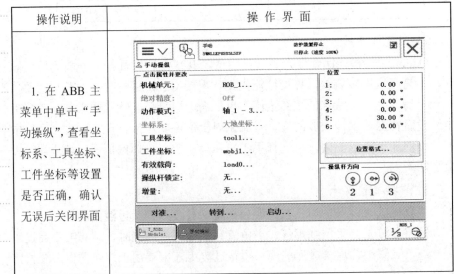

续表一 ✍ 笔记

操作说明	操作界面
2. 在 ABB 主菜单中单击"程序编辑器"	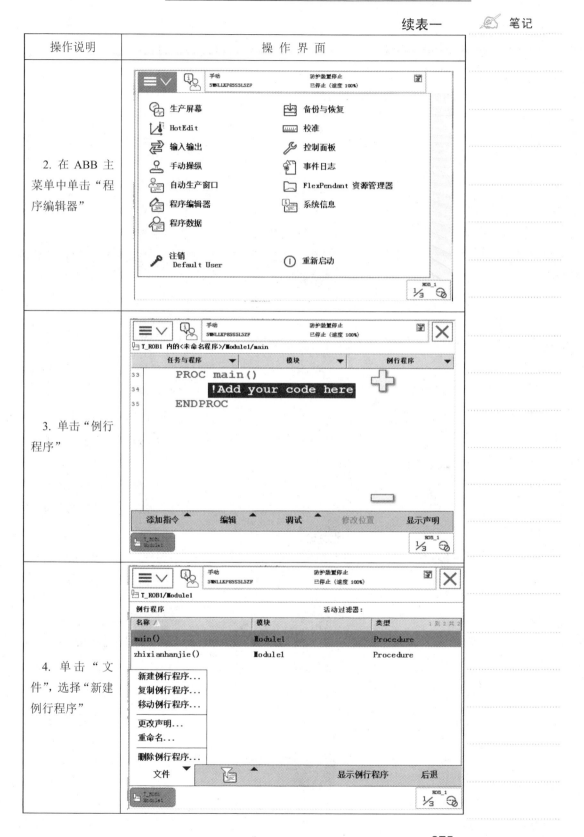
3. 单击"例行程序"	
4. 单击"文件",选择"新建例行程序"	

✍ 笔记

操作说明	操作界面
5. 单击"ABC...", 命名例行程序	
6. 在键盘中输入例行程序的名称 "duihanshijiao"，单击"确定"	
7. 双击新建程序 "duihanshijiao()"，进入程序编辑界面	

笔记

操作说明	操作界面
8. 选中"<SMT>"，单击"添加指令"，在"Common"列表下选择"MoveJ"	
9. 选中指令中的"*"，手动操纵机器人TCP运动至起始焊点外的一点，然后单击"修改位置"。这里需要说明的是这一个空间点的插入是为了方便机器人准确、安全地到达起始焊点，即机器人TCP先运动到该空间点，然后再由此空间点经过较短距离运动到指定起始焊点	
10. 单击"修改"，空间点插入成功	

✎ 笔记

操作说明	操作界面
11. 单击"Common"，在下拉菜单中选择"Arc"	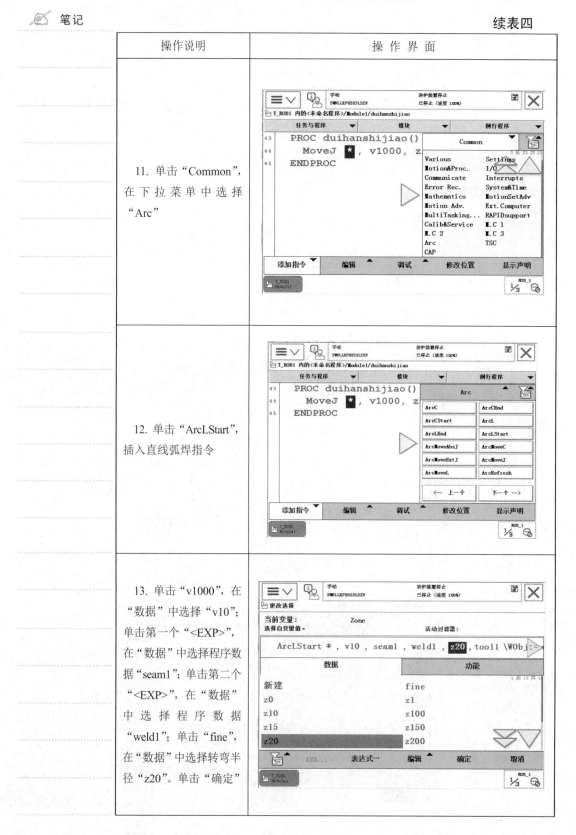
12. 单击"ArcLStart"，插入直线弧焊指令	
13. 单击"v1000"，在"数据"中选择"v10"；单击第一个"<EXP>"，在"数据"中选择程序数据"seam1"；单击第二个"<EXP>"，在"数据"中选择程序数据"weld1"；单击"fine"，在"数据"中选择转弯半径"z20"。单击"确定"	

操作说明	操 作 界 面
14. 点击"下方"，表示在第一条指令的下方插入新指令	
15. 选中指令中的"*"，手动操纵机器人 TCP 运动至起始焊点，同时手动单轴操纵机器人调整焊枪姿态，焊枪与焊缝横向垂直，与焊缝方向成 75°～80°，然后单击"修改位置"，记录该空间点	
16. 单击"ArcLEnd"	

✎ 笔记

操作说明	操作界面
17. 参数的选择参照运动指令"ArcLStart"的操作。这里需要说明的是，当一个运动轨迹完成时，最后一个指令的转弯半径要选择"fine"，然后单击"确定"	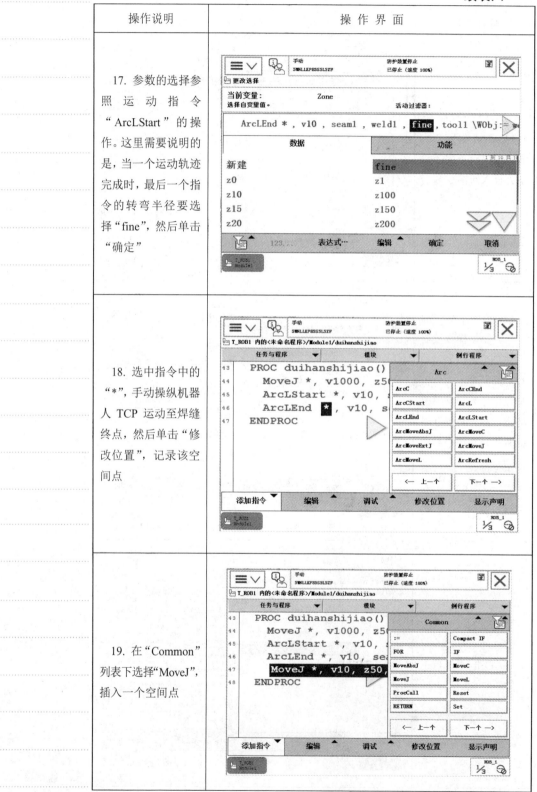
18. 选中指令中的"*"，手动操纵机器人TCP运动至焊缝终点，然后单击"修改位置"，记录该空间点	
19. 在"Common"列表下选择"MoveJ"，插入一个空间点	

续表七

✍ 笔记

操作说明	操作界面
20. 单击"v1000"，在数据中选择"v1000"，然后单击"确定"	更改选择 当前变量：　　　　Speed 选择自变量值：　　　　　　　　　　活动过滤器： MoveJ *, **v1000**, z50 , tool1 \WObj:= wobj1; 数据　　　　　　　　功能 新建　　　　　　　　v10 v100　　　　　　　　**v1000** v150　　　　　　　　v1500 v20　　　　　　　　　v200 v2000　　　　　　　v2500 表达式…　　编辑　　确定　　取消
21. 选中指令中的"*"，手动操纵机器人 TCP 从焊缝终点抬起一段距离，然后单击"修改位置"，记录该空间点	手动 T_ROB1 内的<未命名程序>/Module1/duihanshijiao 任务与程序　　模块　　例行程序 43 PROC duihanshijiao() 44 MoveJ *, v1000, z50 45 ArcLStart *, v10, s 46 ArcLEnd *, v10, se 47 MoveJ *, v1000, z 48 ENDPROC Common :=　　　　Compact IF FOR　　　IF MoveAbsJ　MoveC MoveJ　　MoveL ProcCall　Reset RETURN　　Set ← 上一个　　下一个 → 添加指令　编辑　调试　修改位置　显示声明
22. 程序编辑完成	手动 T_ROB1 内的<未命名程序>/Module1/duihanshijiao 任务与程序　　模块　　例行程序 43 PROC duihanshijiao() 44 MoveJ *, v1000, z50, tool1\WObj:=wobj1; 45 ArcLStart *, v10, seam1, weld1, z20, tool1\WObj:=wobj1; 46 ArcLEnd *, v10, seam1, weld1, fine, tool1\WObj:=wobj1; 47 MoveJ *, v1000, z50, tool1\WObj:=wobj1; 48 ENDPROC 添加指令　编辑　调试　修改位置　显示声明

平板堆焊的示教程序如下：

```
PROC duihanshijiao()
    MoveJ *, v1000, z50, tool1\wobj := wobj1;
    ArcLStart*,  v10, seam1;weld1, z20, tool1\wobj := wobj1;
    ArcLEnd*,  v10, seam1;weld1, fine, tool1\wobj := wobj1;
    MoveJ *, v1000, z50, tool1\wobj := wobj1;
ENDPROC
```

笔记

2) 运行程序

编辑程序完成后，必须先空载运行所编程序，查看机器人运行路径是否正确，再进行焊接。在空载运行或调试焊接程序时，需要使用禁止焊接功能或者禁止其他功能，如禁止焊枪摆动等。空载运行程序的具体操作如表 4-31 所示。

表 4-31　空载运行程序

操 作 说 明	操 作 界 面
1. 在 ABB 主菜单中单击"生产屏幕"	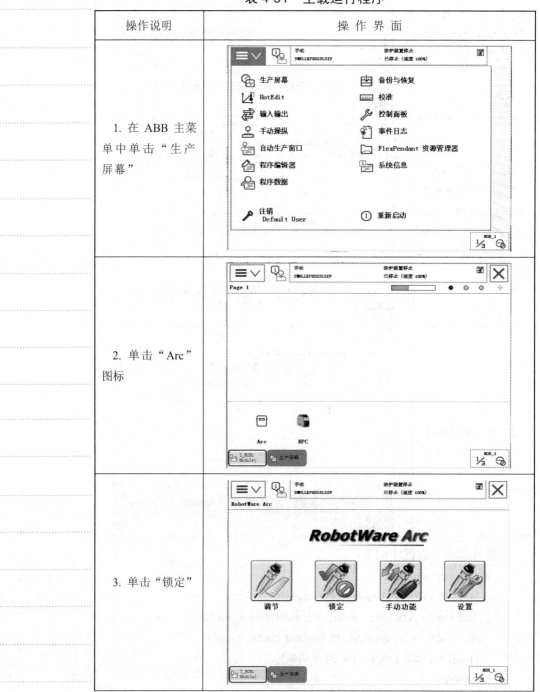
2. 单击"Arc"图标	
3. 单击"锁定"	

✑ 笔记

操作说明	操作界面
4. 单击第一个、第二个及第三个图标，分别显示"焊接锁定""摆动锁定""跟踪锁定"，然后单击"确定"	手动 防护装置停止 SWNLLXPBSSSLSZF 已停止（速度 100%） 程序锁定 锁定弧焊工艺 选择需要锁定或启动的程序 焊接锁定 摆动锁定 跟踪锁定 使用焊接速度 应用 确定 取消 T_ROB1 Module1 生产屏幕 ROB_1 1/3
5. 在 ABB 主菜单中单击"程序编辑器"	手动 防护装置停止 SWNLLXPBSSSLSZF 已停止（速度 100%） 生产屏幕 备份与恢复 HotEdit 校准 输入输出 控制面板 手动操纵 事件日志 自动生产窗口 FlexPendant 资源管理器 程序编辑器 系统信息 程序数据 注销 Default User 重新启动 ROB_1 1/3
6. 单击"调试"，选择"PP 移至例行程序..."	手动 防护装置停止 SWNLLXPBSSSLSZF 已停止（速度 100%） T_ROB1 内的<未命名程序>/Module1/main 任务与程序 ▼ 模块 ▼ 例行程序 ▼ 33 PROC main() 34 !Add your code PP 移至 Main PP 移至光标 35 ENDPROC PP 移至例行程序... 光标移至 PP 光标移至 MP 移至位置 调用例行程序... 取消调用例行程序 查看值 检查程序 查看系统数据 搜索例行程序 添加指令 编辑 调试 修改位置 显示声明 T_ROB1 Module1 生产屏幕 T_ROB1 Module1 ROB_1 1/3

操作说明	操作界面
7. 双击例行程序 "duihanshijiao"	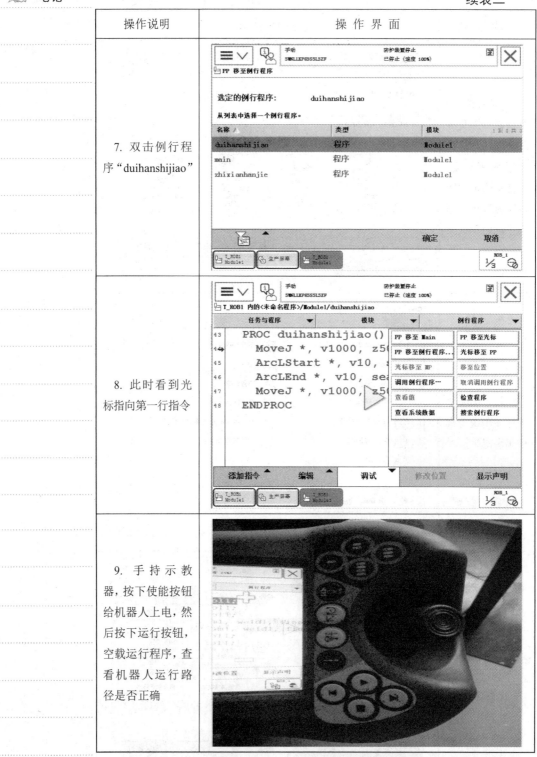
8. 此时看到光标指向第一行指令	
9. 手持示教器，按下使能按钮给机器人上电，然后按下运行按钮，空载运行程序，查看机器人运行路径是否正确	

　　编辑程序经空载运行验证无误后，运行程序进行焊接，具体操作步骤如表 4-32 所示。

表 4-32 运 行 程 序

操作说明	操作界面
1. 在 ABB 主菜单中单击"生产屏幕"	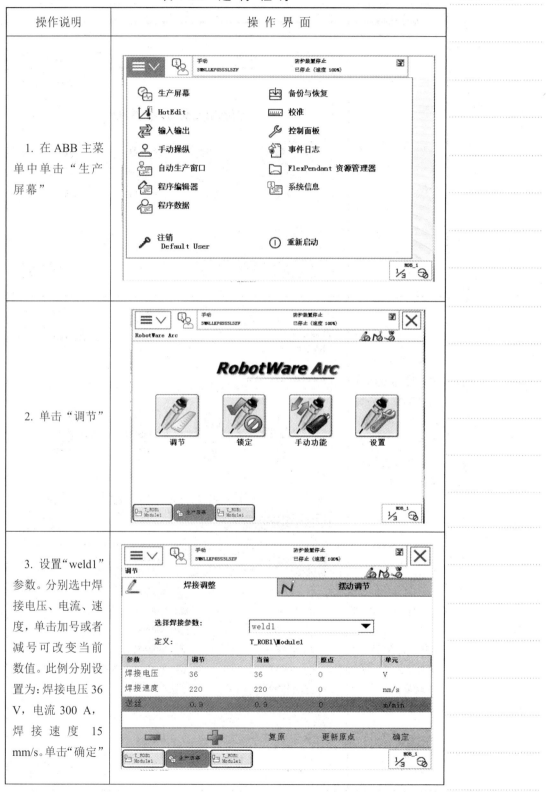
2. 单击"调节"	
3. 设置"weld1"参数。分别选中焊接电压、电流、速度，单击加号或者减号可改变当前数值。此例分别设置为：焊接电压 36 V，电流 300 A，焊接速度 15 mm/s。单击"确定"	

✍ 笔记

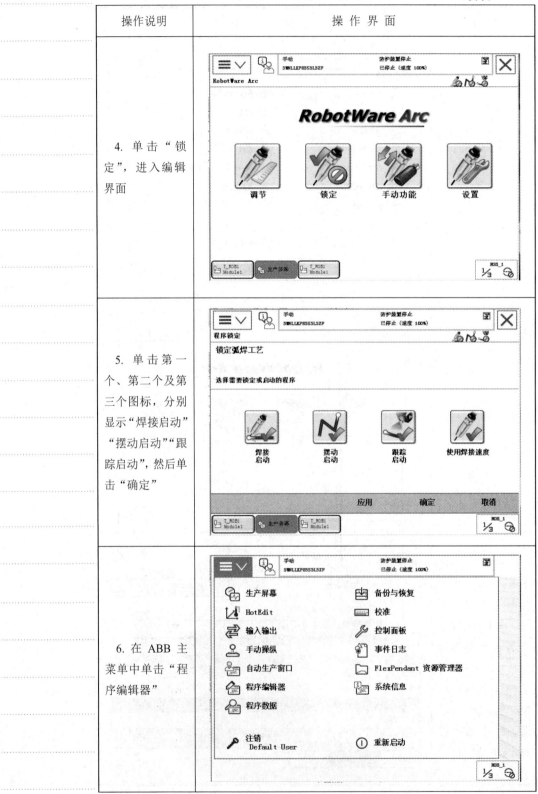

操作说明	操 作 界 面
4. 单击"锁定",进入编辑界面	
5. 单击第一个、第二个及第三个图标,分别显示"焊接启动""摆动启动""跟踪启动",然后单击"确定"	
6. 在 ABB 主菜单中单击"程序编辑器"	

续表二　　　✍ 笔记

操作说明	操作界面
7. 单击"调试"，选择"PP 移至例行程序…"	
8. 双击例行程序"duihanshijiao"	
9. 此时看到光标指向第一行指令	
10. 手持示教器，按下使能按钮给机器人上电，然后按下运行按钮，启动程序进行焊接	

三、焊枪清理

1. 安装及信号配置

不同类型的焊枪清理机构和不同的机器人型号，其设备安装方式不同，需要参考设备安装书进行安装。设备安装完成后需要在机器人 I/O 板定义相关信号，以实现机器人对清枪机构的控制。在已定义的尚有备用电的 I/O 板上增加输出和输入点，具体配置内容根据焊枪清理装置而定。以 ABB IRB1410 配置日本 OTC 气控清枪器为例，需要在 I/O 板上增加两个输出点 Clear-Gun1、Clear-Gun2 和一个输入点 Clear-Gun。输出点 Clear-Gun1、Clear-Gun2 通过中间继电器驱动两个电磁阀固定夹持焊枪和清枪，输入点 Clear-Gun 检测刀具是否升到位。

2. 焊接机器人清枪程序

焊接机器人清枪流程为：机器人焊枪运动到清枪空间点→夹紧焊枪→气动马达启动带动清枪刀具旋转→刀具升降气缸动作刀具升到位→等待检测信号后持续 2 秒→刀具升降气缸动作刀具降到位→等待 1 秒并收到检测信号→夹紧气缸动作松开焊枪。

应用 ABB 机器人 RAPID 编辑语言指令在机器人手动模式下对焊枪进行编程示教。示教的清枪程序如下：

```
PROC Clean Gun()
TP Erase;                              //清屏指令
TP Writ "Clean gun";                   //写屏指令
MoveJ pHome, v1000, z50, tool1;        //运动指令
MoveJ *, v1000, z50, tWeld Gun;        //运动指令
MoveJ *, v1000, fine,   tWeld Gun;     //运动指令
Set cleangun1;                         //置位焊枪夹紧动作
Wait Time\InPos, 1;                    //等待 1 s
Set cleangun2;                         //置位清枪动作
Wait DI clean gun 0;                   //等待检测信号为 0
Wait Time\InPos, 2;                    //等待 2 s
ReSet cleangun2;                       //复位清枪动作
Wait Time\InPos, 1;                    //等待 1 s
Wait DI clean gun 1;                   //等待检测信号为 10
ReSet cleangun1;                       //复位焊枪夹紧动作
MoveJ *, v1000, z50, tWeld Gun;        //运动指令
MoveJ *, v1000, z50, tWeld Gun;        //运动指令
Wait Time\InPos, 0.5;                  //等待焊枪加涂助焊剂时间
MoveJ *, v1000, z50, tWeld Gun;        //运动指令
MoveJ pHome, v1000, z50, tool1;        //机器人回原点
```

| ENDPROC | //程序结束 | ✍ 笔记 |

四、运动监控的使用

每台机器人都带有运动监控。如果没有 613-1 Collision Detection 选项，机器人运动监控只有在自动运行时自动开启，灵敏度默认为 100，不能调节。如果有 613-1 Collision Detection 选项，可以设置灵敏度，如图 4-69、图 4-70 所示。

图 4-69　613-1 Collision Detection 选项

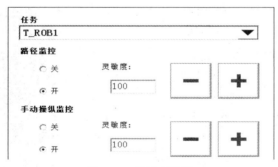

图 4-70　灵敏度设置

路径监控即运行程序时的监控。灵敏度数字越大，机器人越不敏感；数字越小，越灵敏。但若数字小于 80，机器人可能由于自身的阻力而报警，故不建议设太小。机器人如果发生了碰撞，可以暂时关闭运动监控。运动监控的关闭、打开和调节也可通过示教器语句指令实现，如图 4-71 所示。

图 4-71　应用程序打开或关闭运动监控

五、ABB 机器人多任务使用方法

ABB 机器人支持多任务(每台机器人本体最多执行一个运动任务)。使用多任务，机器人要有 623-1 Multitasking 选项，如图 4-72 所示。

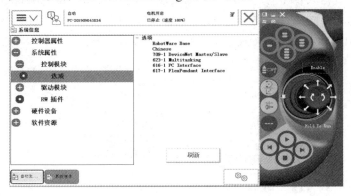

图 4-72　623-1 Multitasking 选项

1) 多任务管理

(1) 在控制面板选择"配置"→"主题"→"Controller"，如图 4-73 和图 4-74 所示。

图 4-73　控制面板

图 4-74　主题 Controller

(2) 如图 4-75 所示，进入任务，然后重启。把 Type 设为 Normal，否则
不能编程，全部程序调试好再设回 Semistatic 就可以开机自动运行了。

图 4-75　进入 Task

(3) 进入程序编辑器界面，点击任务 t2，如图 4-76 所示。

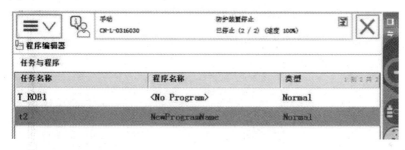

图 4-76　进入任务 t2

2) 多任务间的数据传输

这里我们以任务间传输 bool 量 flag1 为例(即任何一个任务修改了 flag1 值，另一个任务的 flag1 值也修改)介绍多任务间的数据传输。前台和后台都要建立数据，其存储类型必须是可变量，要求类型一样，名字一样，比如：Pers bool flag1；两个任务里必须都有 flag1，而且必须是可变量，如图 4-77 所示。t2 里的代码如图 4-78 所示。前台任务代码如图 4-79 所示。

(a) 任务一

笔记

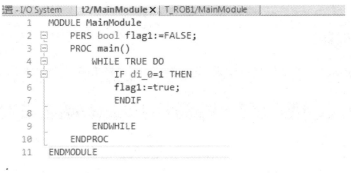

(b) 任务二

图 4-77　两个任务

```
谮 - I/O System | t2/MainModule X | T_ROB1/MainModule
1    MODULE MainModule
2       PERS bool flag1:=FALSE;
3       PROC main()
4          WHILE TRUE DO
5             IF di_0=1 THEN
6                flag1:=true;
7             ENDIF
8
9          ENDWHILE
10      ENDPROC
11   ENDMODULE
```

图 4-78　t2 代码

```
- I/O System | t2/MainModule | T_ROB1/MainModule X |
1    MODULE MainModule
2       PERS bool flag1:=FALSE;
3       PROC main()
4          waituntil flag1=TRUE;
5          flag1:=FALSE;
6       ENDPROC
7    ENDMODULE
```

图 4-79　前台任务代码

　　以上操作能实现后台任务实时扫描 di_0 信号，如果 di_0 信号变为 1，flag1 即为 TRUE。前台根据逻辑，一直等待 flag1 为 TRUE。执行过 waituntil 后，把 flag1 置为 FALSE。

　　3) 运行

　　在示教器上确保两个任务都勾选，然后进行测试，如图 4-80 所示。测试通过后进入配置界面，把 t2 改为 Semistatic，然后重启，如图 4-81 所示。这时 t2 不能勾选，已经开机自动运行，如图 4-82 所示。

✍ 笔记

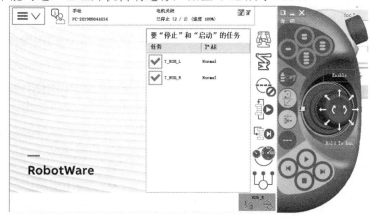

图 4-80 选择两个任务

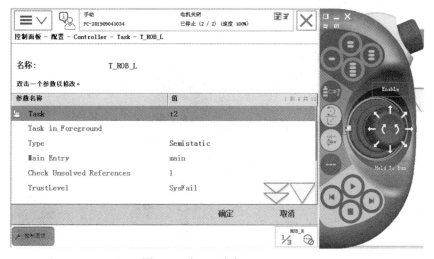

图 4-81 把 t2 改为 Semistatic

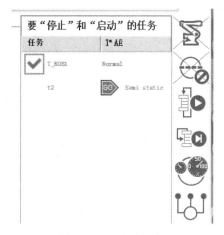

图 4-82 t2 自动运行

☑ 笔记

六、多工位预约程序

1. ABB 机器人双工位预约程序

图 4-83 所示为双工位预约生产示意图。生产过程如下：人工完成 1# 工位上料后按按钮 di_1(按钮不带保持，即人手松开信号为 0)，机器人焊接 1# 工位。此过程中人工对 2# 工位上下料，完成后按 di_2 完成预约(即不需要等机器人完成 1# 工位的作业)。机器人完成 1# 工位的作业后，由于收到过 di_2 预约信号，因此机器人自动去完成 2# 工位的作业。此过程通过中断来实现。机器人后台在不断扫描(类似 PLC)，和机器人前台运动不冲突。后台实时扫描到信号就会去执行设定的中断程序，中断程序里没有运动指令，前台机器人不停，不影响运动。

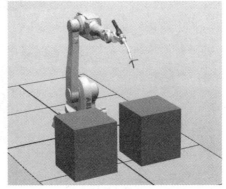

图 4-83　双工位预约生产示意图

创建双工位中断程序的步骤如下：

(1) 建立中断例行程序"TR_1"，进入中断程序，插入图 4-84 所示指令，即当机器人执行中断程序时，给 bool 量置 TRUE。用同样的方法建立中断例行程序"TR_2"。

图 4-84　建立中断例行程序

(2) 进入主程序，设置中断及对应的 I/O 信号。图 4-85 中的程序表示任何时候 Di_1 信号由 0 变为 1，就会触发执行 TR_1 中断程序，即置 flag1 为

TRUE；部分程序只要运行一遍即可，类似于设置开关，不需要反复运行。
如果没有发送 Di 信号，机器人就在 Home 位等待。

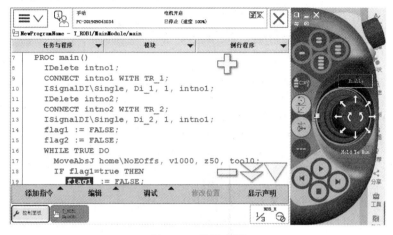

图 4-85　设置中断

2. 多工位随机多次预约程序

这里我们以图 4-86 所示的 5 工位操作为例介绍。现场有 5 个工位，对应
5 个不同例程，由 5 个不同 Di 触发。可随机预约，比如依次按下 1、2、3、
4、5(按钮不带保持)时，机器人应依次完成 1 到 5 工位的作业。机器人每个
例程执行需要较长时间，执行期间用户依旧可以预约，机器人会记录预约，
待完成这个例程后根据预约顺序继续执行。

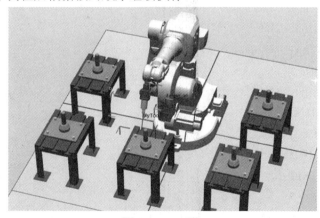

图 4-86　5 工位

实现以上功能最便捷的方式是使用队列 queue(按先进先出原则记录信
息)，但 ABB 机器人默认没有队列功能。可以利用字符串以及"+"号来模
拟队列功能，编写函数完成先进先出功能(即后续的信息添加到字符串末尾，
每次从字符串拿出第一位信息使用，拿出后，字符串原有第一位信息剔除)。

用中断来记录用户预约按钮信息的程序如下：

```
PROC intno1()
    IDelete intno1;
```

✎ 笔记

```
        CONNECT   intno1    WITH tr_1;
        ISignalDI di_test_1, 1, intno1;
        IDelete intno2;
        CONNECT   intno2    WITH tr_2;
        ISignalDI   di_test_2, 1, intno2;
        IDelete intno3;
        CONNECT intno3 WITH tr_3;
        ISignalDI di_test_3, 1, intno3;
        IDelete intno4;
        CONNECT intno4 WITH tr_4;
        ISignalDI di_test_4, 1, intno4;
        IDelete intno5;
        CONNECT intno5 WITH tr_5;
        ISignalDI   di_test_5, 1, intno5;
        s100 := "";
    ENDPROC
```

中断程序如下：

```
    TRAP tr_1
        s100 := s100+"1";
    ENDTRAP
    TRAP tr_2
        s100 := s100+"2";
    ENDTRAP
    TRAP tr_3
        s100 := s100+"3";
    ENDTRAP
    TRAP tr_4
        s100 := s100+"4";
    ENDTRAP
    TRAP tr_5
        s100 := s100+"5";
    ENDTRAP
```

主程序及字符串处理函数如下：

```
    PROC test12()
        init1;
        WHILE TRUE DO
            s101 := str_cal(s100);      //获取当前字行串第一位信息
            TEST s101
            CASE "1":
```

```
        TPWrite" this is 1";
        waitime 2;
    CASE "2":
        TPWrite " this is 2";
        waitime 2;
    CASE "3":
        TPWrite " this is 3";
        waitime 2;
    CASE "4":
        TPWrite " this is 4";
        waitime 2;
    CASE "5":
        TPWrite" this is 5";
        waitime 2;
    ENDTEST
  ENDWHILE
ENDPROC
FUNC string str_cal(inout string s_input);
//字符串处理函数,使用 inout 类型,即函数会对 s_input 数据进行修改
    VAR string s_ temp;
    VAR num total;
    IF s_ input="" RETURN "0"; //如果字行串为空,返回 0,后续程序不再执行
    total := StrLen(s_ input);          //获取字符串总长度
    TPWrite"s100 := "+s100;
    s_temp := StrPart(s_input, 1, 1);    //获取字符串第一位
    IF total=1 THEN
        s_ input := " ";                 //如果字行串总数为 1,新字符串为空
    else
        s_ input := Str Part(s_input, 2, total-1);
        //新字符串为剔除原有第一位后的字符串
    ENDIF
    RETURN   s_temp;                     //返回第一位字行串
ENDFUNC
```

🎥 **任务扩展**

一、倒挂机器人设置

对图 4-87 所示的倒挂工业机器人的参数进行设置,具体过程如下:

（1）进入示教器，在"控制面板"选择"主题"→"Motion"，如图 4-88 所示，选择 Robot，如图 4-89 所示。此处表示机器人基坐标系相对于世界坐标系的 X、Y、Z 偏移，角度关系如图 4-90 所示。

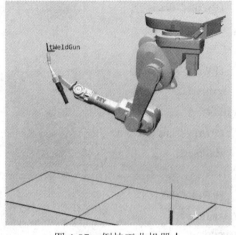

图 4-87　倒挂工业机器人

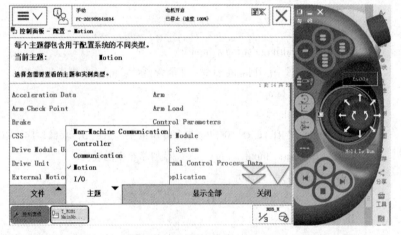

图 4-88　主题切换为 Motion

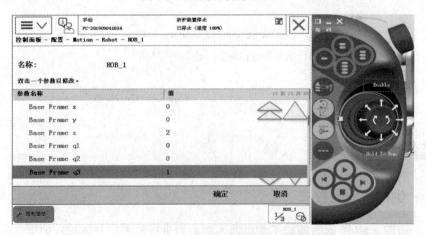

图 4-89　选择 Robot

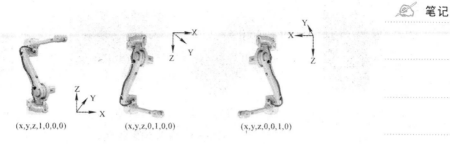

图 4-90 角度关系

(2) 设置旋转角度，若机器人绕 Y 轴旋转对应角度，修改 Gravity Beta，如图 4-91 和图 4-92 所示。若机器人绕 X 轴旋转，修改 Gravity Alpha，如图 4-93 所示。

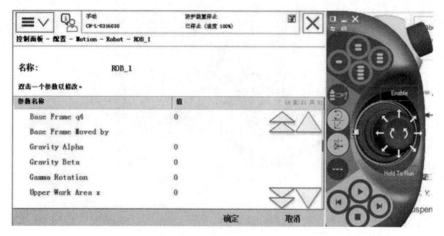

图 4-91 修改 Gravity Beta

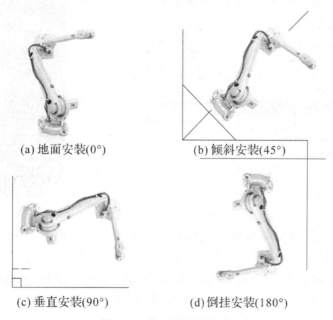

(a) 地面安装(0°)　　(b) 倾斜安装(45°)

(c) 垂直安装(90°)　　(d) 倒挂安装(180°)

图 4-92 绕 Y 轴旋转角度

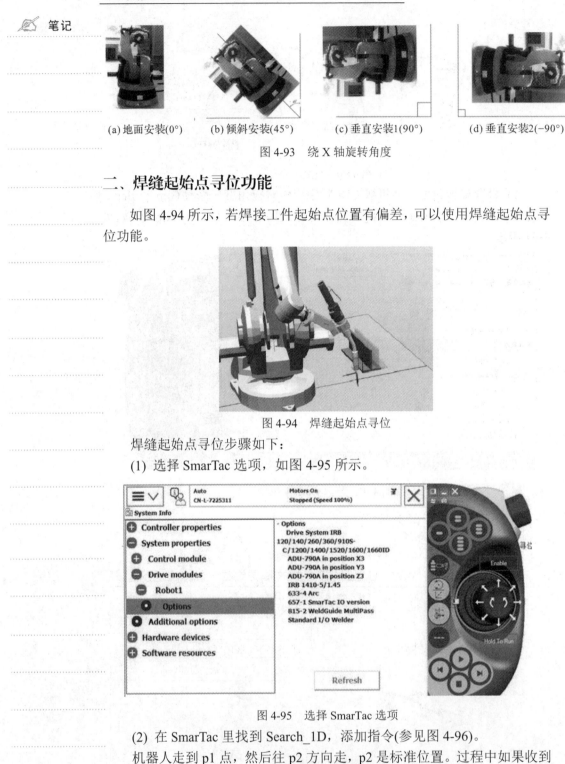

(a) 地面安装(0°)　　(b) 倾斜安装(45°)　　(c) 垂直安装1(90°)　　(d) 垂直安装2(−90°)

图 4-93　绕 X 轴旋转角度

二、焊缝起始点寻位功能

如图 4-94 所示，若焊接工件起始点位置有偏差，可以使用焊缝起始点寻位功能。

图 4-94　焊缝起始点寻位

焊缝起始点寻位步骤如下：

(1) 选择 SmarTac 选项，如图 4-95 所示。

图 4-95　选择 SmarTac 选项

(2) 在 SmarTac 里找到 Search_1D，添加指令(参见图 4-96)。

机器人走到 p1 点，然后往 p2 方向走，p2 是标准位置。过程中如果收到接触信号，机器人会记录当前位置和 p2 的偏差，并记录到 peOffset 里(pose 类型数据)，然后沿原路径后退。程序语句为：

Search_1D peOffset, p1, p2, v200, tWeldGun;

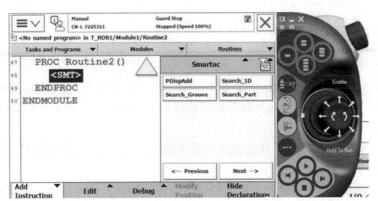

图 4-96 添加 Search_1D

如图 4-97 所示，Pdispset peoffset 表示将偏差应用于后续所有点。此时运行 Path_10，所有点均会产生 peOffset 的偏移。Pdispoff 表示关闭偏移。

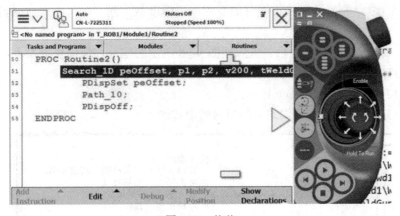

图 4-97 偏移

三、Units 焊接参数的基本单位

表 4-33 为 Units 焊接参数的基本单位。

表 4-33 Units 焊接参数的基本单位

标 准			单 位
SI_UNITS	国际标准	焊接速度	mm/s
		长度单位	mm
		送丝速度	mm/s
US_UNIIS	美国标准	焊接速度	ipm
		长度单位	inch
		送丝速度	ipm
WELD_UNITS	焊接标准	焊接速度	mm/s
		长度单位	mm
		送丝速度	m/min

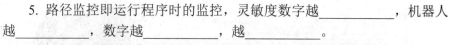 任务巩固

一、填空题：

1. 使用 World Zones 选项时，All 表示最高存储级别，自动状态下_____修改；Default 为系统默认级别，一般情况下使用。ReadOnly 表示_____。

2. WZBoxDef 用于在大地坐标系下设定_____的区域检测，设定时需要定义该虚拟矩形体的_____。

3. WZCylDef 用于在大地坐标系下设定圆柱体的区域检测，设定时需要定义该虚拟圆柱体的底面_____、圆柱体_____、圆柱体_____三个参数。

4. Weavedata 定义焊接过程中焊枪_____的参数。

5. 路径监控即运行程序时的监控，灵敏度数字越_____，机器人越_____，数字越_____，越_____。

二、应用弧焊工业机器人焊接图 4-98 所示的零件，焊接要求如下：

(1) 焊缝表面不得有裂纹、夹渣、焊瘤、未熔合等缺陷；

(2) 焊脚高度为 6 mm；

(3) 焊缝表面波纹均匀，与母材圆滑过渡。

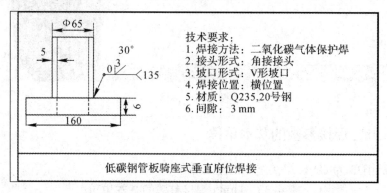

图 4-98　低碳钢管板骑座式垂直俯位焊接

任务三　其他常见轨迹类工作站的现场编程

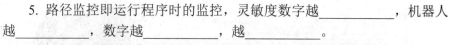 任务导入

常用的轨迹类工作站除可完成弧焊外，还可完成点焊、涂装、雕刻等工序。电阻点焊(Resistance Spot Welding, RSW)是焊件装配成搭接接头，并压紧在两电极之间，利用电阻热融化母材金属形成焊点的电阻焊方法。如图 4-99 所示为点焊原理。

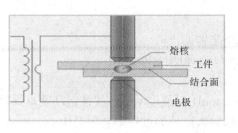

图 4-99 点焊原理

国内外的涂装机器人大多数从构型上仍采取与通用工业机器人相似的 5 或 6 自由度串联关节式机器人，在其末端加装自动喷枪。按照手腕构型划分，涂装机器人主要有球形手腕涂装机器人和非球形手腕涂装机器人，如图 4-100 所示。

(a) 球形手腕涂装机器人   (b) 非球形手腕涂装机器人

图 4-100 涂装机器人

任务目标

知 识 目 标	能 力 目 标
1. 掌握点焊的常用指令 2. 掌握点焊的 I/O 配置 3. 掌握点焊的常用参数 4. 掌握喷涂程序的编制 5. 掌握点焊程序的编制方法	1. 会进行焊枪及外部轴的配置 2. 能够根据工作任务要求编制工业机器人打磨、喷涂、雕刻等应用程序 3. 能进行独立轴设置及使用

任务准备

一、点焊指令及其使用方法

1. 点焊的常用指令

1) 线性点焊指令 SpotL

线性点焊指令用于点焊工艺过程中机器人的运动控制，包括机器人的移动、点焊枪的开关控制和点焊参数的调用。SpotL 用于在点焊位置的 TCP 线

✎ 笔记　性移动。

SpotL 指令应用举例如下：

SpotL p100, vmax, gun1, spot10, tool1;

指令说明：

(1) 当前点焊枪 tool1 以速度 vmax 线性运动到点焊位置 p100。

(2) 点焊枪在机器人运动的过程中会预关闭。

(3) 点焊工艺参数 spot10 包含了在点焊位置 p100 的点焊参数。

(4) 点焊设备参数 gun1 用于指定点焊的控制器。

2) 关节点焊指令 SpotJ

该指令用于在点焊之前的 TCP 关节运动。如图 4-101 所示，SpotJ 为 MoveJ 形式走到焊接点并焊接。语句中的 gun1 为 gundata，可以在程序数据 gundata 里查看。

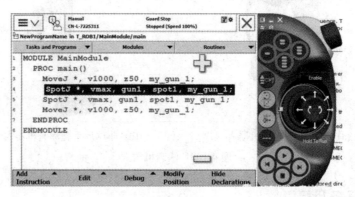

图 4-101　关节点焊指令 SpotJ

3) 点焊枪关闭压力设定指令 SetForce

该指令用于控制点焊枪关闭的压力。

应用举例：

SetForce gun1, force10;

点焊枪关闭压力设定指令指定使用点焊枪参数压力，点焊设备参数 gun1 是一个 num 类型的数据，用于指定点焊的控制器。

4) 校准点焊枪指令 Calibrate

该指令用于在点焊中校准焊枪电极的距离。在更换了焊枪或枪嘴后需要进行一次校准。

应用举例：

Calibrate gun1\ TipChg;

更换焊枪后对 gun1 进行校准，gun1 对应的是正在使用的点焊设备。指令执行后，程序数据 curr_gundata 的参数 curr_tip_wear 将自动复位为零。

带领学生到工业机器人旁边进行介绍，但应注意安全。

2. 点焊机器人的 I/O 配置

ABB 点焊机器人出厂时的默认 I/O 配置会预置 5 个 I/O 单元, 如图 4-102
所示。其含义见表 4-34～表 4-37。

笔记

图 4-102　ABB 点焊机器人出厂时的默认 I/O 配置

表 4-34　I/O 板功能

I/O 板名称	说　明
SW_BOARD1	点焊设备 1 对应基本 I/O
SW_BOARD2	点焊设备 2 对应基本 I/O
SW_BOARD3	点焊设备 3 对应基本 I/O
SW_BOARD4	点焊设备 4 对应基本 I/O
SW_SIM_BOARD1	机器人内部中间信号

表 4-35　I/O 板 SW_BOARD1 的信号分配

信　号	类　型	说　明
g1_start_weld	Output	点焊控制器启动信号
g1_weld_prog	Output group	调用点焊参数组
g1_weld_power	Output	焊接电源控制
g1_reset_fault	Output	复位信号
g1_enable_curr	Output	焊接仿真信号
g1_weld_complete	Input	点焊控制器准备完成信号
g1_weld_fault	Input	点焊控制器故障信号
g1_timer_ready	Input	点焊控制器焊接准备完成
g1_new_program	Output	点焊参数组更新信号
g1_equalize	Output	点焊枪补偿信号
g1_close_gun	Output	电焊枪关闭信号(气动枪)
g1_open_hilift	Output	打开点焊枪到 hilift 的位置(气动枪)

信　号	类　型	说　明
g1_close_hilift	Output	从 hilift 位置关闭点焊枪(气动枪)
g1_gun_open	Input	点焊枪打开到位(气动枪)
g1_hilift_open	Input	点焊枪已打开到 hilift 位置(气动枪)
g1_pressure_ok	Input	点焊枪压力没问题(气动枪)
g1_start_water	Output	打开水冷系统
g1_temp_ok	Input	过热报警信号
g1_flow1_ok	Input	管道 1 水流信号
g1_flow2_ok	Input	管道 2 水流信号
g1_air_ok	Input	补偿气缸压缩空气信号
g1_weld_contact	Input	焊接接触器状态
g1_equipment ok	Input	点焊枪状态信号
g1_ press_ group	Output group	点焊枪压力输出
g1_ process_run	Output	点焊状态信号
g1_ process_fault	Output	点焊故障信号

表 4-36　I/O 板 SW_SIM_BOARD 的常用信号分配

信　号	类　型	说　明
force_complete	Input	点焊压力状态
reweld_proc	Input	再次点焊信号
skip_proc	Input	错误状态应答信号

表 4-37　I/O 信号参数

名　称	信号类型	单元	参数值	说　明
di_StartPro	DI	SW_BOARD1	11	点焊启动信号
g1_air_ok	DI	SW_BOARD1	6	补偿气缸压缩空气信号
g1_weld_contact	DI	SW_BOARD1	3	焊接接触器状态
g1_weld_complete	DI	SW_BOARD1	0	点焊控制器准备完成信号
g1_timer_ready	DI	SW_BOARD1	1	点焊控制器焊接准备完成
g1_temp_ok	DI	SW_BOARD1	7	过热报警信号
g1_flow1_ok	DI	SW_BOARD1	4	管道 1 水流信号
g1_flow2_ok	DI	SW_BOARD1	5	管道 2 水流信号
g1_gun_close	DI	SW_BOARD1	12	点焊枪关闭
g1_gun_open	DI	SW_BOARD1	9	点焊枪打开
g1_hilift_open	DI	SW_BOARD1	10	点焊枪已打开到 hilift 位置

名　称	信号类型	Assigned to Unit	Unit Mapping	说　明
g1_pressure_ok	DI	SW_BOARD1	8	点焊枪压力没问题
g1_start_weld	DO	SW_BOARD1	1	点焊控制器启动信号
g1_start_water	DO	SW_BOARD1	6	打开水冷系统
g1_open_gun	DO	SW_BOARD1	13	点焊枪打开信号
g1_open_hilift	DO	SW_BOARD1	8	打开点焊枪到hilift的位置
g1_weld_power	DO	SW_BOARD1	5	焊接电源控制
g1_equalize	DO	SW_BOARD1	0	点焊枪补偿信号
g1_enable_curr	DO	SW_BOARD1	2	焊接仿真信号
g1_close_hilift	DO	SW_BOARD1	9	从hilift位置关闭点焊枪
g1_close_gun	DO	SW_BOARD1	7	点焊枪关闭信号
do_TipDress	DO	SW_BOARD1	14	点焊枪修整
g1_reset_fault	DO	SW_BOARD1	3	复位信号
g1_weld_prog	GO	SW_BOARD1	10～12	调用点焊参数组

3. 点焊的常用参数

点焊设备参数(gundata)设置见图4-103，点焊设备参数名称及注释见表4-38。

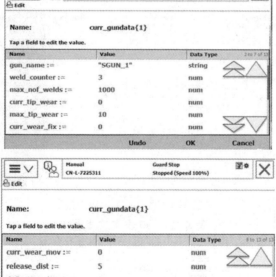

图 4-103　点焊设备参数设置

表 4-38　点焊设备参数

参　数　名　称	参　数　注　释
gun_name	点焊枪名字
pre_close_time	预关闭时间
pre_equ_time	预补偿时间
weld_counter	焊点计数
max_nof_welds	最大点焊数
curr_tip_wear	当前点焊枪磨损值
max_tip_wear	点焊枪磨损值
weld_timeout	点焊完成信号延迟时间
Curr_wear_fix	当前静臂修磨量
Curr_wear_mov	当前动臂修磨量
Release_dist	焊接前后的偏移距离(即焊接前先移动力偏移距离，到达焊接点)
Deflection_dist_z	工具 Z 方向的挠性形变量(对应下面的挠性压力)
Deflection_dist_x	工具 X 方向的挠性形变量(对应下面的挠性压力)
Deflection_force	挠性形变时的压力
Deflection_time	挠性形变补偿时间

点焊工艺参数(spotdata)设置及注释分别见图 4-104 和表 4-39。

Manual CN-L-7225311		Guard Stop Stopped (Speed 100%)	
Edit			
Name:	**spot1**		
Tap a field to edit the value.			
Name	Value	Data Type	1 to 5 of 5
spot1:	[1,1000,0,0]	spotdata	
prog_no :=	1	dnum	
tip_force :=	1000	num	
plate_thickness :=	0	num	
plate_tolerance :=	0	num	

图 4-104　点焊工艺参数设置

表 4-39　点焊工艺参数

参　数　名　称	参　数　注　释
prog_no	点焊控制器参数组编号
tip_force	定义电焊枪压力
plate_thickness	定义点焊钢板的厚度
plate_tolerance	钢板厚度的偏差

点焊枪压力参数(forcedata)见表 4-40。

表 4-40 点焊枪压力参数

参 数 名 称	参 数 注 释
tip_force	点焊枪关闭压力
force_time	关闭时间
plate_thickness	定义点焊钢板的厚度
plate_tolerance	钢板厚度的偏差

二、喷涂

针对喷涂行业，ABB 机器人有专门的 Dispense 软件，也有对应的指令，如图 4-105 所示。喷涂的主要指令有 DispL 和 DispC，其中 DispL 为走直线，DispC 为走圆弧。

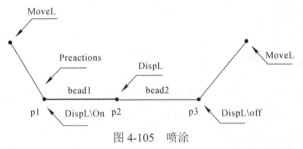

```
DispL \On, p1, v250, bead1, z30, to017;
DispL p2, v250, bead2, z30, tool7;
D1spL \off, p3, v250, bead2, z30, too17;
```

图 4-105 喷涂

在图 4-105 中，机器人到 p1 点开始涂胶；p1 到 p2 之间使用 bead1 涂胶参数，如图 4-106 所示，其中 flow1 为流量，flow1_type 为流量形式，1 表示流量与速度无关，即不论机器人速度快慢，出胶量不变，2 表示流量与速度有关，即机器人出胶量会随着机器人运动速度变快而加大，速度变慢而减小；p2 到 p3 使用 bead2 涂胶参数；到 p3 后关闭涂胶。

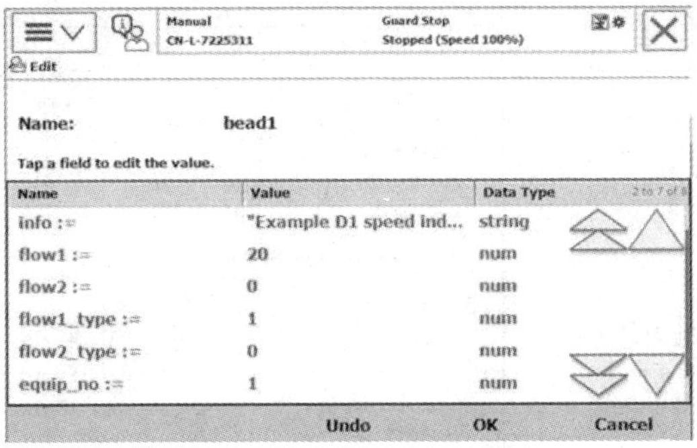

图 4-106 bead1 涂胶参数

参数 equipdata 的设置如图 4-107 所示，其中，ref_speed 为机器人参考速度，当 bead 数据里的 flow1_type 选择 2 时，出胶量和速度有关：如果 ref_speed 为 500，机器人速度实际也为 500，出胶量就为设置的 20；如果机器人实际速度为 250(ref_speed 的 50%)，出胶量就为实际的 50%，即 10。

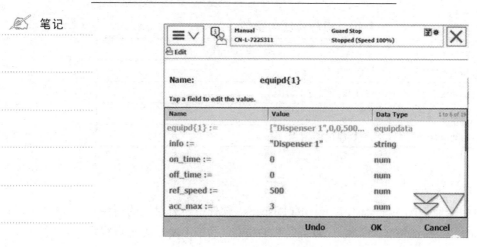

图 4-107   设置参数 equipdata

🎥 **任务实施**

一、焊枪及外部轴的配置

这里主要介绍点焊机器人配置焊钳的基本操作。点焊焊枪是机器人常用的作业工具，配置焊钳外部轴需要以下步骤。

1. 加载 EIO 与 MOC

原始裸机备份的系统文件夹 Syspar 目录中保存有参数配置文件如 EIO 文件，根据现场实际 I/O 的定义，可以用电脑离线编写 I/O 具体的名称和地址，写好之后加载到机器人。具体参数加载步骤如表 4-41 所示。

表 4-41   加载 EIO 参数操作步骤

操作说明	操作界面
1. 在 I/O 界面点击"文件"，选择"加载参数"	控制面板 - 配置 - EIO 每个主题都包含用于配置系统的不同类型。 当前主题： EIO 选择您需要查看的主题和实例类型。 Access Level Cross Connection Device Trust Level EtherNet/IP Command EtherNet/IP Device EtherNet/IP Internal Device Industrial Network PROFIBUS Internal Anybus Device 加载参数... Signal 'EIO'另存为... System Input 全部另存为... 文件 主题 显示全部 关闭

续表一

笔记

操作说明	操作界面
2. 点选"加载参数并替换副本"	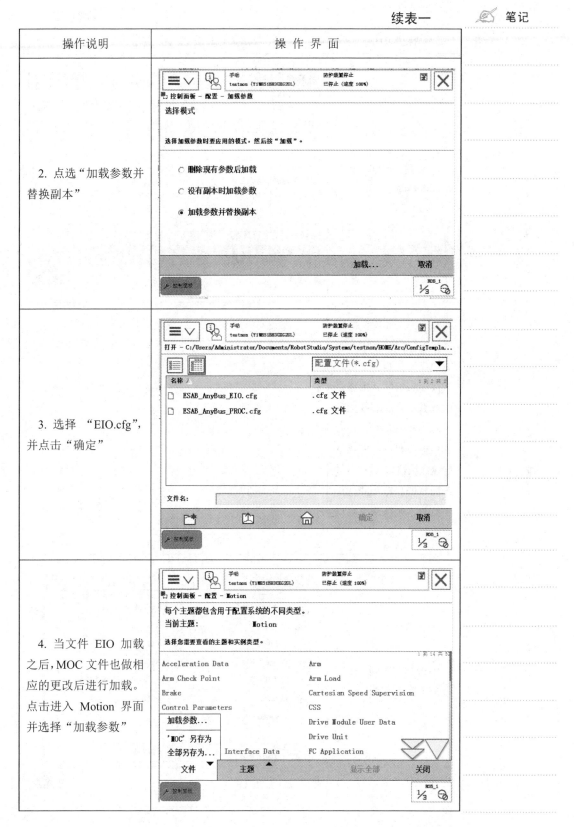
3. 选择 "EIO.cfg"，并点击"确定"	
4. 当文件 EIO 加载之后，MOC 文件也做相应的更改后进行加载。点击进入 Motion 界面并选择"加载参数"	

✍ 笔记

操作说明	操作界面
5. 选择"MOC.cfg"并点击"确定"	
6. 加载完 MOC 后应该初始化焊枪,否则不能动作。初始化后可以先拨动示教器上的操纵杆查看工具活动及运动方向,向右是设定方向,如果方向相反,应该把转速比数值取反(注意转速比*MOTER TORQUE 是负数,所以两组数据应该一正一负)	
7. 若传动比取反了,可先单击"控制面板"	

续表三　　✍ 笔记

操作说明	操作界面
8. 点击"配置"	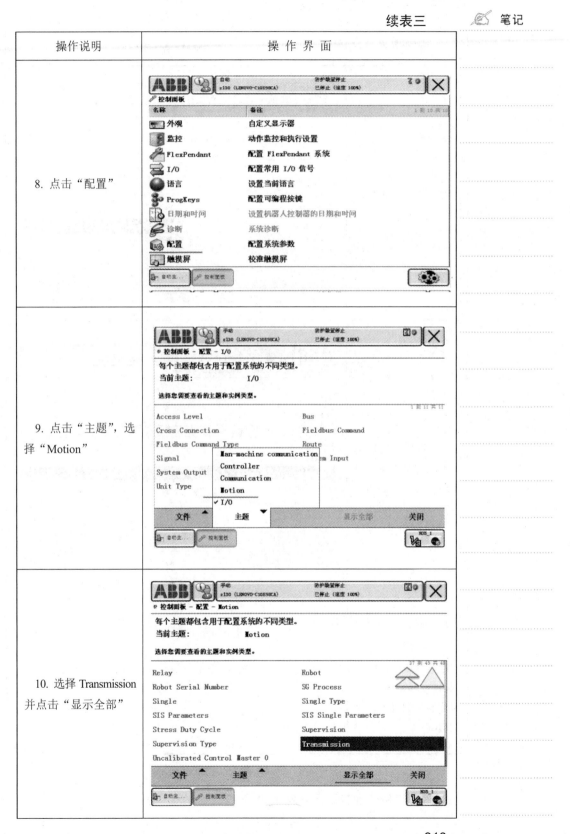
9. 点击"主题"，选择"Motion"	
10. 选择 Transmission 并点击"显示全部"	

✍ 笔记

操 作 说 明	操 作 界 面
11. 选择"S_GUN"	
12. 将原本的数值取反即可	
13. 加载 MOC 以后摇动伺服枪时如果出现关节碰撞，报警代码为 50056，首先将伺服枪微校再关闭伺服枪	

2. 加载伺服焊枪

伺服焊枪的加载操作如表 4-42 所示。

表 4-42　加载伺服焊枪的操作步骤

操作说明	操作界面
1. 首先在 ABB 主菜单中点击"程序编辑器"	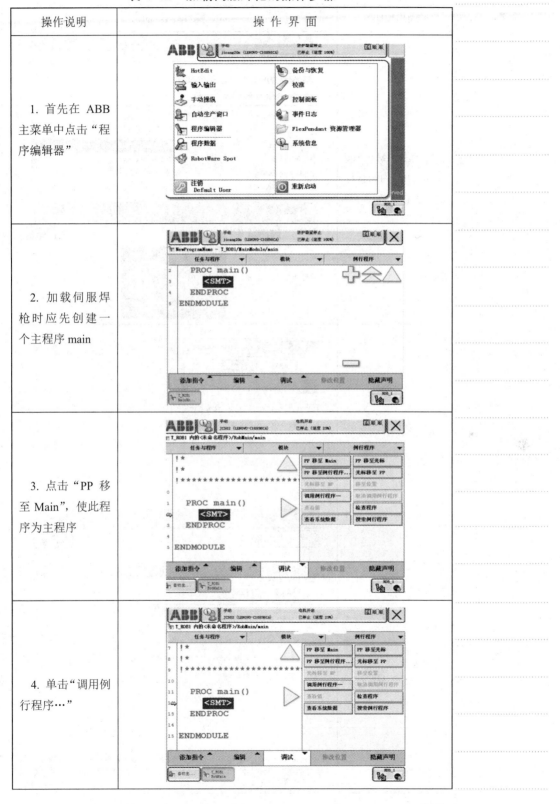
2. 加载伺服焊枪时应先创建一个主程序 main	
3. 点击"PP 移至 Main"，使此程序为主程序	
4. 单击"调用例行程序…"	

✎ 笔记

续表一

操作说明	操 作 界 面
5. 选择"ManAdd GunName"为例行程序并长按播放键	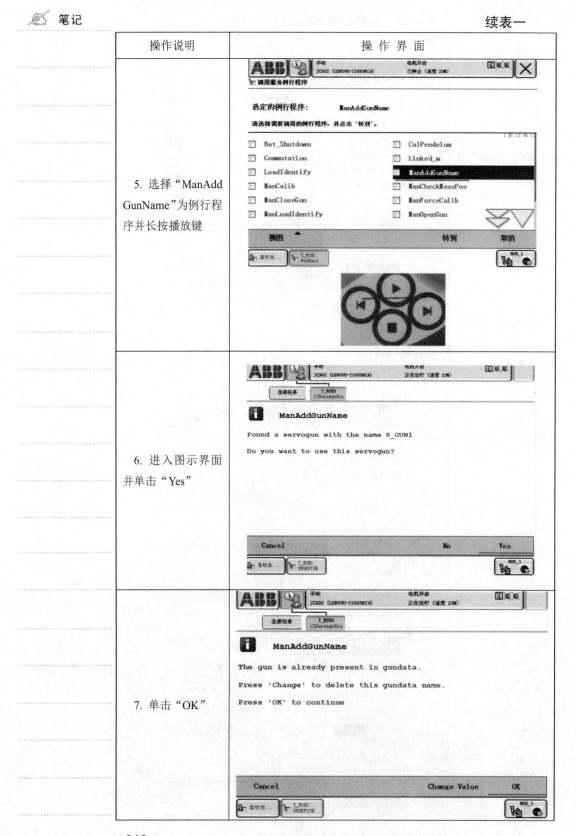
6. 进入图示界面并单击"Yes"	
7. 单击"OK"	

操作说明	操作界面
8. 单击"Yes"	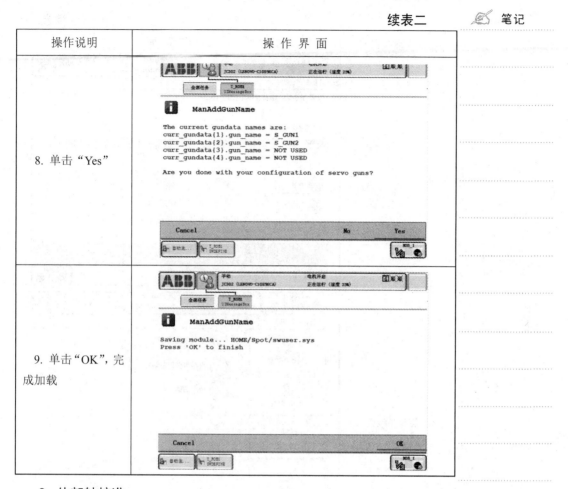
9. 单击"OK",完成加载	

3. 外部轴校准

外部轴校准的具体操作步骤如表 4-43 所示。

表 4-43   外部轴校准的操作步骤

操作步骤及说明	操作界面
1. 外部轴校准即外部轴零点的设定。首先在 ABB 主菜单中点击"控制面板"	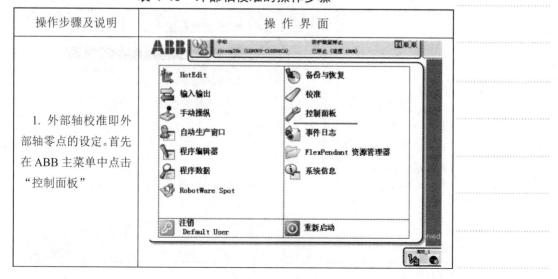

笔记

操作步骤及说明	操作界面
2. 选择第一个外部轴	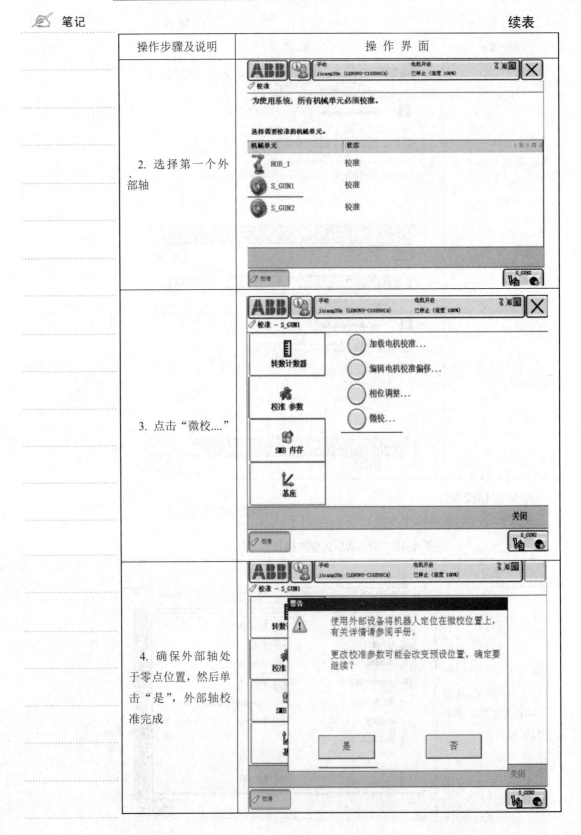
3. 点击"微校...."	
4. 确保外部轴处于零点位置，然后单击"是"，外部轴校准完成	

4. 设定传动比

传动比是机构中两转动构件角速度的比值，也称速比。多级减速器各级传动比的分配直接影响减速器的承载能力和使用寿命，还会影响其体积、重量和润滑。在示教器中设置传动比的操作步骤如表 4-44 所示。

表 4-44　设定传动比的操作步骤

操作步骤及说明	操 作 界 面
1. 在 ABB 主菜单中单击"控制面板"→"配置"→"Motion"	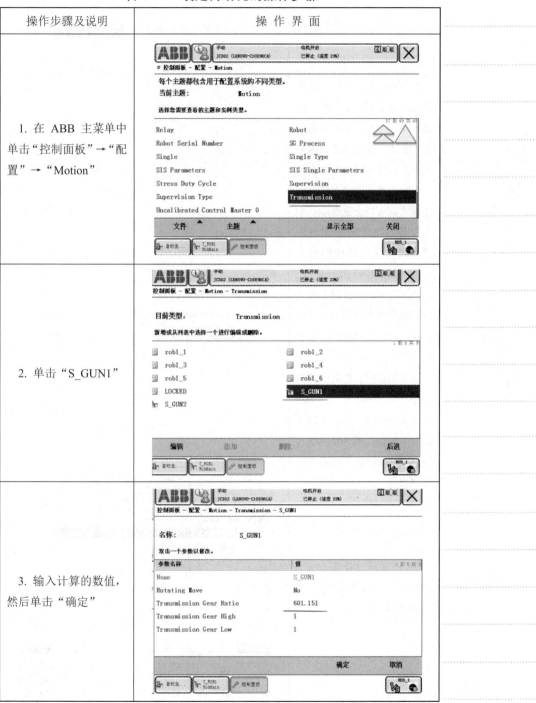
2. 单击"S_GUN1"	
3. 输入计算的数值，然后单击"确定"	

5. 计算最大扭矩

最大扭矩的设置步骤如表 4-45 所示。

表 4-45　最大扭矩的设置步骤

操作步骤及说明	操作界面
1. 首先在示教器中新建一个程序	PROC test_1() 　ActUnit S_GUN1; 　SetForce gun1, force_test; ENDPROC
2. 若扭矩与压力还未转换成一定的比例(正常比例接近 1∶1000)，此处压力应该为扭矩；厚度应该为压力表厚度；保持时间可以设为 2 s；运动方式可设为单周循环模式，否则会连续加压。需要通过改变扭矩来测出接近最大压力对应的最大扭矩，扭矩范围一般在 2.5～5 之间，如果超出此范围，就要考虑是否出错。 　执行程序，观察压力表数据显示，更改扭矩，直到压力显示额定值。把测出的扭矩输入 Motion 的 SG Process 中，把 Sync Check Off 改成 Yes，把 Stress Duty Cycle 里面的最大扭矩也改成测得值	Max Force Control Motor Torque　　5.5 Sync Check Off　　Yes Name　　S_GUN1 Speed Absolute Max　　418 Torque Absolute Max　　5.5
3. 设置之后单击"是"进行热启动	

6. 伺服焊枪上下范围

设置伺服焊枪上下范围的操作步骤如表 4-46 所示。

笔记

表 4-46　设置伺服焊枪上下范围的操作步骤

操作说明	操 作 界 面
1. 伺服焊枪上下范围是指焊钳开合范围。首先测量出动臂最大的张开范围，然后在示教器中单击"控制面板"	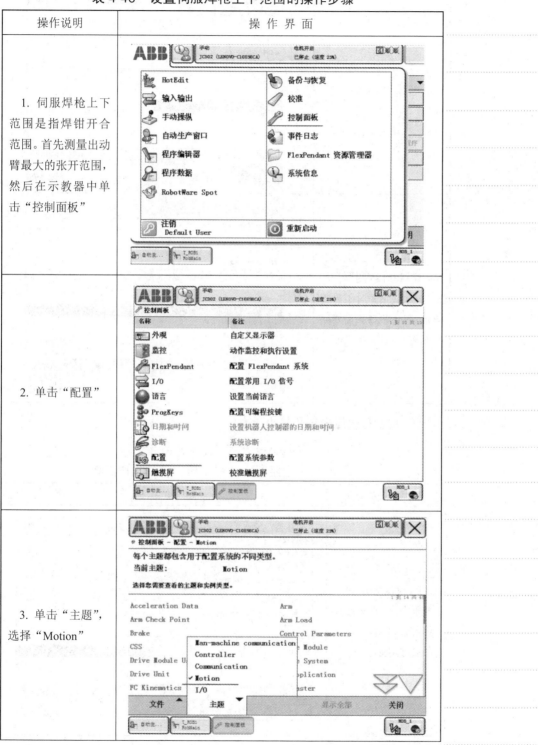
2. 单击"配置"	
3. 单击"主题"，选择"Motion"	

笔记

续表

操作步骤及说明	操作界面
4. 点击"S_GUN1"	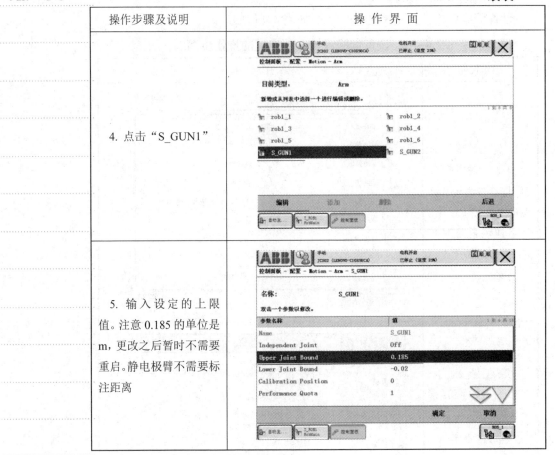
5. 输入设定的上限值。注意 0.185 的单位是 m，更改之后暂时不需要重启。静电极臂不需要标注距离	

7. 设定最大压力值和最小压力值

设定最大和最小压力值的具体操作步骤如表 4-47 所示。

表 4-47　设定最大和最小压力值的操作步骤

操作步骤及说明	操作界面
1. 设定焊钳的最大压力值，首先进入 Motion 菜单，单击"SG Process"	

✎ 笔记

操作步骤及说明	操 作 界 面
2. 点击 "S_GUN1"	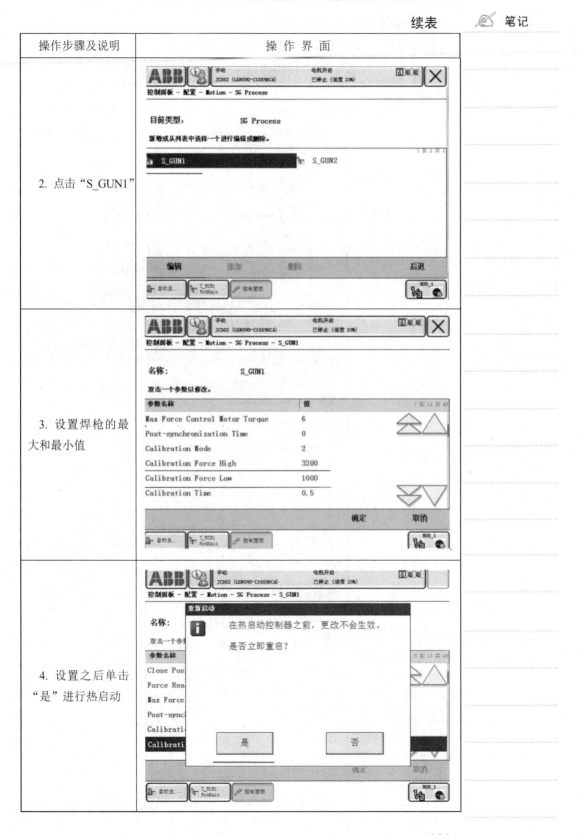
3. 设置焊枪的最大和最小值	
4. 设置之后单击 "是" 进行热启动	

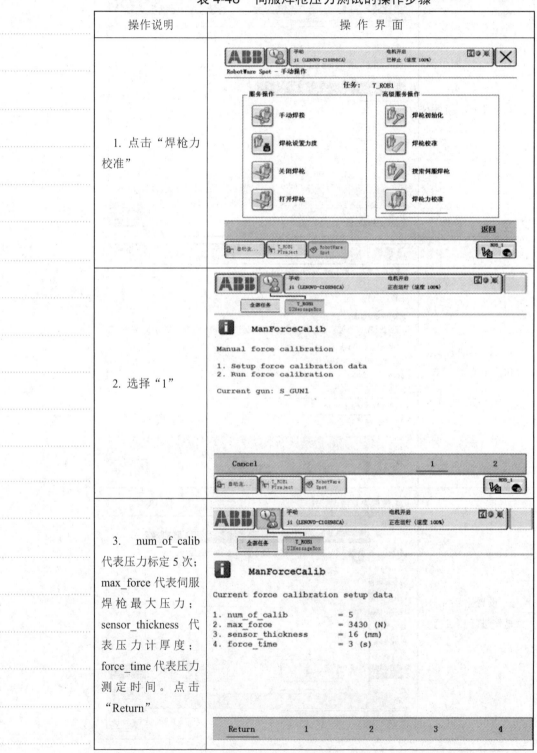

8. 伺服焊枪压力测试

伺服焊枪压力测试的操作步骤如表 4-48 所示。

表 4-48　伺服焊枪压力测试的操作步骤

操作说明	操作界面
1. 点击"焊枪力校准"	
2. 选择"1"	
3. num_of_calib 代表压力标定 5 次；max_force 代表伺服焊枪最大压力；sensor_thickness 代表压力计厚度；force_time 代表压力测定时间。点击"Return"	

笔记

续表一　　　　✍ 笔记

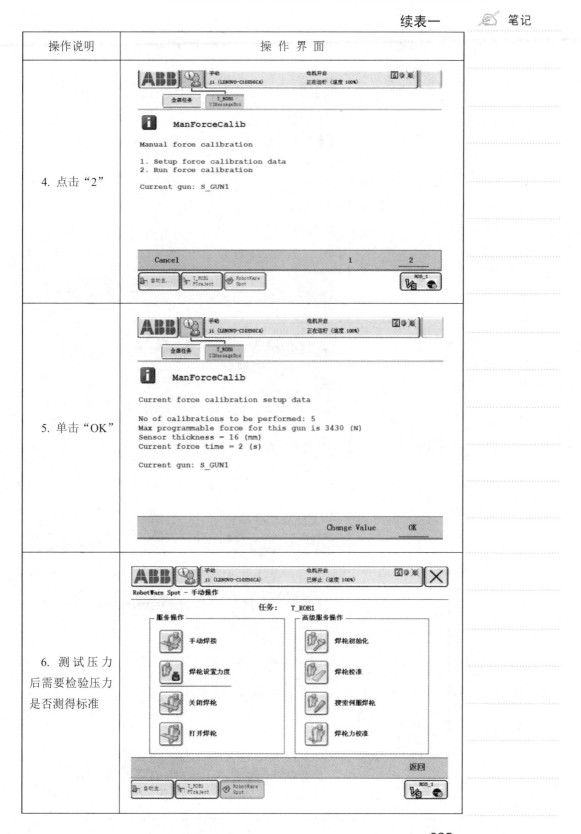

操作说明	操 作 界 面
4. 点击"2"	
5. 单击"OK"	
6. 测试压力后需要检验压力是否测得标准	

✍ 笔记

操作说明	操作界面
7. 单击"Change Value"	ABB 手动 ji (LENOVO-C10B98CA) 电机开启 正在运行（速度 100%） 全部任务 T_ROB1 UIMessageBox ℹ **ManSetForce** Current manforcedata: tip_force = 2000 (N) plate_thickness = 16 (mm) plate_tolerance = 0 (mm) force_time = 2 (s) Current gun: S_GUN1 Cancel Change Value Apply
8. 单击"1"	ABB 手动 ji (LENOVO-C10B98CA) 电机开启 正在运行（速度 100%） 全部任务 T_ROB1 UIMessageBox ℹ **ManSetForce** Current forcedata definition 1. tip_force = 2000 (N) 2. plate_thickness = 16 (mm) 3. plate_tolerance = 0 (mm) ... Return 1 2 3 Next 自动生... T_ROB1 PTraject RobotWare Spot
9. 更改 tip_force 的数值来进行压力测定。观察压力表上显示的数值和设定值之间的误差，一般为 ±50 左右，误差很大时需要重新对伺服焊枪的压力进行测定	ABB 手动 ji (LENOVO-C10B98CA) 电机开启 正在运行（速度 100%） 全部任务 T_ROB1 UIMessageBox ℹ **ManSetForce** Current manforcedata: tip_force = 2000 (N) plate_thickness = 16 (mm) plate_tolerance = 0 (mm) force_time = 2 (s) Current gun: S_GUN1 Cancel Change Value Apply 自动生... T_ROB1 PTraject RobotWare Spot

二、点焊实例

焊钳的移动及焊接位置示意如图 4-108 所示。

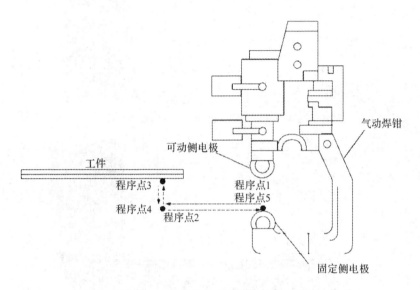

图 4-108 焊钳的移动及焊接位置示意

图 4-108 的程序如下：

NOP		//开始
MOVJ	VJ=25.00	//移到待机位置(程序点 1)
MOVJ	VJ=25.00	//移到焊接开始位置附近(接近点)(程序点 2)
MOVJ	VJ=25.00	//移到焊接开始位置(焊接点)(程序点 3)
SPOT	GUN#(1)	//焊接开始
MODE=0		//指定焊钳 no.1
WTM=1		//指定单行程点焊钳，指定焊接条件 1
MOVJ	VJ=25.00	//移到不碰撞工件、夹具的地方(退避点)(程序点 4)
MOVJ	VJ=25.00	//移到待机位置(程序点 5)
END		//结束

三、独立轴设置及使用

打磨工业机器人可以省去打磨电机，直接由 6 轴驱动。理论上可使 6 轴无限旋转或使变位机某一轴无限循环。无限旋转需要应用图 4-109 的 610-1 Independent Axis 选项。如图 4-110 所示，使 6 轴无限旋转的操作：在控制面板选择"配置"→"Motion"，在 Arm 下找到 6 轴，修改上下限和 Independent Joint，然后重启。

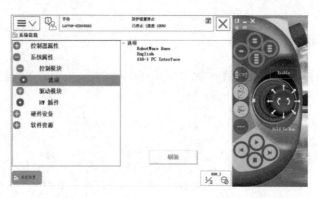

图 4-109　610-1 Independent Axis 选项

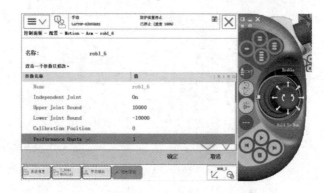

图 4-110　6 轴无限旋转

四、切割

1. 切割正方形

在切割应用中频繁使用切割正方形的程序，切割正方形的指令及算法是一致的，只是正方形的顶点位置、边长不一致，可以将这两个变量设为参数。

例行程序如下：

```
PROC rSquare(robtarget pBase, num nSideSize)
    MoveL   pBase, v1000, fine, tool1 \WObj := wobj0;
    MoveL   Offs(pBase, nSideSize,0,0), v1000, fine, tool1 \WObj := wobj0;
    MoveL   Offs(pBase, nSideSize, nSideSize,0), v1000, fine, tool1 \WObj := wobj0;
    MoveL   Offs(pBase, 0, nSideSize,0), v1000, fine, tool1 \WObj := wobj0;
    MoveL   pBase, v1000, fine, tool1 \WObj := wobj0;
ENDPROC
PROC MAIN( )
    rSquare p1,100;
    rSquare p2,200;
ENDPROC
```

调用该切割正方形的程序时，指定当前正方形的顶点以及边长即可在对应位置切割对应边长大小的正方形。上述程序中，机器人先后切割了两个正方形，一个是以 p1 为顶点、100 为边长的正方形，另一个是以 p2 为顶点、200 为边长的正方形。

2. ABB 机器人切割小圆

切割半径小于 5 mm 的圆时，若直接使用普通 MoveC 指令，实际轨迹并不理想。切割小圆时机器人可以使用 WristMove(即机器人运动时只动作腕关节)功能，该功能包含在 687-1 Advanced Robot Motion 选项中，如图 4-111 所示。该功能可以仅让机器人 4、5 轴运动，或者仅 5、6 轴运动，或者 4、6 轴运动，其余轴不运动，减小其他轴误差对于轨迹的影响，完成小圆切割。机器人运行的轨迹实际并非圆，而是如图 4-112 所示，但在工具 Z 的延伸方向，轨迹为标准圆，即切割的结果为标准圆。

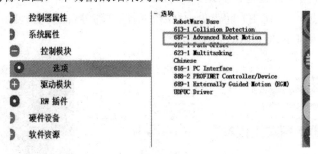

图 4-111　687-1 Advanced Robot Motion 选项

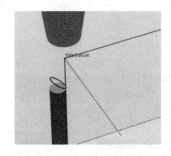

图 4-112　实际轨迹

默认 CirPathMode 为路径坐标系，若要仅使用 4、5 轴切割小圆，切换到 CirPathMode\Wrist45，程序如下：

```
PROC main()
    r := 5;
    CirPathMode\PathFrame;
    MoveL Target_10, v1000, z50, tWeldGun\Wobj := wobj0;
    MoveL offs(Target_10, -r, 0, 20), v100, fine, tWeldGun\WObj := wobj0;
    MoveL offs(Target_10, -r, 0, 0),v100, fine, tWeldGun\WObj := wobj0;
    CirPathMode\Wrist45;
    MoveC offs(Target_10, 0, -r, 0), offs(Target_10, r,0,0), v20, z10,
            tWeldGun\ WObj := wobj0;
```

✍ 笔记

```
            MoveC offs(Target_10, 0, r, 0), offs(Target_10, -r, 0, 0),v20, fine,
                tWeldGun\ WObj := wobj0;
        CirPathMode\PathFrame;
        MoveL offs(Target_10, -r, 0, 20), v100, fine, tWeldGun\WObj := wobj0;
    ENDPROC
```

五、机器人沿路径倒退运行设置

机器人运行过程中，可能由于某些原因需要沿原路径倒退回某位置后才能执行后续动作。这就需要应用 611-1 Path Recovery 选项，如图 4-113 所示，程序举例如图 4-114 所示。指令 PathRecStart 用来记录回退的起点，PathRecStop 用来停止记录回退。PathRecMoveBwd\ID := start_id;表示机器人沿原路径倒退，退到 ID 起点处。如果问题处理完，需要回到刚才发生问题处，可以使用 PathRecMoveFwd 指令。

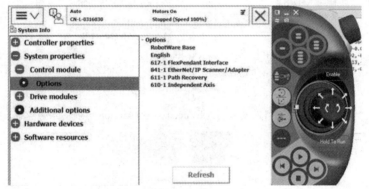

图 4-113　611-1 Path Recovery 选项

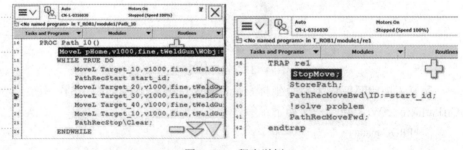

图 4-114　程序举例

以下程序示例为机器人运行时通过中断触发(模拟发生故障等)，机器人回退到起点，处理完故障后返回故障发生位置，继续运行。

```
    PROC main( )
        init;
        path_10;
    ENDPROC
    PROC Path 10( )
```

```
        MoveL pHome, v100, fine, tWeldGun\WObj := Workobject_1;
        WHILE TRUE DO
            MoveL Target_10, v1000, fine, tWeldGun\WObj := Workobject_1;
            PathRecStart start_id;
            MoveL Target_ 20, v1000, fine, tWeldGun\WObj := Workobject_1;
            MoveL Target_30, v1000, fine, tWeldGun\WObj := Workobject_1;
            MoveL Target_40, v1000, fine, tWeldGun\WObj := Workobject_1;
            MoveL Target_10, v1000, fine, tWeldGun\WObj := Workobject_1;
            PathRecStop\Clear;
        ENDWHILE
    ENDPROC


    PROC init()
        IDelete intno1:
        CONNECT intno1 WITH    rel;
        ISignalDI    di_0, 1, intno1;
    ENDPROC


    TRAP rel
        StopMove;
        StorePath;
        PathRecMoveBwd\ID := start_id;
        // solve problem
        PathRecMovefwd
    ENDTRAP
```

六、中断轨迹并恢复

机器人正常运行时突然收到某个信号后，需要到 service 位置进行处理，处理完成后回到刚才中断的位置，继续执行未走完的轨迹。可以使用中断来实时监控信号触发，中断程序如下：

```
    TRAP trap1
        StopMove;              //停止机器人运动
        StorePath;             //存储未运行完的轨迹队列
        t_temp := crobt(\Tool := tWeldGun\WObj := Workobject_1);
        //记录停止点位置
        MoveL pHome, v500, fine, tWeldGun\WObj := Workobject_1;
        //移动到 Home 位置
        TPWrite"robot at home";
```

```
        waittime 2;
        MoveL t _temp, V500, fine, tWeldGun\WObj := Workobject_1;
        //回到刚才停止位置
        RestoPath;          //恢复未执行轨迹队列
        startmove;          //机器人再次开始移动
    ENDTRAP
```

任务扩展

机器人绘制解析曲线

1. 机器人绘制双曲线

双曲线方程：$x^2/a^2 - y^2/b^2 = 1$；双曲线参数方程：$x = a/\cos\alpha, y = b\tan\alpha$，其中 α 是参数。应用参数方程，由于 α 在 $90°$ 附近，双曲线会无限逼近渐近线，即位置会无限远，所以机器人绘制时，采用了 $0\sim70°$、$110\sim250°$、$290\sim360°$，机器人绘制双曲线程序如下(为了避免轨迹干扰，加入了 do 信号控制，即 do 为 1 时，才显示机器人轨迹)：

```
    PROC main()
        reset do0;
        waittime 1;
        MoveL p500, v1000, fine, tWeldGun\WObj := wobj0;
        //p500 是中心点
        a := 100;
        b := 80;
        MoveL offs(p500, a/cos(0), b*tan(0), 0),v100, fine, tWeldGun\WObj := wobj0;
        set do0;
        FOR i FROM 0 TO 70 DO
            x := a/cos(i);
            y := b*tan(i);
            MoveL offs(p500, x, y, 0), v100, z1, tWeldGun\WObj := wobj0;
        ENDFOR
        Movel offs(p500, a/cos(70),b*tan(70), 0), v100, fine, tWeldGun\WObj := wobj0;
        reset do0;
        MoveL offs(p500, a/cos(110), b*tan(110),0),v100, fine, tWeldGun\WObj := wobj0;
        set do0;

        FOR i FROM 110 TO 250 DO
            x := a/cos(i);
            y := b*tan(i);
            MoveL offs(p500, x, y, 0), v100, z1, tWeldGun\WObj := wobj0;
```

✍ 笔记

```
ENDFOR
MoveL offs(p500, a/cos(250), b*tan(250),0),v100, fine, tWeldGun\WObj := wobj0;
reset do0;
MoveL offs(p500, a/cos(290), b*tan(290),0),v100, fine, tWeldGun\WObj := wobj0;
set do0;


FOR i FROM 290 T0 360 DO
x := a/cos(i);
y := b*tan(i);
MoveL offs(p500, x, y, 0),v100, z1, tWeldGun\WObj := wobj0;


ENDFOR
```

2. 机器人绘制椭圆

椭圆方程为 $\dfrac{x^2}{a^2}+\dfrac{y^2}{b^2}=1$；参数方程为 $x = a\cos\theta$，$y = b\sin\theta$，机器人绘制画椭圆的程序如下：

```
PROC main()
    MoveL p500, v1000, z50, tWeldGun\WObj := wobj0;
    //p500 是中心点
    a := 200;
    b := 100;
    FOR i FROM 1 TO 360 DO
        y := a*cos(i);
        x := b*sin(i);
        MoveL offs(p500, x, y,0),v100, z1, tWeldGun\WObj := wobj0;
    ENDFOR
ENDPROC
```

▣ 任务巩固

一、填空题：

1. 点焊的英文缩写为_____，是焊件装配成搭接接头利用电阻热融化_____金属，形成_____的电阻焊方法。

2. 涂装机器人主要有_____涂装机器人和_____涂装机器人。

3. spotJ 为_____形式走到焊接点并焊接。

二、玫瑰花瓣曲线程序编制。

玫瑰花瓣曲线的极坐标方程为 $p = a\sin k\theta$，其中 k 是奇数时花瓣数量为奇数，k 为偶数时花瓣数量为偶数，请编写其程序。

参考答案

笔记

工　作　单

姓　名		工作名称	一般轨迹类工作站的现场编程
班级		小组成员	
指导教师		分工内容	
计划用时		实施地点	
完成日期		备注	

工 作 准 备		
资　料	工　具	设　备

工作内容与实施	
工作内容	实　施
1. 常用的机器人本体有哪几种？	
2. 常用的工作站有哪几种？	
3. 点焊工业机器人有哪几种？	

图 1 为工业机器人焊接的零件。

(1) 完成程序点说明；

(2) 完成作业示教流程的编制；

(3) 编制焊接程序。

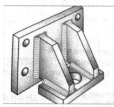

图 1　焊接件

工　作　评　价

	评 价 内 容				
	完成的质量 (60 分)	技能提升能力 (20 分)	知识掌握能力 (10 分)	团队合作 (10 分)	备注
自我评价					
小组评价					
教师评价					

1. 自我评价

序号	评 价 项 目	是	否
1	是否明确人员的职责		
2	能否按时完成工作任务的准备部分		
3	工作着装是否规范		
4	是否主动参与工作现场的清洁和整理工作		
5	是否主动帮助同学		
6	是否正确操作工业机器人		
7	是否正确设置工业机器人工具坐标系		
8	是否正确设置工业机器人工件坐标系		
9	是否完成弧焊程序的编制与调试		
10	是否完成了清洁工具和维护工具的摆放		
11	是否执行 6S 规定		
评价人		分数		时间	年 月 日

2. 小组评价

序号	评 价 项 目	评 价 情 况
1	与其他同学的沟通是否顺畅	
2	是否尊重他人	
3	工作态度是否积极主动	
4	是否服从教师的安排	
5	着装是否符合要求	
6	能否正确地理解他人提出的问题	
7	能否按照安全和规范的规程操作	
8	能否保持工作环境的整洁	
9	是否遵守工作场所的规章制度	
10	是否有岗位责任心	
11	是否全勤	
12	是否能正确对待肯定和否定的意见	
13	团队工作中的表现如何	
14	是否达到任务目标	
15	存在的问题和建议	

✍ 笔记

3. 教师评价

课程	工业机器人现场编程与调试	工作名称	一般轨迹类工作站的现场编程	完成地点	
姓名		小组成员			
序号	项　目		分　值	得　分	
1	简答题		10		
2	正确操作工业机器人		10		
3	正确设置工业机器人工具坐标系		20		
4	正确设置工业机器人工件坐标系		20		
5	弧焊程序的编制与调试		40		

自 学 报 告

自学任务	其他种类工业机器人轨迹类程序的编程
自学要求	1. FANUC、KUKA、国产弧焊机器人中任选一种进行自学编程与操作 2. FANUC、KUKA、国产点焊机器人中任选一种进行自学编程与操作 3. FANUC、KUKA、国产喷涂机器人中任选一种进行自学编程与操作
自学内容	
收获	
存在问题	
改进措施	
总结	

模块五　具有外轴工作站的现场编程

任务一　具有外轴工作站的编程

📹 任务引入

　　为了扩大工业机器人的工作范围，让机器人可以在多个不同位置上完成作业任务，提高工作效率和柔性，一种典型的配置就是增加外部轴，将机器人安装在移动轨道上(参见图 5-1)。变位机(参见图 5-2)是工业机器人焊接生产线及焊接柔性加工单元的重要组成部分，是外部扩展轴，其作用是使被焊工件旋转、平移或以两者结合的方式到达最佳焊接位置，实现焊接的自动化、机械化，提高生产效率和焊接质量。当然，变位机也可用于其他生产，比如图 4-1(h)的雕刻。

图 5-1　轨道

图 5-2　变位机

外轴——变位机

外轴——轨道

📹 任务目标

知 识 目 标	能 力 目 标
1. 了解常用外轴的种类 2. 掌握外轴指令的应用方法 3. 掌握外轴的校准方法	1. 能够根据操作手册完成工业机器人本体与直线型外部轴、旋转型外部轴的坐标系标定 2. 能够根据工作任务要求，使用外部轴控制指令进行编程，实现直线轴、旋转轴的联动

任务准备

让学生在工业机器人旁边，由教师或上一届的学生边操作边介绍其功能，但应注意安全。

一、外轴

1. 行走轨道

1) 单轴龙门移动轨道

图 5-3 所示为单轴龙门移动轨道示意图及实物图。单轴龙门轨道主要由 X 轴移动轨道及结构件、固定 Y 轴、龙门立柱、X 轴驱动主轴箱及精密减速机、拖链、防护罩及附件等组成。单轴龙门轨道是机器人的外部轴，可自由编程，也可与机器人系统联动进行轨迹插补运算，从而使机器人以最佳的焊接姿态进行焊接。轨道设计时消除了齿轮与齿条啮合的间隙，所以传动精度很高。龙门提供了机器人倒吊式安装平台，扩大了机器人的移动范围。

图 5-3　单轴龙门移动轨道

2) 两轴龙门移动轨道

图 5-4 所示为两轴龙门移动轨道示意图及实物图。两轴龙门轨道主要由 X 轴移动轨道及结构件、固定 Y 轴、Z 轴移动轨道及结构件、龙门立柱、X 轴驱动主轴箱及精密减速机、Z 轴驱动主轴箱及精密减速机、拖链、防护罩等组成。相比单轴龙门轨道，两轴龙门轨道使机器人的移动范围更大。

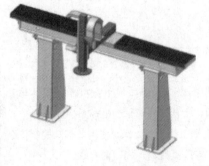 

图 5-4　两轴龙门移动轨道

3) 三轴龙门移动轨道

三轴龙门移动轨道主要由 X 轴移动轨道及结构件、Y 轴移动导轨及结构件、Z 轴移动轨道及结构件、龙门立柱、X 轴驱动主轴箱及精密减速机、Y 轴驱动主轴箱及精密减速机、Z 轴驱动主轴箱及精密减速机、拖链、防护罩及附件等组成。三轴龙门移动轨道示意图如图 5-5 所示，它是机器人的外部轴，可自由编程，也可与机器人系统联动进行轨迹插补运算，从而使机器人以最佳的焊接姿态进行焊接。轨道设计时消除了齿轮与齿条啮合的间隙，所以传动精度很高。龙门提供了机器人倒吊式安装平台，机器人的移动范围最大。

图 5-5　三轴龙门移动轨道

4) 单轴机器人地面轨道

单轴机器人地面轨道主要由地面轨道及结构件、X 轴驱动主轴箱及精密减速机、溜板及结构件、拖链、防护罩及附件等组成。图 5-6 所示为地面轨道焊接机器人，地面轨道是机器人的外部轴，可自由编程，也可与机器人系统联动进行轨迹插补运算。轨道设计时消除了齿轮与齿条啮合的间隙，所以传动精度很高。地面轨道提供了机器人站立式安装平台，安全、可靠。

图 5-6　地面轨道焊接机器人

5) 两轴机器人地面轨道

两轴机器人地面轨道主要由 X 轴轨道及结构件、Z 轴轨道及结构件、C 型悬臂支撑、X 轴驱动主轴箱及精密减速机、Z 轴驱动主轴箱及精密减速机、安全气缸、防掉落机构、电磁阀、气管、拖链、防护罩及附件等组成。图 5-7 为两轴机器人地面轨道示意图。两轴机器人地面轨道提供了机器人站立式安装平台，安全、可靠。

6) C 型机器人倒吊支撑

C 型支撑主要由固定立柱及结构件、溜板及结构件、C 型支撑臂、Z 轴驱动主轴箱及精密减速机、安全气缸、防掉落机构、电磁阀、气管、拖链、防护罩及附件等组成。图 5-8 为 C 型机器人倒吊支撑示意图，Z 轴轨道设计时消除了齿轮与齿条啮合的间隙，所以传动精度很高。C 型支承提供了机器人倒吊(或站立)式安装平台。

图 5-7　两轴机器人地面轨道　　　　图 5-8　C 型机器人倒吊支撑

2. 变位机

变位机主要由旋转机头、变位机构以及控制器等部分组成。其中旋转机头的转速是可调的，可根据要求调节倾斜角度。通过工作台的升降、翻转和回转可使固定在工作台上的工件达到所需的焊接或装配角度。工作台回转为变频无级调速，可得到满意的焊接速度。

1) 单轴 E 型机器人变位机

单轴 E 型机器人变位机(结构示意图如图 5-9 所示)拥有一个外部轴，它的速度可进行自由编程，并与机器人控制系统联动进行轨迹插补运算。变位机使用机器人系统自带电机、精密 RV 减速机进行驱动，通过减速机及回转支承齿轮副达到多级减速的目的。

2) 双轴 L 型机器人变位机

双轴 L 型机器人变位机拥有两个外部轴，每个轴的速度均可进行自由编程，并与机器人控制系统联动进行轨迹插补运算，图 5-10 为双轴 L 型机器人变位机示意图。变位机使用机器人系统自带电机、精密 RV 减速机进行驱动，通过减速机及回转支承齿轮副达到多级减速的目的。

图 5-9　单轴 E 型机器人变位机　　　　图 5-10　双轴 L 型机器人变位机

3) 两轴 H 型机器人变位机(头尾架式)

H 型头尾架式两轴机器人变位机(如图 5-11 所示)拥有一个外部轴，该轴的速度可以进行自由编程，并与机器人控制系统联动进行轨迹插补运算。变位机使用机器人系统自带电机、精密 RV 减速机进行驱动，通过减速机及回转支承齿轮副达到多级减速的目的。尾架带有刹车装置，通过气缸伸缩固定尾架转盘，从而提高变位机整体安全系数及不同种类的应用要求。

图 5-11　两轴 H 型机器人变位机

4) D 型双轴机器人变位机

D 型双轴机器人变位机拥有两个外部轴,每个轴的速度可进行自由编程,并与机器人控制系统联动进行轨迹插补运算。图 5-12 为 D 型双轴机器人变位机实物图。变位机使用机器人系统自带电机、精密 RV 减速机进行驱动，通过减速机及与调心滚子轴承上安装的齿轮副达到多级减速的目的。

图 5-12　D 型双轴机器人变位机

5) C 型双轴机器人变位机

C 型双轴机器人变位机拥有两个外部轴，每个轴的速度可以进行自由编程，并与机器人控制系统联动进行轨迹插补运算。图 5-13 为两轴 C 型机器人变位机示意图。变位机使用机器人系统自带电机、精密 RV 减速机进行驱动，通过减速机及回转支承齿轮副达到多级减速的目的。

图 5-13 两轴 C 型机器人变位机

6) 单轴 M 型机器人变位机

单轴 M 型机器人变位机拥有一个外部轴，它的速度可以进行自由编程，并与机器人控制系统联动进行轨迹插补运算。图 5-14 为单轴 M 型机器人变位机示意图。变位机使用机器人系统自带电机、精密 RV 减速机进行驱动，通过减速机及回转支承齿轮副达到多级减速的目的。尾架安装在地面导轨上，尾架与头架之间的距离可通过地轨进行调节，从而适应不同种类工件、工装的安装。尾架带有刹车装置，通过气缸伸缩固定尾架转盘，从而提高变位机整体安全系数及适应不同种类的应用要求。

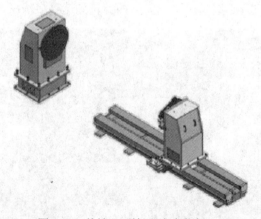

图 5-14 单轴 M 型机器人变位机

二、外轴指令

1. 外轴激活 ActUnit

1) 书写格式

    ActUnit   MecUnit;

MecUnit：外轴名(mecunit)。

2) 应用

该指令用于将机器人的一个外轴激活。例如，当多个外轴共用一个驱动板时，通过 ActUnit 指令选择当前所使用的外轴。程序示例如下：

```
MoveL p10, v100, fine, tool1;        //P10、外轴不动
ActUnit    track_motion;             //P20、外轴联动 Track_motion
MoveL p20, v100, z10, tool1;         //P30、外轴联动 Orbit_a
DeactUnit    track_motion;
ActUnit    orbit_a;
MoveL p30, v100, z10, tool1;
```

3）限制

(1) 不能在指令 StorePath…RestorePath 内使用。

(2) 不能在预置程序 RESTART 内使用。

(3) 不能在机器人转轴处于独立状态时使用。

2．关闭外轴 DeactUnit

1）书写格式

DeactUnit   MecUnit

MecUnit：外轴名(mecunit)。

2）应用

该指令用于使机器人的一个外轴失效。例如，当多个外轴共用一个驱动板时，通过 DeactUnit 指令使当前所使用的外轴失效。

 做一做：激活外轴与检查外轴是否激活。

机器人外轴可以设置为开机不自动激活，然后通过 Jogging 界面或者程序来激活或停用。比如变位机 STN1 开机未激活，如图 5-15 所示，进入 Jogging 界面切换到 STN1 界面，点击 Activate 激活外轴，如图 5-16 所示。程序里可以通过 active 进行激活，通过 deactive 进行停用。

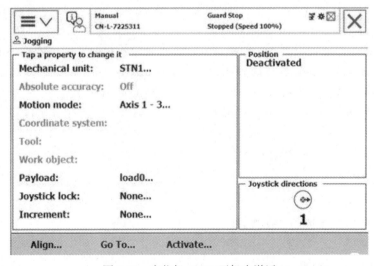

图 5-15　变位机 STN1 开机未激活

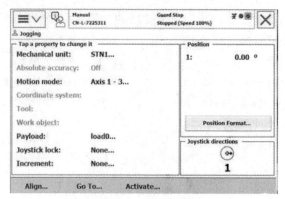

图 5-16　点击 Activate 激活外轴

　　如果要判断当前外轴是否激活，可以使用函数 IsMechUnitActive( )，返回 TRUE 表示激活，返回 FALSE 表示未激活，如图 5-17 所示。如果未激活，则通过程序进行激活。

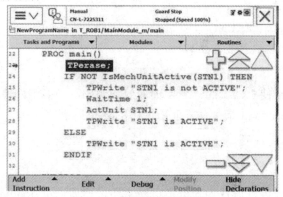

图 5-17　判断外轴是否激活

3. 外轴偏移关闭 EOffsOff

1) 书写格式

EOffsOff;

2) 应用

该指令用于使机器人通过编程实现的外轴位置更改功能失效，必须与指令 EOffsOn 或 EOffsSet 同时使用。程序实例如下：

```
MoveL p10, v500, z10, tool1;          //外轴位置更改失效
EOffsOn\Exep := p10, p11, tool1;
MoveL p20, v500, z10, tool1;          //外轴位置更改生效
MoveL p30, v500, z10, tool1;
EOffsOff;
MoveL p50, v500, z10, tool1;          //外轴位置更改失效
```

4. 外轴偏移激活 EOffsOn

1) 书写格式

PDispOn [\ExeP]ProgPoint;

[\ExeP]：运行起始点(robtarget)。

ProgPoint：坐标原始点(robtarget)。

2) 应用

该指令可以使机器人外轴位置通过编程进行实时更改，通常用于带导轨的机器人。程序实例如下：

    SearchL sen1, psearch, p10, v100, tool1;

    PDispOn\Exep := psearch, *, tool1;

    EOffsOn\Exep := psearch, *;

3) 限制

(1) 该指令在使用后机器人外轴位置将被更改，直到使用指令 EOffsOff 后才失效。

(2) 在下列情况下，机器人坐标转换功能将自动失效：机器人系统冷启动；加载新机器人程序；程序重置(Start From Beginning)。

5. 指定数值外轴偏移 EOffsSet

1) 书写格式

    EOffsSet EAxOffs;

EAxOffs：外轴位置偏差量(extjoint)。

2) 应用

该指令通过输入外轴位置偏差量，使机器人外轴位置通过编程进行实时更改，对于导轨类外轴，偏差值单位为 mm，对于转轴类外轴，偏差值单位为角度。程序实例如下：

    VAR extjoint eax_a_p100 := [[100, 0, 0, 0, 0];

    MoveL p10, v500, z10, tool1;   //外轴位置更改失效

    EOffsSet eax_a_p100;

    MoveL p20, v500, z10, tool1;   //外轴位置更改生效

    EOffsOff;

    MoveL p30, v500, z10, tool1;   //外轴位置更改失效

程序执行如图 5-18 所示。

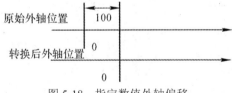

图 5-18　指定数值外轴偏移

3) 限制

(1) 该指令在使用后，机器人外轴位置将被更改，直到使用指令 EOffsOff 后才失效。

(2) 在机器人系统冷启动、加载新机器人程序、程序重置(Start From

Beginning)等三种情况下机器人坐标转换功能将自动失效。

📹 任务实施

让学生进行操作。

一、外轴校准

1. 变位机粗校准

ABB 标准变位机等外轴设备并未像图 5-19 所示的机器人本体一样将电机偏移值标签贴在变位机上。

变位机的零件校准是先单轴移动变位机某一轴，使得该轴标记位置对齐，如图 5-20 所示，再点击示教器选择"校准"→"校准参数"→"微校"，将当前位置作为变位机该轴绝对零位，如图 5-21 所示。此操作会修改该轴电机校准偏移。

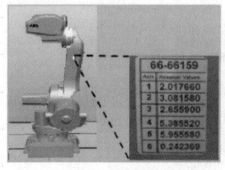

图 5-19　机器人本体 6 个电机零位数据　　　图 5-20　标记位置对齐

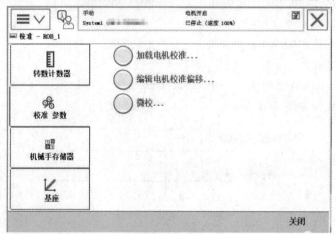

图 5-21　校准

2. 变位机精校准

变位机校准前首先要建立准确的 tool 数据(TCP)，以确保设置过程中使用正确的 tool，如图 5-22 所示。

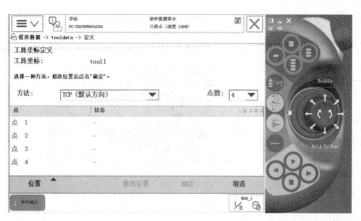

图 5-22　tool 数据

tool 数据设置步骤如下：

(1) 进入手动操纵界面，选择正确的工具坐标。

(2) 在校准页面选择变位机，选择"基座"(Base)，如图 5-21 所示。

(3) 移动机器人工具至变位机旋转盘上一标记处，如图 5-23 所示，点击"修改位置"记录此位置。

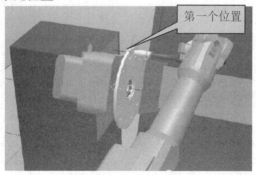

图 5-23　第一个位置

(4) 旋转变位机一定角度(比如 45°)，再次移动机器人工具至变位机旋转盘上标记处，点击"修改位置"记录第二个位置，如图 5-24 所示。用同样的方法记录第三和第四个位置。

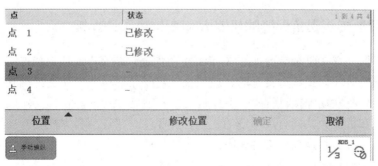

图 5-24　第二个位置

(5) 移动机器人离开变位机(见图 5-25)并记录为延伸器点 Z(该操作仅设定变位机 Base 的 Z 的正方向)。完成所有记录后点击"确定"，完成计算。

工匠精神

执着、坚守、奉献和精益求精的品质，正是当今时代的"工匠精神"。

笔记

图 5-25　移动机器人离开变位机

(6) 在手动操纵界面选择工件坐标并新建一个工件坐标系，修改该坐标系的 ufprog 为 FALSE(即 uframe 不能人为修改值)，ufmec 修改为变位机的名字(即该坐标系被变位机驱动)，如图 5-26 所示。此后记录的点位坐标均在该坐标系下，可以轻易实现联动。

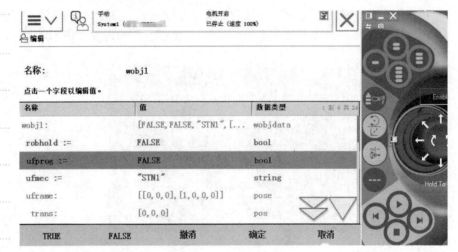

图 5-26　修改工件坐标系

(7) 进入示教器，选择"控制面板"→"配置"→"主题"→"Motion"，可以在 single 下看到变位机的 Base 相对于世界坐标系的关系。

二、T 型接头拐角焊缝的机器人和变位机联动焊接

机器人焊接复杂焊缝如 T 型接头拐角焊缝、螺旋焊缝、曲线焊缝、马鞍形焊缝等时，为了获得良好的焊接效果，需要采用机器人和变位机联动焊接的方式。在联动焊接过程中，变位机要作相应运动而非静止，变位机的运动必须能和机器人共同合成焊缝的轨迹，并保持焊接速度和焊枪姿态在要求范围内，其目的就是在焊接过程中通过变位机的变位让焊缝各点的熔池始终都处于水平或小角度下坡状态，使得焊缝外观平滑美观，焊接质量高。

1. 布置任务

这里仅以机器人和变位机联动焊接一条拐角焊缝为例，介绍机器人和变

位机联动焊接的操作。需要焊接的直线拐角焊缝如图 5-27 中的标记线所示，母材为 6 mm 的 Q235 钢板，不开坡口。

图 5-27 直线拐角焊缝

2. 工艺分析

Q235 钢属于普通低碳钢，影响淬硬倾向的元素含量较少，根据碳当量估算，裂纹倾向不明显，焊接性良好，无需采取特殊工艺措施。

根据母材型号，按照等强度原则选用规格 ER49-1、直径 1.2 mm 的焊丝，使用前检查焊丝是否损坏，除去污物杂锈保证其表面光滑。焊接设备采用旋转-倾斜变位机＋弧焊机器人联动工作站。

焊接参数如表 5-1 所示。

表 5-1 焊 接 参 数

焊接层次	电流/A	电压/V	焊接速度/(mm/s)	摆动幅度/mm	焊丝直径/mm	CO_2气流量/(L/min)	焊丝伸出长度/mm
1	125	21	3	2.5	1.2	15	12

3. 焊接准备

1) 焊机

(1) 检查冷却水、保护气和焊丝、导电嘴、送丝轮的规格；

(2) 检查控制面板的设置(保护气、焊丝、起弧收弧、焊接参数等)；

(3) 工件接地良好。

2) 信号

(1) 检查手动送丝、手动送气、焊枪开关及电流检测等信号；

(2) 检查水压开关、保护气检测等传感信号，调节气体流量；

(3) 检查电流、电压等控制的模拟信号是否匹配。

4. 定位焊

选用 CO_2 保护焊进行点焊定位(如图 5-28 所示)，为了保证既焊透又不烧穿，必须留有合适的对接间隙和合理的钝边。选用工作夹具将焊件固定在变位机上，如图 5-29 所示。

📝 笔记

图 5-28 定位焊

图 5-29 将焊件固定在变位机上

5. 示教编程

在焊接路径上，我们设置的示教点位置如图 5-30 所示。为了保证焊接路径准确，在第一条直焊缝上设置了四个示教点，第二条直焊缝上设置了三个示教点，其中 p4 和 p5 是靠近拐角位置的两个点，在焊接路径上共设置了七个点。为了保证拐角位置的焊接质量，p4 和 p5 两点应靠近拐角位置，并分别设置在拐角两侧。焊接程序的示教编程操作如表 5-2 所示。

直线拐角
焊缝示教编程

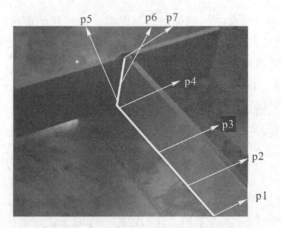

图 5-30 焊缝路径上示教点的分布

表 5-2　直线拐角焊缝的示教编程

操作说明	操作界面
1. 在 ABB 主菜单中选择"手动操纵",查看坐标系、工具坐标、工件坐标等是否设置正确,这里工件坐标要选择联动坐标系"wobj_STN1Move",确认无误后关闭界面	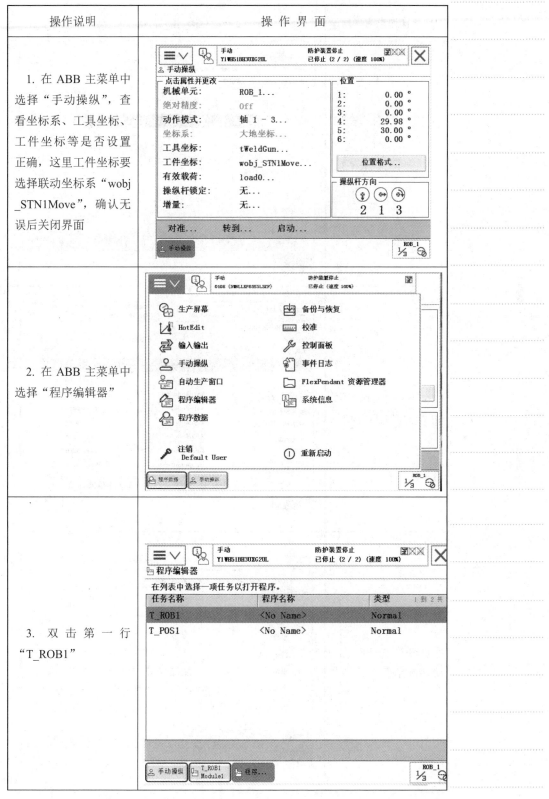
2. 在 ABB 主菜单中选择"程序编辑器"	
3. 双击第一行"T_ROB1"	

✍ 笔记

操作说明	操作界面
4. 单击"例行程序"	
5. 单击"文件",单击"新建例行程序"	
6. 单击"ABC...",命名例行程序	

操作说明	操作界面
7. 在键盘中输入例行程序的名称"zhixianguaijiaohan"，单击"确定"	
8. 双击新建的"zhixianguaijiaohan()"程序，进入程序编辑界面	
9. 在程序编辑器中单击"添加指令"，单击"MoveJ"，添加空间点指令	

操作说明	操作界面
10. 选中"*"	手动 Y1WH51BH3UXG2UL　防护装置停止 已停止 (2/2)(速度 100%) T_ROB1 内的<未命名程序>/Module1/zhixianguaijiaohan 任务与程序　模块　例行程序 35　PROC zhixianguaijiaohan() 36　　MoveJ *, v1000, z50, tWeldGun\WObj:=wobj_STN1Move; 37　ENDPROC 添加指令　编辑　调试　修改位置　显示声明 手动操纵　T_ROB1 Module1　T_ROB1 Module1　ROB_1 1/3
11. 单击 ABB 主菜单，单击"手动操纵"	手动 Y1WH51BH3UXG2UL　防护装置停止 已停止 (2/2)(速度 100%) 生产屏幕　备份与恢复 HotEdit　校准 输入输出　控制面板 手动操纵　事件日志 自动生产窗口　FlexPendant 资源管... 程序编辑器　系统信息 程序数据 注销 Default User　重新启动 手动操纵　T_ROB1 Module1　T_ROB1 Module1　ROB_1 1/3
12. 单击"机械单元"	手动 Y1WH51BH3UXG2UL　防护装置停止 已停止 (2/2)(速度 100%) 手动操纵 点击属性并更改　位置 机械单元: ROB_1...　1: 0.00° 绝对精度: Off　2: 0.00° 动作模式: 轴 1-3...　3: 0.00° 坐标系: 大地坐标...　4: 29.98° 工具坐标: tWeldGun...　5: 30.00° 工件坐标: wobj_STN1Move...　6: 0.00° 有效载荷: load0...　位置格式... 操纵杆锁定: 无...　操纵杆方向 增量: 无...　2 1 3 对准...　转到...　启动... 手动操纵　T_ROB1 Module1　T_ROB1 Module1　ROB_1 1/3

续表四   ✎ 笔记

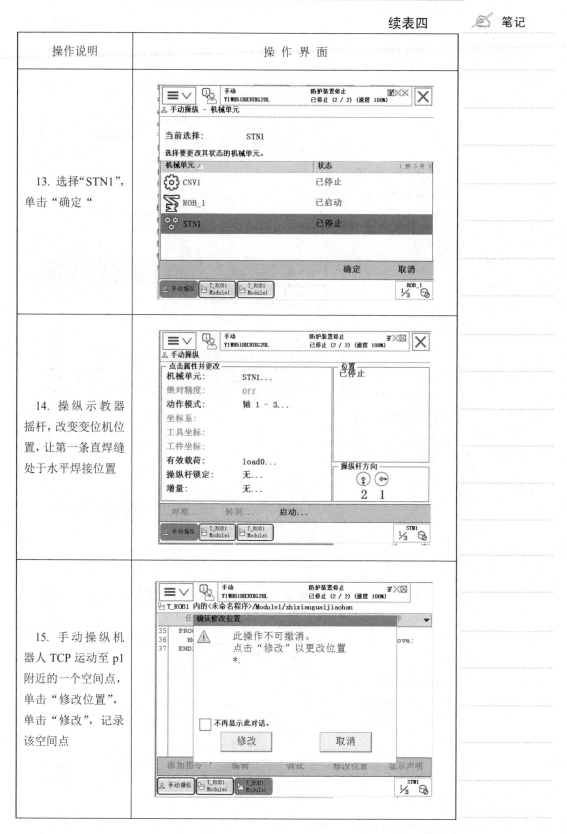

操作说明	操作界面
13. 选择"STN1"，单击"确定"	
14. 操纵示教器摇杆，改变变位机位置，让第一条直焊缝处于水平焊接位置	
15. 手动操纵机器人 TCP 运动至 p1 附近的一个空间点，单击"修改位置"，单击"修改"，记录该空间点	

✍ 笔记

续表五

操作说明	操作界面
16. 单击"添加指令",单击"MoveJ",添加空间点指令	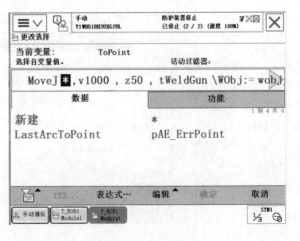
17. 选中"*",手动操纵机器人 TCP 运动至 p1 点,单击"修改位置",记录该空间点	
18. 选中并双击"*",单击该指令	

续表六　　　　　✍ 笔记

操作说明	操作界面
19. 单击"新建"，命名该空间点为"p1"，单击"确定"	
20. 单击"Common"，在下拉菜单中单击"Arc"	
21. 单击"ArcLStart"，插入直线弧焊指令	

📝 笔记

操作说明	操作界面
22. 单击"*"，命名该空间点为"p2"	
23. 分别单击"〈EXP〉"，依次选中相应的程序数据，单击"确定"	
24. 选中"p2"，手动操纵机器人 TCP 运动至 p2 点，单击"修改位置"，记录该空间点	

续表八

✍ 笔记

操作说明	操作界面
25. 单击 "ArcL"，插入直线焊接指令，并命名该空间点为 "p3"，然后手动操纵机器人 TCP 运动至 p3 点，单击 "修改位置"，记录该空间点	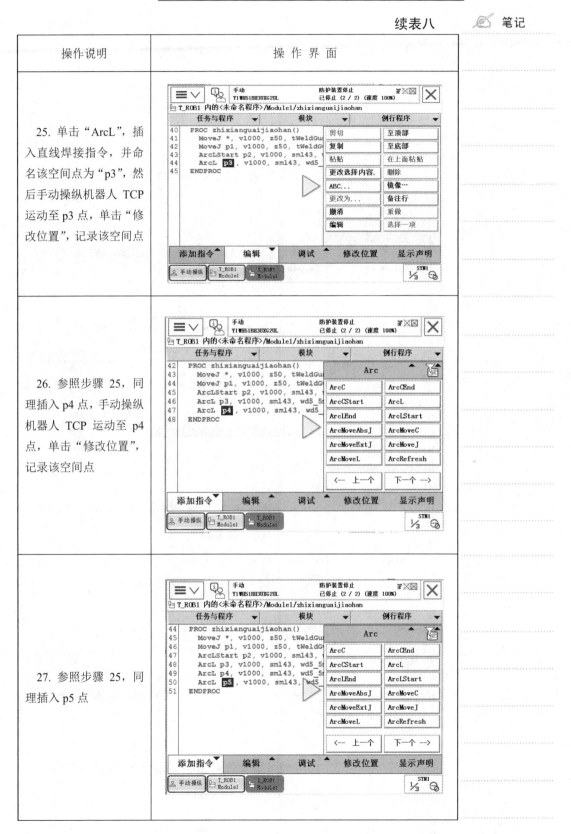
26. 参照步骤 25，同理插入 p4 点，手动操纵机器人 TCP 运动至 p4 点，单击 "修改位置"，记录该空间点	
27. 参照步骤 25，同理插入 p5 点	

✍ 笔记

操作说明	操作界面
28. 参照步骤 12～14，改变变位机位置，使第二条直焊缝处于水平焊接位置，然后选中"p5"，手动操纵机器人 TCP 运动至 p5 点，并调整好焊枪姿态，单击"修改位置"，记录该空间点	手动 Y1WH51BH3UXG2UL　防护装置停止　已停止 (2 / 2) (速度 100%) T_ROB1 内的《未命名程序》/Module1/zhixianguaijiaohan 任务与程序　模块　例行程序 Arc 44　PROC zhixianguaijiaohan() 45　　MoveJ *, v1000, z50, tWeldGu 46　　MoveJ p1, v1000, z50, tWeldG 47　　ArcLStart p2, v1000, sml43, 48　　ArcL p3, v1000, sml43, wd5_5 49　　ArcL p4, v1000, sml43, wd5_5 50　　ArcL **p5**, v1000, sml43, wd5 51　ENDPROC ArcC　ArcCEnd ArcCStart　ArcL ArcLEnd　ArcLStart ArcMoveAbsJ　ArcMoveC ArcMoveExtJ　ArcMoveJ ArcMoveL　ArcRefresh ←── 上一个　　下一个 ──→ 添加指令　编辑　调试　修改位置　显示声明 手动操纵　T_ROB1 Module1　T_ROB1 Module1　STN1 1/3
29. 参照步骤 25，同理插入 p6 点	手动 Y1WH51BH3UXG2UL　防护装置停止　已停止 (2 / 2) (速度 100%) T_ROB1 内的《未命名程序》/Module1/zhixianguaijiaohan 任务与程序　模块　例行程序 48　PROC zhixianguaijiaohan() 49　　MoveJ *, v1000, z50, tWeldGu 50　　MoveJ p1, v1000, z50, tWeldG 51　　ArcLStart p2, v1000, sml43, 52　　ArcL p3, v1000, sml43, wd5_5 53　　ArcL p4, v1000, sml43, wd5_5 54　　ArcL p5, v1000, sml43, wd5_5 55　　ArcL p6, v1000, sml43, wd5_5 56　ENDPROC 剪切　至顶部 复制　至底部 粘贴　在上面粘贴 更改选择内容.　删除 ABC...　镜像… 更改为...　备注行 撤消　重做 编辑　选择一项 添加指令　编辑　调试　修改位置　显示声明 手动操纵　T_ROB1 Module1　T_ROB1 Module1　STN1 1/3
30. 单击"ArcLEnd"，并命名空间点为"p7"，同时选中转弯半径为"fine"，单击"确定"	手动 Y1WH51BH3UXG2UL　防护装置停止　已停止 (2 / 2) (速度 100%) 更改选择 当前变量：　　　　Zone 选择自变量值。　　　　活动过滤器： rcLEnd p7 , v1000 , sml43 , wd5_5mj_sh , **fine** , 数据　　功能 　　　　　　　　　　　1 到 10 共 14 新建　fine z0　z1 z10　z100 z15　z150 z20　z200 123.　表达式…　编辑　确定　取消 手动操纵　T_ROB1 Module1　T_ROB1 Module1　STN1 1/3

续表十

✎ 笔记

操作说明	操作界面
31. 选中"p7"，手动操纵机器人 TCP 运动至 p7 点，单击"修改位置"，记录该空间点	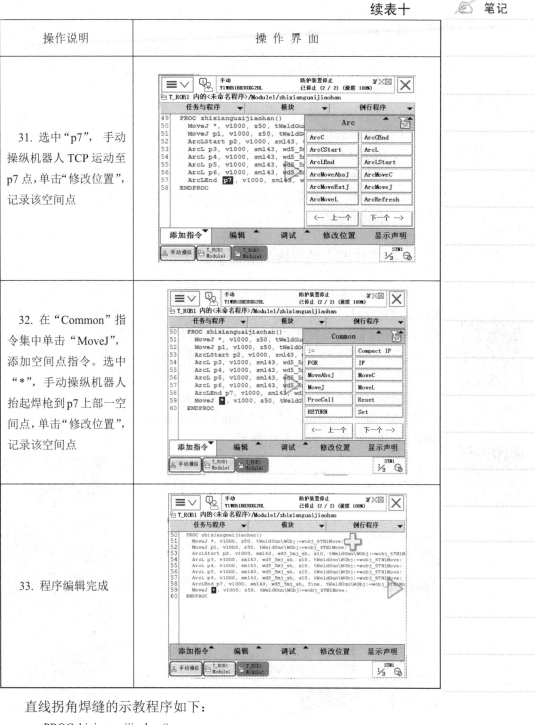
32. 在"Common"指令集中单击"MoveJ"，添加空间点指令。选中"*"，手动操纵机器人抬起焊枪到 p7 上部一空间点，单击"修改位置"，记录该空间点	
33. 程序编辑完成	

直线拐角焊缝的示教程序如下：

PROCzhixianguaijiaohan()

  MoveJ *, v1000, z50, tWeldGun\wobj := wobj_STN1Move;

  MoveJ p1, v1000, z50, tWeldGun\wobj := wobj_STN1Move;

  ArcLStart p2, v1000, sm143, wd5_5mj_sh, z10, tWeldGun\wobj :=

wobj_STN1Move;

      ArcL p3, v1000, sm143, wd5_5mj_sh, z10, tWeldGun\wobj := wobj_STN1Move;

      ArcL p4, v1000, sm143, wd5_5mj_sh, z10, tWeldGun\wobj := wobj_STN1Move;

      ArcL   p5,   v1000,   sm143,   wd5_5mj_sh,   z10,   tWeldGun\wobj   :=

wobj_STN1Move;

      ArcL p6, v1000, sm143, wd5_5mj_sh, z10, tWeldGun\wobj := wobj_STN1Move;

      ArcLEnd p7, v1000, sm143, wd5_5mj_sh, z10, tWeldGun\wobj := wobj_STN1Move;

      MoveJ *, v1000, z50, tWeldGun\wobj := wobj_STN1Move;

  ENDPROC

    程序编辑完成后首先空载运行，检查程序编辑及各点示教的准确性。检查无误后运行程序。

三、ABB 机器人独立轴的非同步联动

    通常外轴与本体联动，外轴坐标记录于机器人 Robtarget 的外轴数据中，执行运动指令时，外轴与本体联动。若希望外轴执行其他任务的同时执行一项机器人任务，从而节省周期时间，则可以使用该功能。简言之，就是机器人走自己的，外轴走自己的，机器人不需要先等外轴走完再运行，也可以运行外轴的同时机器人运行，即外轴与机器人本体非同步联动。

    使用独立轴功能，机器人要有 Independent Axes [610-1]选项。在控制面板选择"配置"→"Motion"→"Arm"，将 Independent Joint 设为 On，同时修改独立轴上下限，如图 5-31 所示。完成后重启。

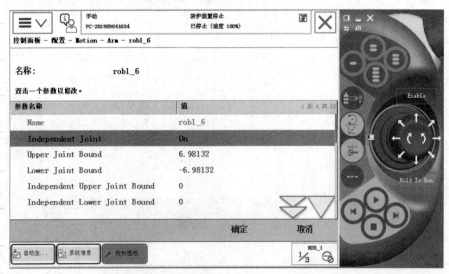

图 5-31　将 Independent Joint 设为 ON

    如图 5-32 所示，外轴开始旋转后，对外轴上工件进行加工(外轴不停)，或者机器人启动外轴旋转后去做其他任务，无需等待外轴转到位，参数设置见表 5-3。

✎ 笔记

图 5-32　外轴独立轴

表 5-3　参 数 设 置

指令	名称	说　　明
IndAMove	绝对位置移动	移动到指定位置
IndCMove	连续移动	按指定的速度连续移动
IndDMove	点动(增量)	移动指定距离

程序如下：

```
CONST robtarget
p100 := [[1635.71, 0, 2005], [0.5, 0, 0.866025, 0], [0, 0, 0, 0],
    [100, 9E+09, 9E+09, 9E+09, 9E+09, 9E+09]];
//以上的外轴数据 100 一定要有，不能是 9E9
PROC test1()          ActUnit M7DM1;               激活外轴
IndAMove M7DM1, 1\ToAbsNum := 10, 2;
//切换外轴为独立轴模式；让 7 轴转到 10 度，速度为 2°/s，此时不用等外轴
转到位，机器人可以继续运行
MoveL p100, v100, fine, tool0\WObj := wobj0;
//外轴在独立轴模式，但 p100 中的外轴值不能是 9E+09，否则会报错，这里的
100 没有意义
MoveL offs(p100, 100, 0, 0), v50, fine, tool0\WObj := wobj0;
WaitUntil IndInpos(M7DM1, 1) = TRUE;          //等 7 轴到位(之前设定的 10 度)
WaitTime 0.2;
IndAMove M7DM1, 1\ToAbsNum := 0, 10;      //让 7 轴转回 0 度，速度 10°/s
WaitUntil IndInpos(M7DM1, 1) = TRUE;
WaitTime 0.2;
ENDPROC;
```

注意： 使用独立轴时，外轴数据必须要有，不能为 9E9，但实际在独立轴运动时，外轴的位置直接由相关指令控制，不由 robtarget 里的外轴数据控制。

📷 任务扩展

移动机器人外轴保持 TCP 不变

如图 5-33 所示,机器人配置了导轨后,移动外轴,机器人 7 个轴一起动,在正确配置外轴(导轨)后,如果在手动操纵界面选择了 World,如图 5-34 与图 5-35 所示,则切换到外轴后,机器人和外轴同时被选中,即表示现在联动。此时移动外轴,机器人 TCP 不动,7 个轴一起移动。如果此时只移动外轴,先切回机器人界面,坐标系选择 Base,此时再切回外轴,如图 5-36 所示。图标显示只选中外轴,可以单独移动外轴,如图 5-35 所示。

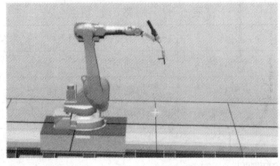

图 5-33　机器人配置导轨

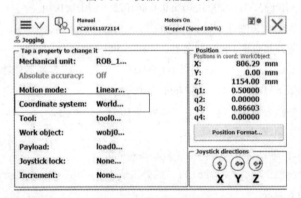

图 5-34　选择 World

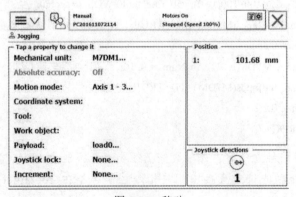

图 5-35　移动

图 5-36　只移动外轴设置

任务巩固

一、填空题：

1. C 型支承提供了_____(或站立)式安装平台。

2. 变位机主要由_____、变位机构以及_____等部分组成。

3. 外轴偏移激活指令是_____。

4. 工业机器人外轴激活指令是_____。

二、问答题：

1. 行走轨道有哪几种？

2. 变位机有哪几种？

三、应用带有变位机的工业机器人焊接图 4-100 所示零件。

参考答案

任务二　协同工作站的编程

工作任务

为了提高工作效率，有时两台工业机器人同时对一工件进行工作，比如焊装车间可能要求点焊、弧焊机器人进行对侧前门或侧后门进行焊接。点焊和弧焊两个机器人的工作过程都由外部 PLC 控制。图 5-37 是两台点焊工业机器人对同一工件进行焊接。

图 5-37　两台点焊工业机器人协同工作站

外轴——协同
工作站

任务目标

知 识 目 标	能 力 目 标
1. 掌握协同工业机器人参数设置 2. 掌握协同工业机器人程序编制 3. 了解协同工业机器人移动原则	1. 能够根据操作手册完成多工业机器人本体间的坐标系标定 2. 能够根据工作任务要求实现机器人与外部设备联动下的系统应用程序编制 3. 能够根据工作任务要求实现工业机器人系统二次开发环境的配置

任务准备

教师讲解

一、多任务配置参数

1. Controller 参数域集合

1) Task

(1) Task：任务名称。任务名称必须是唯一的，不能是相关机械单元的名称，也不能与 RAPID 程序中的变量名称相同。

(2) Type：控制启动/停止和系统重启行为。该参数有三个选项："正常"表示手动启动和停止任务程序(比如通过 FlexPendant 示教器来启动和停止)，在急停时任务将停止；"静态"表示重启时任务程序将从原位置继续运行，无法从 FlexPendant 示教器或利用紧急停止来停止任务程序；"半静态"表示重启时任务程序将从头启动，无法从 FlexPendant 示教器或利用紧急停止来停止任务程序。凡是控制着机械单元的任务，其类型都必须是"正常"才行。

(3) MotionTask：指出任务程序是否可靠 RAPID 移动指令来控制机械人。

(4) Use Mechanical Unit Group：定义该任务会使用哪个机械单元组。Use Mechanical Unit Group 涉及配置类型 Mechanical Unit Group 的参数 Name。运动任务(MotionTask 设为 Yes)控制着机械单元组中的各机械单元。非运动任务(MotionTask 设为 No)仍能读取机械单元组中的活动机械单元的参数值(比如 TCP 位置)。

注意：即便任务不控制任何机械单元，也必须为所有任务定义 Use Mechanical Unit Group。

2) Mechanical Unit Group

机械单元组必须至少包含一个机械单元、机械臂或其他机械单元(即 Robot 和 MechUnit 1 不得为空)。这些参数属于参数域集合 Controller 中的配置类型 Mechanical Unit Group，参数涉及参数域集合 Motion 中的配置类型 Mechanical Unit 的参数 Name。

(1) Name：机械单元组的名称。

(2) Robot：指定机械单元组中带 TCP 的机器人(若有)。

(3) Mech Unit 1：指定机械单元组中未配 TCP 的机械单元(如有)。

(4) Mech Unit 2～Mech Unit 6：指定机械单元组中未配 TCP 的第二～第六个机械单元(如配备不止一个机械单元)。

(5) Use Motion Planner：规定用哪个运动规划器来对此机械单元组的运动复杂性进行计算。Use Motion Planner 涉及参数域集合 Motion 中的配置类型 Motion Planner 的参数 Name。

2. Motion 参数域集合

1) Drive Module User Data

如果应断开一个驱动模块，而不中断连至机器人系统其他驱动模块的附加轴和机械臂，可使用驱动模块断开功能。此参数属于参数域集合 Motion 中的配置类型 Drive Module User Data。将 Allow Drive Module Disconnect 设为 TRUE，从而断开驱动模块。

2) Mechanical Unit

不可为机械臂编辑配置类型 Mechanical Unit 中的参数，只可为附加轴编辑参数。这些参数属于参数域集合 Motion 中的配置类型 Mechanical Unit。

(1) Name：机械单元名称。

(2) Allow move of user frame：指出是否应能让机械单元移动用户坐标系。

(3) Activate at Start Up：指出在控制器启动时，机械单元是否应处于活动状态。在单个机器人系统中，机械臂一直处于活动状态。在 MultiMove 系统中，机械单元(包括机械臂)可在启动时处于不活动状态，随后再激活。

(4) Deactivation Forbidden：指出是否能停用机械单元。在单个机器人系统中，不可能停用一个机械臂。在 MultiMove 系统中，可以停用一个机械臂，而同时将另一机械臂保持在活动状态。

3) Motion Planner

运动规划器可计算机械单元组运动的复杂性。当数个任务处于同步移动模式时，这些任务采用同一运动规划器(相关运动规划器中的第一个运动规划器)。安装时，将为每一机械臂配置 Motion Planner。Motion Planner 配置用于优化该特定机械臂的运动。请勿改变机械臂与 Motion Planner 之间的连接，这些参数属于参数域集合 Motion 中的配置类型 Motion Planner。

(1) Name：相关运动规划器的名称。

(2) Speed Control Warning：在同步移动模式中，一个机械臂的速度可能慢于编程速度，这是因为另一个机械臂可能限制到它的速度(比如在另一个机械臂的路径更长的情况下)。如果 Speed Control Warning 设为 Yes，那么，当机械臂移动速度相对于工件慢于编程速度时，将发出报警。仅利用 Speed Control Warning 来监测 TCP 速度，即不监测附加轴的速度。

(3) Speed Control Percent：如果 Speed Control Warning 被设置成 Yes，那

笔记

么当实际速度慢于编程速度的这一百分数时，系统便会发出一条警告。

图 5-38 所示为两个独立机械臂配置"UnsyncArc"，这些机械臂将各由一项任务来操作，其配置如表 5-4 所示。

表 5-4　两个独立机械臂配置"UnsyncArc"

参　数	设　置			
Task	Task	Type	Motion Task	Use Mechanical Unit Group
	T_ROB1	NORMAL	Yes	rob1
	T_ROB2	NORMAL	Yes	rob2
Mechanical Unit Group	Name	Robot	Mech Unit 1	Use Motion Planner
	rob1	ROB_1		motion_planner_1
	rob2	ROB_2		motion_planner_2
Motion Planner	Name		Speed Control Warning	
	motion_planner_1		No	
	motion_planner_2		No	

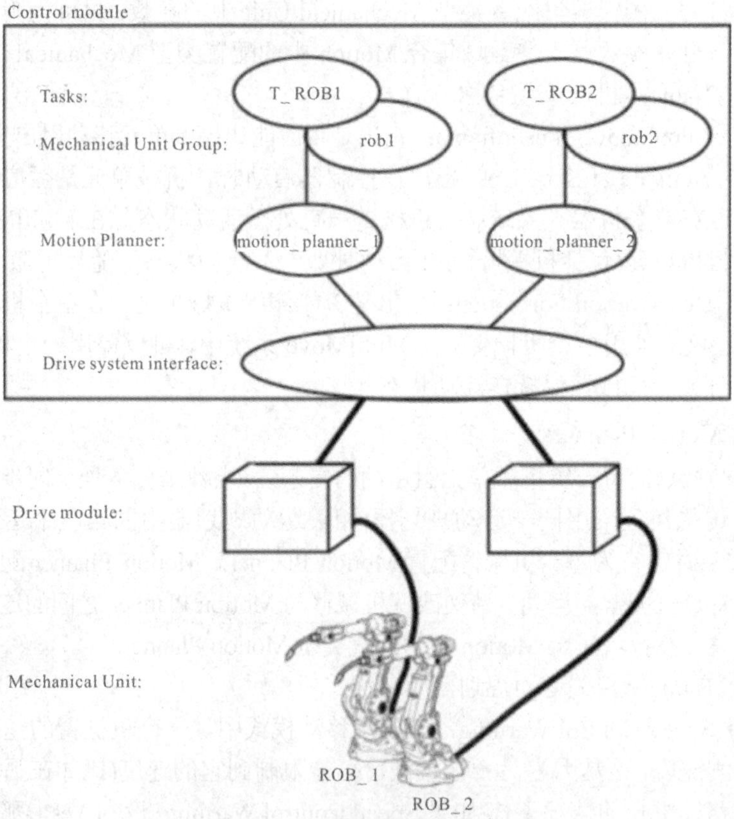

图 5-38　两个独立机械臂配置"UnsyncArc"

图 5-39 所示为两个独立机器人和一个变位器配置"SyncArc"。这三个机械单元将各由一项任务来操作，配置如表 5-5 所示。

表 5-5　两个独立机器人和一个变位器配置 "SyncArc"

笔记

参　数	设　　置			
Task	Task	Type	Motion Task	Use Mechanical Unit Group
	T_ROB1	NORMAL	Yes	rob1
	T_ROB2	NORMAL	Yes	rob2
	T_STN1	NORMAL	Yes	stn1
Mechanical Unit Group	Name	Robot	Mech Unit 1	Use Motion Planner
	rob1	ROB_1		motion_planner_1
	rob2	ROB_2		motion_planner_2
	stn1		STN_1	motion_planner_3
Motion Planner	Name		Speed Control Warning	Speed Control Percent
	motion_planner_1		Yes	90
	motion_planner_2		Yes	90
	motion_planner_3		No	
Mechanical Unit	Name	Allow move of user frame	Activate at Start Up	Deactivation Forbidden
	ROB_1	Yes	Yes	Yes
	ROB_2	Yes	Yes	Yes
	STN_1	Yes	Yes	No

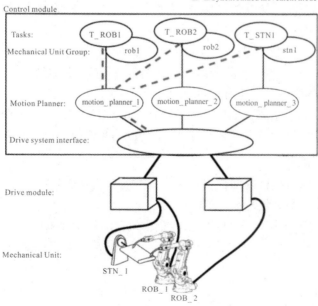

图 5-39　两个独立机器人和一个变位器配置 "SyncArc"

3. I/O 参数域集合

多个机械臂的系统的 I/O 配置通常与单个机器人系统的并无区别，但是对于一些系统输入和输出，需要指定涉及的是哪项任务或哪个机械臂，即需说明用于指定系统输入具体针对哪项任务/系统，输出具体针对哪个机械臂的哪些参数。

1) System Input

System Input 属于 I/O 参数域集合，主要用 Argument 2 指定此系统输入影响到哪项任务。如果参数 Action 被设为 Interrupt 或 Load and Start，那么，Argument 2 必须指定一项任务；Action 的所有其他参数值将产生对所有任务有效的系统输入，并且无需采用 Argument 2。Argument 2 涉及配置类型 Task 的参数 Task。

2) System Output

System Output 属于 I/O 参数域集合，主要用 Argument 指定系统输出涉及哪个机械单元。如果参数 Status 被设为 TCP Speed、TCP Speed Reference 或 Mechanical Unit Active，那么，Argument 必须指定一个机械单元。对于 Status 的所有其他参数值，系统输出不涉及单个机械臂，无需采用 Argument。Argument 涉及参数域集合 Motion 中的配置类型 Mechanical Unit 的参数。

二、编程

1. 数据类型

(1) syncident。数据类型 syncident 的变量用来确定不同任务程序中的 WaitSyncTask、 SyncMoveOn 或 SyncMoveOff 指令使外轴同步。所有任务程序中的 syncident 变量都必须具有同一个名称。全局声明每一任务中的 syncident 变量。

(2) tasks。数据类型 tasks 的永久变量包含与 WaitSyncTask 或 SyncMoveOn 同步的任务的名称。tasks 变量必须声明为系统全局(永久)变量，在所有任务程序中名称和内容均相同。

(3) identno。在 SyncMoveOn 和 SyncMoveOff 指令间执行的任何移动指令的自变数 ID 中，应采用配置类型 identno 的数值或变量。

2. 系统数据

系统数据(机械臂内部数据)将进行预定义。可以从 RAPID 程序读取系统数据，但不可从中改变系统数据。

ROB_ID：引用由任务控制的机械臂(如有)。如果在未控制机械臂的任务中使用，将出现错误。在采用 ROB_ID 前，通常采用 TaskRunRob() 来核实该功能。

3. 指令

(1) WaitSyncTask。该指令的作用是在相关程序的某个特殊点处实现若干任务程序的同步。当所有任务程序达到 WaitSyncTask 时，程序将继续执行。

(2) SyncMoveOn。利用该指令可启动同步移动模式，它会等待另一项任务程序。当所有任务程序到达 SyncMoveOn 时，这些任务程序将在同步移动模式下继续执行。不同任务程序的移动指令被同步执行，直至执行指令 SyncMoveOff 为止。在 SyncMoveOn 指令前，必须对停止点进行编程。

(3) SyncMoveOff。利用该指令可终止同步移动模式，它会等待另一项任务程序。当所有任务程序到达 SyncMoveOff 时，这些任务程序将在非同步模式下继续执行。在 SyncMoveOff 指令前，必须对停止点进行编程。

(4) SyncMoveUndo。该指令可结束同步移动，即便并非所有任务都执行了 SyncMoveUndo 指令。SyncMoveUndo 将供 UNDO 处理器使用。当从无返回值例程移动程序指针时，将利用 SyncMoveUndo 来结束同步。

(5) MoveExtJ。该指令将在无需 TCP 的情况下，移动一个或数个机械单元。在无任何机械臂的一项任务中，将利用 MoveExtJ 来移动附加轴。

(6) IsSyncMoveOn。利用该指令可辨别机械单元组是否处于同步移动模式。未控制任何机械单元的任务可找出参数 UseMechanical UnitGroup 中定义的机械单元是否处于同步移动模式。

(7) RobName。利用该指令可取得受任务控制的机械臂的名称，它将会以字符串形式返回机械单元名称。在从未控制机械臂的任务中调用时，将返回空字符串。

(8) ID(同步自变数)。SyncMoveOn 和 SyncMoveOff 指令之间执行的所有移动指令必须由 ID 指定。对于(每一任务程序中)所有应同步执行的移动指令，ID 必须相同。ID 可为数值，也可为 syncident 变量。ID 的用途在于支持运算，让运算符更容易发现相互同步的移动指令。要确保在同样的 SyncMoveOn 和 SyncMoveOff 指令之间，ID 值未用于一项以上的移动指令。如果对于连续几个移动指令来讲，ID 值在上升(比如，10、20、30、…)，那么，这也有助于运算。未处于 SyncMoveOn 和 SyncMoveOff 指令之间的移动指令不得具备自变数 ID。

(9) 联动对象。

① robhold 定义了是否由本任务中的机械臂来夹持对象。robhold 一般设为 FALSE，夹持对象的机械臂的任务(其中 robhold 将设为 TRUE)不必声明为 FALSE，除非使用固定工具。

② 如果对象是固定的，那么 ufprog 设为 TRUE；如果任何机械单元能移动对象，那么 ufprog 设为 FALSE。

③ ufmec 设为移动对象的机械单元的名称。如果 ufprog 设为 TRUE，那么 ufmec 可保留为空字符串(没有任何机械单元可移动对象)。

笔记

 做一做

一、设置机器人联动

带 STN_1 名称的机械单元可移动的对象的程序示例为：

    PERS wobjdata wobj_stn1 := [FALSE, FALSE, "STN_1", [[0, 0, 0], [1, 0, 0, 0]],
                               [[0, 0, 250], [1, 0, 0, 0]]];

机械臂 ROB_1 正在对机械臂 ROB_2 夹持的零件进行焊接，由机械臂 ROB_2 移动该工件。示例程序为：

    PERS wobjdata wobj_rob1 := [FALSE, FALSE, "ROB_2", [[0, 0, 0], [1, 0, 0, 0]],
                               [[0, 0, 250], [1, 0, 0, 0]]];

声明 ROB_1 中的对象时，robhold 自变数必须设为 FALSE，这是因为 robhold 为 TRUE 仅用于固定工具。对于 ROB_2，任何对象均可处于活动状态，因为仅 ROB_2 的关节角才与 ROB_1 的对象配合。

二、编程实例

1. "UnsyncArc" 独立移动

如图 5-40 所示，一个机械臂对一个对象焊接一个圆形物，另一个机械臂对另一个对象焊接一个方形物。编写其程序。

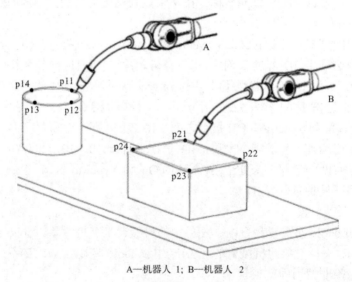

A—机器人 1；B—机器人 2

图 5-40   "UnsyncArc" 独立移动示例

说明：为了让示例简单通用，将利用常规移动指令(如 MoveL)来替代焊接指令(如 ArcL)。本任务都是这样。

1) T_ROB1 任务程序

✎ 笔记

```
MODULE module1
TASK PERS wobjdata wobj1 := [ FALSE, TRUE, "", [ [500, -200, 1000],
                    [1, 0, 0 ,0] ],[ [100, 200, 100], [1, 0, 0, 0] ] ];
TASK PERS tooldata tool1 := ...
CONST robtarget p11 := ...

...

CONST robtarget p14 := ...
PROC main()

...

IndependentMove;

...

ENDPROC
PROC IndependentMove()
MoveL p11, v500, fine, tool1\WObj := wobj1;
MoveC p12, p13, v500, z10, tool1\WObj := wobj1;
MoveC p14, p11, v500, fine, tool1\WObj := wobj1;
ENDPROC
ENDMODULE
```

2) T_ROB2 任务程序

```
MODULE module2
TASK PERS wobjdata wobj2 := [ FALSE, TRUE, "", [ [500, -200, 1000],
                    [1, 0, 0 ,0] ], [ [100, 1200, 100], [1, 0, 0, 0] ] ];
TASK PERS tooldata tool2 := ...
CONST robtarget p21 := ...

...

CONST robtarget p24 := ...
PROC main()

...

IndependentMove;

...

ENDPROC
PROC IndependentMove()
MoveL p21, v500, fine, tool2\WObj := wobj2;
MoveL p22, v500, z10, tool2\WObj := wobj2;
MoveL p23, v500, z10, tool2\WObj := wobj2;
MoveL p24, v500, z10, tool2\WObj := wobj2;
```

笔记

MoveL p21, v500, fine, tool2\WObj := wobj2;

ENDPROC

ENDMODULE

2. 半联动移动

只要对象不移动，则若干机械臂可对同一对象开展工作，而不会进行同步移动。机械臂未与对象处于联动状态时，变位器可移动该对象，当对象未移动时，机械臂可与对象处于联动状态。在移动对象和与机械臂联动之间进行的切换被称作半联动移动。

半联动移动要求任务程序之间实现一定同步(如 WaitSyncTask 指令)。变位器必须知道何时可以移动对象，机械臂必须知道自己何时可以对对象开展工作，但不要求每一移动指令均同步。

半联动移动的优点是每一机械臂可独立于对象工作。如果不同机械臂开展迥然不同的任务，那么，相较让所有机械臂移动同步，这将节约节拍时间。

"SyncArc"半联动移动如图 5-41 所示，要在对象一侧焊接一根长条和一个小型方形物，在对象另一侧焊接一个方形物和一个圆形物。变位器将首先定位对象，让第一侧向上，同时机械臂将待命。然后，机械臂 1 将焊接一根长条，同时机械臂 2 将焊接一个方形物。

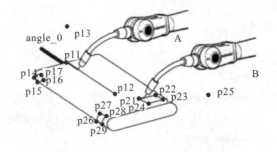

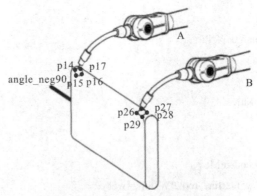

A—机器人 1；2—机器人 2

图 5-41 "SyncArc"半联动移动

当机械臂完成第一项焊接操作后，机械臂将待命，同时，定位器将翻转对象，让第二侧向上。接着，机械臂 1 将焊接一个圆形物，同时，机械臂 2 将焊接一个方形物。

工厂经验：

如果对象和机械臂的移动未独立于 WaitSyncTask 和停止点，那么将出现受不同任务控制的机械单元可能相撞、机械臂可能朝错误的方向后退、移动或重启指令可能受阻等情况。

1) T_ROB1 任务程序

```
MODULE module1
VAR syncident sync1;
VAR syncident sync2;
VAR syncident sync3;
VAR syncident sync4;
PERS tasks all_tasks{3} := [["T_ROB1"],["T_ROB2"],["T_STN1"]];
PERS wobjdata wobj_stn1 := [ FALSE, FALSE, "STN_1", [ [0, 0, 0],[1, 0, 0 ,0] ],
                            [ [0, 0, 250], [1, 0, 0, 0] ] ];
TASK PERS tooldata tool1 := ...

CONST robtarget p11 := ...
...
CONST robtarget p17 := ...
PROC main()
...
SemiSyncMove;
...
ENDPROC
PROC SemiSyncMove()                              //程序名
WaitSyncTask sync1, all_tasks;
MoveL p11, v1000, fine, tool1 \WObj := wobj_stn1;
MoveL p12, v300, fine, tool1 \WObj := wobj_stn1;   //直线移动
MoveL p13, v1000, fine, tool1;                     //到下一点
WaitSyncTask sync2, all_tasks;                     //等待
WaitSyncTask sync3, all_tasks;
MoveL p14, v1000, fine, tool1 \WObj := wobj_stn1;
MoveC p15, p16, v300, z10, tool1 \WObj := wobj_stn1;
MoveC p17, p14, v300, fine, tool1 \WObj := wobj_stn1;
WaitSyncTask sync4, all_tasks;
MoveL p13, v1000, fine, tool1;
```

ENDPROC

ENDMODULE

2) T_ROB2 任务程序

MODULE module2

VAR syncident sync1;

VAR syncident sync2;

VAR syncident sync3;

VAR syncident sync4;

PERS tasks all_tasks{3} := [["T_ROB1"],["T_ROB2"],["T_STN1"]];

PERS wobjdata wobj_stn1 := [FALSE, FALSE, "STN_1", [[0, 0, 0],[1, 0, 0 ,0]],

[[0, 0, 250], [1, 0, 0, 0]]];

TASK PERS tooldata tool2 := ...

CONST robtarget p21 := ...

...

CONST robtarget p29 := ...

PROC main()

...

SemiSyncMove;

...

ENDPROC

PROC SemiSyncMove()   //程序名

WaitSyncTask sync1, all_tasks;

MoveL p21, v1000, fine, tool2 \WObj := wobj_stn1;

MoveL p22, v300, z10, tool2 \WObj := wobj_stn1;

MoveL p23, v300, z10, tool2 \WObj := wobj_stn1;

MoveL p24, v300, z10, tool2 \WObj := wobj_stn1;

MoveL p21, v300, fine, tool2 \WObj := wobj_stn1;   //直线移动

MoveL p25, v1000, fine, tool2;   //到下一点

WaitSyncTask sync2, all_tasks;   //等待

WaitSyncTask sync3, all_tasks;

MoveL p26, v1000, fine, tool2 \WObj := wobj_stn1;

MoveL p27, v300, z10, tool2 \WObj := wobj_stn1;

MoveL p28, v300, z10, tool2 \WObj := wobj_stn1;

MoveL p29, v300, z10, tool2 \WObj := wobj_stn1;

MoveL p26, v300, fine, tool2 \WObj := wobj_stn1;

WaitSyncTask sync4, all_tasks;

MoveL p25, v1000, fine, tool2;

ENDPROC

ENDMODULE

3) T_STN1 任务程序

```
MODULE module3
VAR syncident sync1;
VAR syncident sync2;
VAR syncident sync3;
VAR syncident sync4;
PERS tasks all_tasks{3} := [["T_ROB1"],["T_ROB2"],["T_STN1"]];
CONST jointtarget angle_0 := [ [ 9E9, 9E9, 9E9, 9E9, 9E9, 9E9],
                               [ 0, 9E9, 9E9, 9E9, 9E9, 9E9] ];
CONST jointtarget angle_neg90 := [ [ 9E9, 9E9, 9E9, 9E9, 9E9, 9E9],
                               [ -90, 9E9, 9E9, 9E9, 9E9, 9E9] ];
PROC main()
...
SemiSyncMove;
...
ENDPROC
PROC SemiSyncMove()              //半联动程序名
//移动到目标位置(在第一次半联动之前需要定位)
MoveExtJ angle_0, vrot50, fine;
//等待一机器人移动到目标点后，同步移动机器人外轴
MoveExtJ angle_neg90, vrot50, fine;
WaitSyncTask sync3, all_tasks;
WaitSyncTask sync4, all_tasks;
ENDPROC
ENDMODULE
```

3. 联动同步移动

数个机械臂可以对同一移动对象开展工作。夹持对象的定位器或机械臂以及对对象开展工作的机械臂必须同步移动，这意味着分别处理一个机械单元的 RAPID 任务程序将同步执行各自的移动指令。

同步移动模式的启动方式为：在每一任务程序中执行 SyncMoveOn 指令。同步移动模式的结束方式为：在每一任务程序中执行 SyncMoveOff 指令。对于所有任务程序而言，SyncMoveOn 和 SyncMoveOff 之间执行的移动指令数量必须相同。

联动同步移动通常能够节约节拍时间，这是由于对象移动时机械臂不必等待。联动同步移动也能让机械臂以其他情况下难以或无法合作的方式来进行合作。

工厂经验：如果具备 RobotWare 附加功能 MultiMove Coordinated，则仅可采用联动同步移动。

✍ 笔记

　　　　　　"SyncArc"联动同步如图5-42所示，两个机械臂一直对对象开展焊接。机械臂TCP被编程为相对于对象形成环状路径。但因为对象在旋转，因此，在对象旋转时机械臂几乎保持静止。

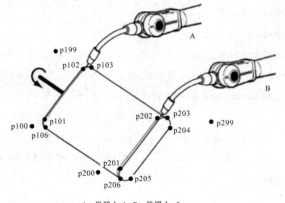

A—机器人 1；B—机器人 2

图 5-42　　"SyncArc"联动同步

1) T_ROB1 任务程序

MODULE module1

VAR syncident sync1;

VAR syncident sync2;

VAR syncident sync3;

PERS tasks all_tasks{3} := [["T_ROB1"],["T_ROB2"],["T_STN1"]];

PERS wobjdata wobj_stn1 := [FALSE, FALSE, "STN_1", [[0, 0, 0],[1, 0, 0 ,0]],
　　　　　　　　　　　　　[[0, 0, 250], [1, 0, 0, 0]]];

TASK PERS tooldata tool1 := ...

CONST robtarget p100 := ...

...

CONST robtarget p199 := ...

PROC main()

...

SyncMove;

...

ENDPROC

PROC SyncMove()

MoveJ p100, v1000, z50, tool1;

WaitSyncTask sync1, all_tasks;

MoveL p101, v500, fine, tool1 \WObj := wobj_stn1;

SyncMoveOn sync2, all_tasks;

MoveL p102\ID := 10, v300, z10, tool1 \WObj := wobj_stn1;

MoveC p103, p104\ID := 20, v300, z10, tool1 \WObj := wobj_stn1;

MoveL p105\ID := 30, v300, z10, tool1 \WObj := wobj_stn1;

```
MoveC p106, p101\ID := 40, v300, fine, tool1 \WObj := wobj_stn1;
SyncMoveOff sync3;
MoveL p199, v1000, fine, tool1;
UNDO
SyncMoveUndo;
ENDPROC
ENDMODULE
```

2) T_ROB2 任务程序

```
MODULE module2
VAR syncident sync1;
VAR syncident sync2;
VAR syncident sync3;
PERS tasks all_tasks{3} := [["T_ROB1"],["T_ROB2"],["T_STN1"]];
PERS wobjdata wobj_stn1 := [ FALSE, FALSE, "STN_1", [ [0, 0, 0],[1, 0, 0 ,0] ],
                        [ [0, 0, 250], [1, 0, 0, 0] ] ];
TASK PERS tooldata tool2 := ...
CONST robtarget p200 := ...
...
CONST robtarget p299 := ...
PROC main()
...
SyncMove;
...
ENDPROC
PROC SyncMove()
MoveJ p200, v1000, z50, tool2;
WaitSyncTask sync1, all_tasks;
MoveL p201, v500, fine, tool2 \WObj := wobj_stn1;
SyncMoveOn sync2, all_tasks;
MoveL p202\ID := 10, v300, z10, tool2 \WObj := wobj_stn1;
MoveC p203, p204\ID := 20, v300, z10, tool2 \WObj := wobj_stn1;
MoveL p205\ID := 30, v300, z10, tool2 \WObj := wobj_stn1;
MoveC p206, p201\ID := 40, v300, fine, tool2 \WObj := wobj_stn1;
SyncMoveOff sync3;
MoveL p299, v1000, fine, tool2;
UNDO
SyncMoveUndo;
ENDPROC
ENDMODULE
```

✍ 笔记

3) T_STN1 任务程序

```
MODULE module3
VAR syncident sync1;
VAR syncident sync2;
VAR syncident sync3;
PERS tasks all_tasks{3} := [["T_ROB1"],["T_ROB2"],["T_STN1"]];
CONST jointtarget angle_neg20 := [ [ 9E9, 9E9, 9E9, 9E9, 9E9,9E9],
                                   [ -20, 9E9, 9E9, 9E9, 9E9, 9E9] ];
...
CONST jointtarget angle_340 := [ [ 9E9, 9E9, 9E9, 9E9, 9E9, 9E9],
                                 [ 340, 9E9, 9E9, 9E9, 9E9, 9E9] ];
PROC main()
...
SyncMove;
...
ENDPROC
PROC SyncMove()
MoveExtJ angle_neg20, vrot50, fine;
WaitSyncTask sync1, all_tasks;
SyncMoveOn sync2, all_tasks;
MoveExtJ angle_20\ID := 10, vrot100, z10;
MoveExtJ angle_160\ID := 20, vrot100, z10;
MoveExtJ angle_200\ID := 30, vrot100, z10;
MoveExtJ angle_340\ID := 40, vrot100, fine;
SyncMoveOff sync3;
UNDO
SyncMoveUndo;
ENDPROC
ENDMODULE
```

三、移动原则

1. 机械臂速度

当数个机械臂的移动达到同步时，所有机械臂将调整速度，以便同步完成移动，这意味着将由费时最长的机械臂移动来决定其他机械臂的速度。

在图 5-43 中，p11 与 p12 的距离为 1000 mm，p21 与 p22 的距离为 500 mm。运行下列程序时，机械臂 1 将以 100 mm/s 的速度移动 1000 mm。由于这将花费 10 s，所以机械臂 2 将在 10 s 内移动 500 mm，机械臂 2 的速度将为 50 mm/s(而非编程的 500 mm/s)。

T_ROB1 任务的部分程序：

    MoveJ p11, v1000, fine, tool1;

    SyncMoveOn sync1, all_tasks;

    MoveL p12\ID := 10, v100, fine, tool1;

T_ROB2 任务的部分程序：

    MoveJ p21, v1000, fine, tool2;

    SyncMoveOn sync1, all_tasks;

    MoveL p22\ID := 10, v500, fine, tool2;

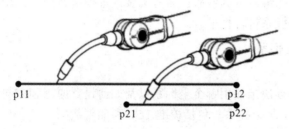

图 5-43　机械臂速度

2. 联动——圆周运动指令

如果两项联动任务程序均在执行同步圆周运动指令，那么将存在工具方位错误的风险。如果一个机械臂夹持的对象正在由另一个机械臂开展作业，那么圆弧插补将影响两个机械臂。两个环状路径应同一时间达到圆点，以避免工具方位出错。

如图 5-44 所示，如果 p12 将作为其环状路径的起点(比起 p13，更接近 p11)，p22 将作为其环状路径的终点(比起 p21，更接近 p23)，那么工具方位可能会出错。如果在路径上，p12 和 p22 的相对位置(占路径长度的比重)相同，那么工具方位将保持正确。

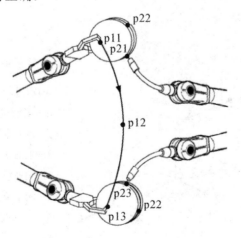

图 5-44　联动——圆周运动指令

注意：同时修改两个机械臂圆点的位置，将确保工具方位保持正确。在本例中应对程序进行单步调试，然后修改 p12 和 p22。

任务实施

带领学生在工业机器人旁边介绍其功能，但应注意安全。

一、校准

关节校准将确保所有轴处于正确位置。通常在交付新机械臂前完成关节的校准，只有在维修机械臂后才需对机械臂进行重新校准。在让机械臂就位时，必须对坐标系进行校准。

1. 校准坐标系

1）校准

首先，必须决定使用哪个坐标系以及如何设置原点和方向。

(1) 校准工具坐标系，包括校准 TCP 和加载数据。

(2) 校准所有机械臂，相对于世界坐标系校准基坐标系。如果一个机械臂的基坐标系已经过校准，那么，校准另一个机械臂基坐标系的方式是让两个机械臂的 TCP 在若干处汇合。

(3) 校准变位器，相对于世界坐标系校准基坐标系。

(4) 相对于世界坐标系校准用户坐标系。

(5) 相对于用户坐标系校准对象坐标系。

2）"UnsyncArc"示例

如图 5-45 所示，工业机器人 1(A)的基坐标系与世界坐标系相同。图 5-45 定义了工业机器人 2(B)的基坐标系。两个工业机器人均具备原点处于工作台转角的用户坐标系。图 5-45 为每一工业机器人的对象定义了对象坐标系。

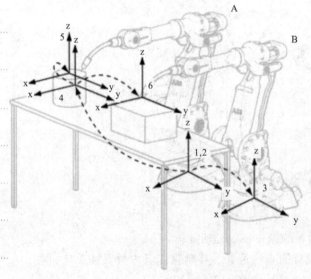

A—工业机器人 1；

B—工业机器人 2；

1—世界坐标系；

2—工业机器人 1 的基坐标系；

3—工业机器人 2 的基坐标系；

4—两个工业机器人的用户坐标系；

5—工业机器人 1 的对象坐标系；

6—工业机器人 2 的对象坐标系

图 5-45 "UnsyncArc"示例

3)　"SyncArc"示例

如图 5-46 所示,工业机器人 1(A)的基坐标系与世界坐标系相同。图 5-46 定义了工业机器人 2(B)的基坐标系。使用户坐标系与变位器旋转轴联系起来。规定让对象坐标系固定在由变位器保持的对象上。

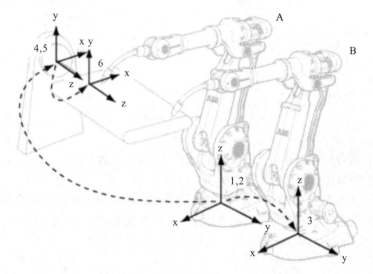

A—工业机器人 1; B—工业机器人 2; 1—世界坐标系; 2—工业机器人 1 的基坐标系;
3—工业机器人 2 的基坐标系; 4—定位器的基坐标系; 5—两个工业机器人的用户坐标系;
6—两个工业机器人的对象坐标系

图 5-46　"SyncArc"示例

2. 相对校准

相对校准是用一个已校准的机械臂来校准一个机械臂的基坐标系。这种校准法仅可用于两个机械臂位置十分接近从而部分工作区域重合的 MultiMove 系统。

如果一个机械臂的基坐标系与世界坐标系相同,那么可以将此机械臂用作另一个机械臂的参考。如果没有任何机械臂的基坐标系与世界坐标系相同,那么必须先校准一个机械臂的基坐标系。

ABB 机器人支持最多一台控制器同时控制 4 个本体或者最多 7 个运动任务同时执行(每个运动机械单元为一个运动单元,如 3 台机器人本体和 4 个变位机系统)。使用 MultiMove 时,各机器人可以独立运行。如图 5-47 所示,通常现场由于只有一台机器人,因此机器人的基坐标系和世界坐标系重叠,即 Base 相对于 Base 的偏移为 0。若多台机器人要在一个坐标系下联动,则需要设置各个机器人的基坐标系相对于世界坐标系 Wobj0 的关系。若有两台机器人,通常选择一台机器人作为主机器人,此机器人的基坐标系不做设置(即机器人的基坐标系和世界坐标系重合);另一台机器人需要参考第一台机器人设置基坐标系。在采用相对校准前,必须对两个机械臂的工具进行正确校准,在校准期间,这些工具必须处于活动状态。

✍ 笔记

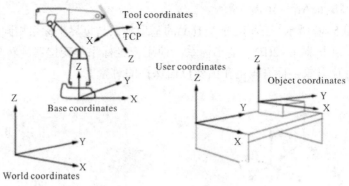

图 5-47　基坐标系与世界坐标系

校准步骤如下：

(1) 两台机器人必须先设置各自正确的 TCP(工具数据)。

(2) 在 ABB 菜单上选择"校准"。

(3) 点击想要校准的机械臂，在手动界面，各机器人选择正确的 TCP。

(4) 进入示教器界面，选择"校准"→2#机器人，点击"基座"，选择"相对 n 点"，如图 5-48 所示。

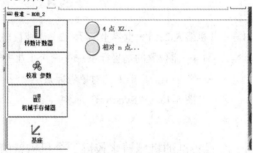

图 5-48　基坐标系

说明： 如果配备两个以上工业机器人，则必须选择将哪个工业机器人作为参考。如果只有两个工业机器人，则请跳过此步。

(5) 必须以 3 点至 10 点来开展校准。为了实现充分精确，建议至少采用 5 点，如图 5-48 所示。确认测量单元为 1#机器人，机械单元为 2#机器人，如图 5-49 所示。

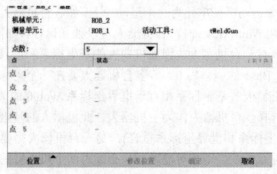

图 5-49　校准

(6) 移动两台机器人，使两台机器人的 TCP 重合，如图 5-50 所示，点击 ✎ 笔记
"点 1"，修改位置。

图 5-50 两台机器人的 TCP 重合

(7) 重复以上步骤，完成不同位置的 5 次测量并点击"确定"。

(8) 完成计算后，可以在示教器的"控制面板"→"配置"→"主题"
→"Motion"→"Robot"下的 2# 机器人下看到自动计算出的 2# 机器人基坐
标系相对于世界坐标系的关系，如图 5-51 所示。

控制面板 - 配置 - Motion - Robot - ROB_2

名称: ROB_2

双击一个参数以修改。

参数名称	值	6 到 11 共 50
Use Joint 3	rob2_3	
Use Joint 4	rob2_4	
Use Joint 5	rob2_5	
Use Joint 6	rob2_6	
Base Frame x	0	
Base Frame y	-1.155808	

确定　　　　取消

图 5-51 查看

(9) 完成以上操作，再建立相关坐标系，可以实现两台(多台)机器人的
联动。

工厂经验：请勿让校准链很长。如果以进行过相对校准的工业机器人作
为下一校准中的参考，那么将为最后一个工业机器人增加校准误差。如图 5-52
所示，图中配备了四个工业机器人，其中，工业机器人 1 夹持着工业机器人 2、
3 和 4 作业的工件。

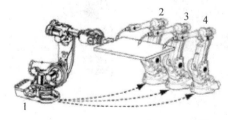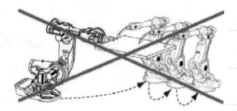

图 5-52 精度

如果使用工业机器人 1 作为工业机器人 2 的参考，以工业机器人 2 作为
工业机器人 3 的参考，以工业机器人 3 作为工业机器人 4 的参考，那么工业

笔记

机器人 4 将不够精确。若对照工业机器人 1 校准工业机器人 2、3 和 4，则精度较高。

二、MultiMove 特定用户界面

1. "生产(Production)"窗口

如图 5-53 所示，在不止一项运动任务的系统中，每一项运动任务将有一个标签。点击标签，可看见该任务的程序代码以及程序指针和运动指针在该任务中所处的位置。

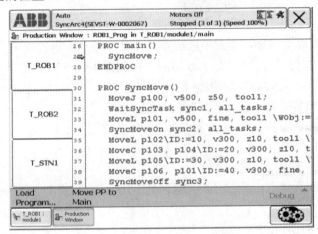

图 5-53 生产(Production)"窗口

移动程序指针是指，若点击 Move PP to Main，那么，程序指针将移动到所有运动任务程序的主程序。

2. 机械单元菜单

如图 5-54 所示，在 QuickSet 菜单点击机械单元菜单按钮将显示所有机械单元。

工匠精神

工匠精神也是追求极致的精神，其利虽微却长久造福于世。

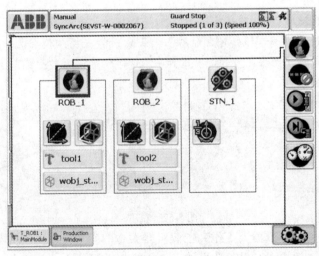

图 5-54 机械单元菜单

被选中的机械单元将突出显示并带有坐标系。与选中单元处于联动状态 🖉 **笔记**
的任何机械单元的坐标系均将闪烁显示并有"联动(Coord.)"字样。

对一个机械单元进行手动控制，将自动移动与该机械单元处于联动状态
的所有单元。如图 5-54 所示，对 STN_1 进行手动控制，也将移动 ROB_1 和
ROB_2，因为 ROB_1 和 ROB_2 与 STN_1 处于联动状态(STN_1 将让对象
wobj_stn1 移动)。为了能对 STN_1 进行手动控制，并且不会移动上述工业机
器人，需将这些工业机器人的坐标系改为世界坐标系，也可将工业机器人对
象改为 wobj0。

技能训练：让学生进行操作。

三、鼠标装配

1. 机器人主要示教位置点(见图 5-55)

1) 主站机器人主要工作位置点

jpos10 为机器人初始位置点，p10 为机器人等待位置点。

p150 为主站机器人抓取鼠标接收器快速移动位置点，p170 为主站机器
人抓取后盖快速移动位置点。

p20、p340、p350、p360、p370、p380 为主站机器人抓取鼠标接收器位
置点。

p190、p410、p420、p300、p430、p440 为主站机器人抓取后盖位置点。

2) 从站机器人主要工作位置点

jpos10 为机器人初始位置点，p10 为机器人等待位置点。

p41、p42、p43、p44、p45、p46 为从站机器人抓取底板位置点。

p300、p310、p320、p330、p340、p350 为从站机器人抓取电池位置点。

p200 为鼠标完成装配第 1 放置点，其余 5 个点以此为基准，利用 Offs
偏移指令进行确定。

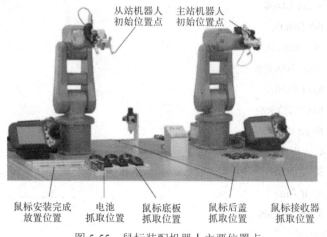

图 5-55 鼠标装配机器人主要位置点

2. 机器人任务程序设计

1) 主站机器人编程

主站机器人完成复位后，在接收到 PLC 发出的开始工作信号后进入工作状态，接收到从站机器人发出的电池装配完成信号后，将无线接收器抓取并安装到鼠标底板上的对应安装槽内，然后再将后盖安装到底板上，最后机器人回到初始位并发出装配完成信号。工作流程图如图 5-56 所示。

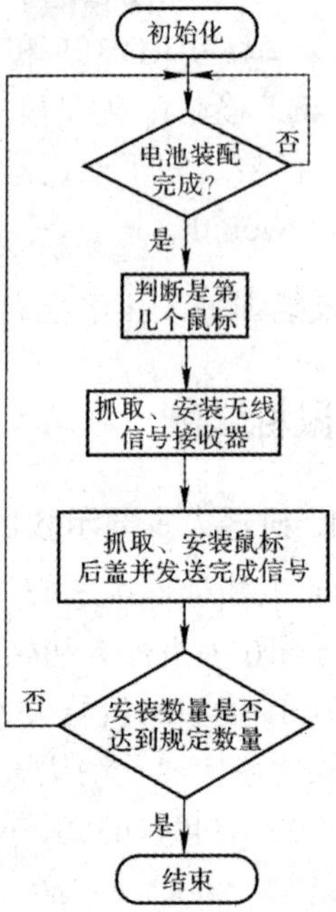

(1) 主程序包含初始化、数据处理、抓取安装无线接收器和抓取安装后盖子程序。代码如下：

```
PROC main()
    CSH;
    WHILE TRUE DO
        Wait Time 0.3;
        WaitDI CDI05, 1
            SJCL;
            FSQ;
            HG;
        Wait Time 0.3;
    ENDWHILE
ENDPROC
```

图 5-56 主站机器人工作流程图

(2) 初始化子程序，首先回到初始位置，然后确认打开手爪，输出信号复位，将安装数置 0，发送复位完成脉冲信号。代码如下：

```
PROC CSH()
    MoveAbsJ jpos10\NoEOffs, v600, FINE, tool0\WObj := zlm815:
    Reset BDO8;
    Set BDO9;
    WaitTime 0.3;
    Reset BDO9;
    Set CDO05;
    Reset CDO00;
    Reset CDO06;
    C := 0;
    Set CDO09;
    Wait Time 1;
    Reset CDO09;
ENDPROC
```

(3) 数据处理子程序，完成 6 个鼠标接收器和后盖位置的定位。代码如下：　✎ **笔记**

```
PROC SJCL()
    MoveJ p10,v400,z50,tool0\WObj := zlm815;
    C := C+1;
TEST C
    CASE 1:
    pFSQ := P20;
    ENDTEST
    TEST C
    CASE 2:
    pFSQ := p340;
    ENDTEST
    TEST C
    CASE 3:
    pFSQ := p350;
    ENDTEST
    TEST C
    CASE 4:
    pFSQ := p360;
    ENDTEST
    TEST C
    CASE 5:
    pFSQ := p370;
    ENDTEST
    TEST C
    CASE 6:
    pFSQ := p380;
    ENDTEST
TEST C
    CASE 1:
    pHG := p190;
    ENDTEST
    TEST C
    CASE 2:
    pHG := p410;
    ENDTEST
    TEST C
    CASE 3:
    pHG := p420;
```

```
            ENDTEST
            TEST C
            CASE 4:
            pHG := p300;
            ENDTEST
            TEST C
            CASE 5:
            pHG := p430;
            ENDTEST
            TEST C
            CASE 6:
            pHG := p440;
            ENDTEST
    ENDPROC
```

(4) 抓取安装无线接收器子程序，完成无线接收器的抓取和安装。代码如下：

```
    PROC FSQ()
            MoveJ p150, v400, z50, tool0\WObj := zlm815;
            MoveJ Offs(pFSQ,0,0, 20), v200, z50, tool0\ WObj := zlm815;
            MoveL pFSQ,v50,fine, tool0\WObj := zlm815;
            Set BDO8;
            WaitDI BDI14, 1;
            WaitTime 0.1;
            Reset BDO8;
            MoveJ Offs(pFSQ,0,0, 50), v100, z50, tool0\WObj := zlm815;
            MoveJ p100, v500, fine, tool0\WObj := zlm815;
            MoveL p90, v100, fine, tool0\WObj := zlm815;
            MoveL p30, v10, fine, tool0\WObj := zlm815;
            SET BDO9;
            WaitDI BDI14,0;
            WaitTime 0.1;
            Reset BDO9;
            MoveL p110, v50, fine, tool0 \WObj := zlm815;
            MoveL p120, v50, fine, tool0\WObj := zlm815;
            MoveL p130, v100, fine, tool0\WObj := zlm815;
            MoveL p140, v100, fine, tool0\WObj := zlm815;
    ENDPROC
```

(5) 抓取安装后盖子程序，完成后盖的抓取和安装。代码如下：

```
    PROC HG()
```

```
MoveJ p170, v300, z30, tool0\WObj := zlm815;
Move J Offs(pHG, 0,0,30), v500, fine, tool0\WObj := zlm815;
MoveL, pHG, v100, fine, tool0\WObj := zlm815;
Set CDO00;
Wait Time 0.3;
MoveJ Offs(pHG, 0,0,30), v100, fine, tool0\WObj := zlm815;
IF C <= 3 THEN
    MoveJ p270, v200, z50, tool0\ WObj := zlm815;
    MoveJ p180, v500, fine, tool0\WObj := zlm815;
    MoveJ Offs(p200, 0, 0, 30), v20, fine, tool0\WObj := zlm815;
    MoveL p200, v20, fine, tool0\WObj := zlm815;
    Reset CDO00;
    WaitTime 0.3;
    MoveJ Offs(p200, 0, 0, 15), v50, fine, tool0\WObj := zlm815;
    ENDIF
IF C > 3 AND C<=6 THEN
    MoveJ p310, v300, z50, tool0\WObj := zlm815;
    MoveJ p320, v500, fine, tool0\WObj := zlm815;
    MoveL p330, v20, fine, tool0\WObj := zlm815;
    Reset CDO00;
    Wait Time 0.3;
    MoveJ Offs(p330, 0, 0, 20),v50, fine, tool0\WObj := zlm815;
ENDIF
    MoveJ p230, v200, z20, tool0\WObj := zlm815;
    MoveL p390, v50, z20, tool0\WObj := zlm815;
    MoveL p240, v10, fine, tool0\WObj := zlm815;
    Wait Time 0.5;
    MoveL p390, v50, fine, tool0\WObj := zlm815;
    MoveJ p290, v150, fine, tool0\WObj := zlm815;
    MoveL p250, v150, fine, tool0\WObi := zlm815;
    MoveL p450, v20, fine, tool0\WObj := zlm815;
    Wait Time 0.5;
    MoveJ p260, v200, fine, tool0\WObj := zlm815;
    MoveAbsJ jpos10\NoEOffs, v600, FINE, tool0\WObj := zlm815;
    Set CDO06;
    WaitTime 2;
    Reset CDO06;
IF C >= 6 THEN
    Reset CDO05;
```

✎ 笔记

```
                    Stop;
                    C := 0;
                ENDIF
            ENDPROC
```

2）从站机器人编程

从站机器人完成复位后，在接收到 PLC 发出的开始工作信号后开始工作。首先将摆放好的鼠标底板夹取到安装台上，然后再抓取电池并将其安装在底板上的电池槽内。接着，机器人回到初始位并给主站机器人发出电池装配完成信号，接收到主站机器人完成装配信号后，将安装台上装配好的鼠标抓取到指定位置。从站机器人工作流程图如图 5-57 所示。

（1）主程序包含了初始化、数据处理、抓取鼠标底板、抓取鼠标电池、完成装配后放置子程序。代码如下：

```
PROC main()
    CSH;
    WHILE TRUE DO
        SJCL;
        WiaitDI DI06,1;
        DB;
        DC;
        Wait Time 0.3;
        WaitDI DI07, 1;
        ZT;
        Wait Time 0.3;
    ENDWHILE
ENDPROC
```

（2）初始化子程序，先将安装数置 0，然后确认打开手爪，回到初始位置，输出信号复位，发送复位完成脉冲信号。代码如下：

```
PROC CSH()
    C := 0;
    Reset DO09;
    Set DO08;
    Wait Time 0.3;
    Reset DO08;
    Reset DO00;
    Reset DO05;
    MoveAbsJ jpos10\NoEOffs, v500, z50, tool0\WObj := zlm814;
    Set DO07;
    Wait Time 1;
```

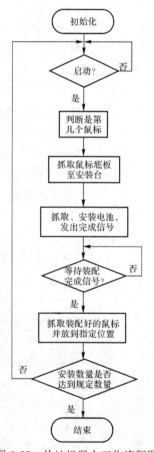

图 5-57　从站机器人工作流程图

```
        Reset DO07;
        WaitTime 0.3;
    ENDPROC
```

(3) 数据处理子程序，对 6 个电池的抓取位置和 6 个鼠标装配后的放置位置进行计算。代码如下：

```
PROC SJCL()
        C := C+1;
    TEST C
      CASE 1:
        pZQ := p41;
      ENDTEST
        TEST C
      CASE 2:
        pZQ := p42;
      ENDTEST
        TEST C
      CASE 3:
        pZQ := p43;
      ENDTEST
        TEST C
      CASE 4:
        pZQ := p44;
      ENDTEST
        TEST C
      CASE 5:
        pZQ := p45;
      ENDTEST
        TEST C
      CASE 6:
        pZQ := p46;
      ENDTEST
    TEST C
      CASE 1:
        pDC := P300;
      ENDTEST
        TEST C
      CASE 2:
        pDC := P310;
      ENDTEST
```

```
                    TEST C
                    CASE 3:
                        pDC := P320;
                    ENDTEST
                    TEST C
                    CASE 4:
                        pDC := P330;
                    ENDTEST
                    TEST C
                    CASE 5:
                        pDC := P340;
                    ENDTEST
                    TEST C
                    CASE 6:
                        pDC := P350;
                    ENDTEST
                TEST C
                    CASE 1:
                        pZT := Offs(p200,0,0,0);
                    ENDTEST
                    TEST C
                    CASE 2:
                        pZT := Offs(p200,80,0,0);
                    ENDTEST
                    TEST C
                    CASE 3:
                        pZT := Offs(p200,160,-4,0);
                    ENDTEST
                    TEST C
                    CASE 4:
                        pZT := Offs(p200,2,130,0);
                    ENDTEST
                    TEST C
                    CASE 5:
                        pZT := Offs(p200,86,130, 0);
                    ENDTEST
                    TEST C
                    CASE 6:
                        pZT := Offs(p200,162,130,0);
```

　　　　ENDTEST

　　ENDPROC

(4) 抓取鼠标底板子程序，将鼠标底板搬运至安装台。代码如下：

```
PROC DB()
    MoveJ p10, v800, z200, tool0\WObj := zlm814;
    MoveL Offs(pZQ, 0, 0, -75), v500, z200, tool0\WObj := zlm814;
    MoveJ pZQ, v100, fine, tool0\WObj := zlm814;
    SET DO09;
    WaitDI Dl14,0;
    WaitTime 0.3;
    Reset DO09;
    MoveL Offs(pZQ, 0, 0, -100), v200 fine, tool0\WObj := zlm814;
    MoveJ p30, v500, z50, tool0\WObj := zlm814;
    MoveJ p50, v500, z50, tool0\WObj := zlm814;
    MoveL p60, v20, FINE, tool0\WObj := zlm814;
    Set DO08;
    waitDI Dl14.0;
    Wait Time 0.3;
    Reset DO08;
    Set DO05;
    Wait Time 0.3;
    Reset DO05;
ENDPROC
```

(5) 抓取鼠标电池子程序，抓取电池并进行装配。代码如下：

```
PROC DC()
    MoveJ p50,v300, fine, tool0\WObj := zlm814;
    MoveJ p70, v500, z50, tool0\WObj := zlm814;
    MoveL Offs(pDC, 0, 0, -30), v200, z50, tool0\WObj := zlm814;
    MoveJ pDC, v100, fine, tool0\WObj := zlm814;
    SET DO09;
    WaitDI Dl14, 0;
    Wait Time 0.2;
    Reset DO09;
    MoveL Offs(pDC, 0, 0, -40), v30, fine, tool0\WObj := zlm814;
    MoveJ p100 ,v300, z200, tool0\WObj: zlm814;
    MoveJ p110, v300, z50, tool0\WObi := zlm814;
    MoveL P130, v300, z50, tool0\WObj: zlm814;
    MoveL p140, v50, fine, tool0\ WObj := zlm814;
    Set D008;
```

```
WaitDI DI14.0;

Wait Time 0.3;

Reset DO08;

MoveL, p120, v500, z50, tool0\WObj := zlm814;

MoveJ p150, v200, z50, tool0\WObj := zlm814;

MoveL p160, v20, fine, tool0\WObj: zlm814;

Wait Time 0.5;

MoveL p150, v100, fine, tool0\WObj := zlm814;

MoveAbsJ jpos10\NoEOffs, v800, fine, tool0\WObj := zlm814;

set DO00;

Wait Time 1;

Reset DO00;

ENDPROC
```

(6) 完成装配后放置子程序，将装配后的鼠标搬运至指定的 6 个位置。代码如下：

```
PROC ZT()

MoveJ p170, v800, z200, tool0\WObj := zlm814;

MoveL p180, v1000, fine, tool0\WObj := zlm814;

SET DO09;

WaitDI DI14,0;

Wait Time 0.3;

Reset DO09;

MoveL p170, v500, fine, tool0\WObj := zlm814;

MoveJ p190, v600, z100, tool0\WObj := zlm814;

MoveL Offs(pZT, 0, 0, -80), v400, z20, tool0\WObj := zlm814;

MoveL, pZT, v100, fine, tool0\WObj := zlm814;

Set DO08;

WaitDI DI14,0;

Reset DO08;

MoveL Offs(pZT, 0,0, -68), v50, z200, tool0\WObj := zlm814;

MoveAbsJ jpos10\NoEOffs, v600, fine, tool0\WObj := zlm814;

set DO01;

Wait Time 1;

Reset DO01;

IF C>5 THEN

    Stop;

    C := 0;

ENDIF

ENDPROC
```

四、双机器人与变位机

如图 5-58 所示，双机器人 + 变位机系统使用 Multi Move(即一台控制器、一个示教器、三个运动任务)，机器人需要有 Multi Move 选项 604-1 或者 604-2。604-1 能够实现多机器人在一个坐标系协同运动，如图 5-59 所示；604-2 只能半联动，即机器人同时开始，过程中各走各的。多任务生产窗口如图 5-60 所示。

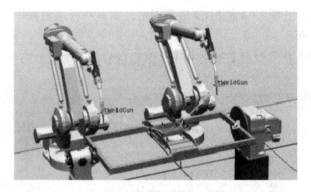

图 5-58　双机器人+变位机系统

图 5-59　协同运动

图 5-60　多任务生产窗口

1. 运动过程

(1) 两台机器人在 Home 位置，变位机从上料位置转到焊接位置。

(2) 两台机器人走到准备焊接位置。

(3) 1# 机器人开始焊接第一段，完成后走到 ready_1 位置。

(4) 1# 焊接完成后，2# 机器人焊接，完成后走到 ready_2 位置。

(5) 两台机器人一起回各自 Home。

(6) 变位机转到上料位置。

2. 数据

1) task 数据

要实现多机器人(变位机)间简单通信，需要在程序数据里各自的任务中建立 task 数据。

1# 机器人任务数据必须是 PERS，数组内容为三个任务的名称，如图 5-61 所示。

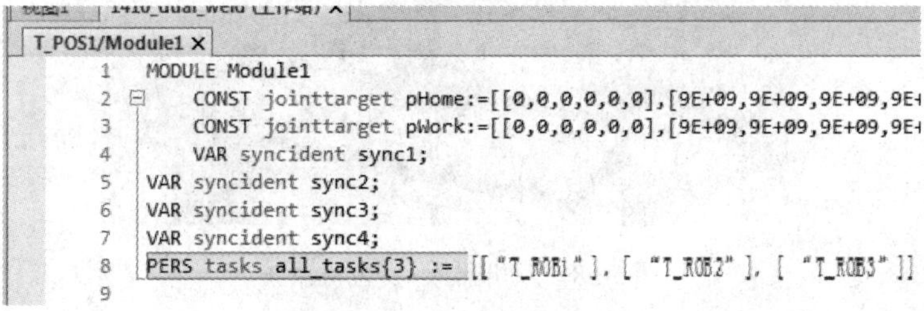

图 5-61   1# 机器人任务数据

2# 机器人任务数据如图 5-62 所示。

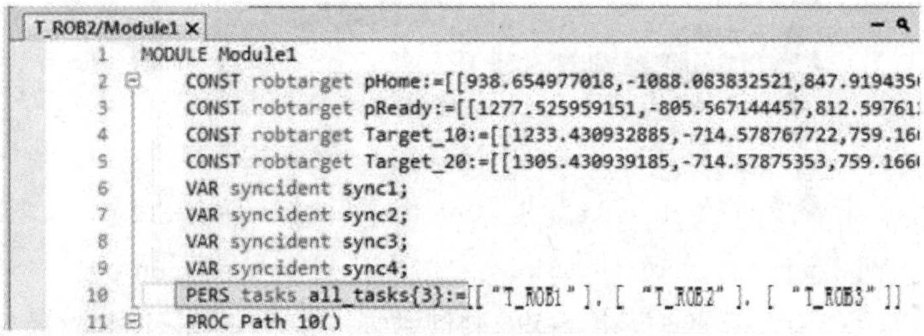

图 5-62   2# 机器人任务数据

2) Sync 数据

多机器人间要相互等待，需要添加数据 syncident，任务中一般有四个 syncident 数据，分别是 syn1、syn2、syn3 和 syn4。

变位机 sync 数据如图 5-63 所示。

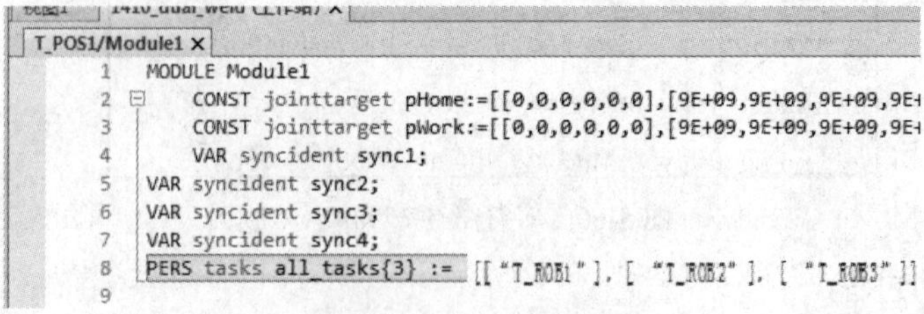

图 5-63   变位机 sync 数据

1# 机器人 sync 数据如图 5-64 所示。

 笔记

```
1410_dual_weld (工作站) ×
T_ROB1/Module1 ×                                    - ٩ ·
  1    MODULE Module1
  2 ⊟    CONST robtarget pHOme:=[[806.318054074,0,847.919423179],[0.069
  3      CONST robtarget pReady:=[[1289.982978993,-520.829920074,834.56
  4      CONST robtarget Target_10:=[[1207.204988688,-520.829978488,736.
  5      CONST robtarget Target_20:=[[1289.98298789,-520.829945867,736.
  6      VAR syncident sync1;
  7      VAR syncident sync2;
  8      VAR syncident sync3;
  9      VAR syncident sync4;
 10      PERS tasks all_tasks{3}:= [[ "T_ROB1" ]. [ "T_ROB2" ]. [ "T_ROB3" ]]
 11
```

图 5-64   1# 机器人 sync 数据

2# 机器人 sync 数据如图 5-65 所示。

```
T_ROB2/Module1 ×                                    - ٩ ·
  1    MODULE Module1
  2 ⊟    CONST robtarget pHome:=[[938.654977018,-1088.083832521,847.919435
  3      CONST robtarget pReady:=[[1277.525959151,-805.567144457,812.59761
  4      CONST robtarget Target_10:=[[1233.430932885,-714.578767722,759.16
  5      CONST robtarget Target_20:=[[1305.430939185,-714.57875353,759.1666
  6      VAR syncident sync1;
  7      VAR syncident sync2;
  8      VAR syncident sync3;
  9      VAR syncident sync4;
 10      PERS tasks all_tasks{3}:= [[ "T_ROB1" ]. [ "T_ROB2" ]. [ "T_ROB3" ]]
 11 ⊟  PROC Path 10()
```

图 5-65   2# 机器人 sync 数据

3. 程序

变位机程序如下：

```
PROC Path 10()
ActUnit STN1;激活变位机
MoveExtJ pHome, vrot50, fine;
MoveExtJ pWork, vrot50, fine;          //移动到焊接开始位置
WaitSyncTask sync1, all_tasks;  //两台机器人也等程序运行到 sync1 后往下执行
WaitSyncTask sync2, all_tasks;          //等 1# 机器人焊接完成
    WaitSyncTask sync3, all_tasks;      //等 2# 机器人焊接完成
    WaitSyncTask sync4, all_tasks;      //等两台机器人回到 Home 位置
    MoveExt3 pHome, vrot50, fine;
ENDPROC
```

1#机器人程序如下：

```
PROC Path_ 10()
    MoveJ pHome, v1000, fine, tWeldGun\WObj := wobj0;
    WaitSyncTask sync1, all_tasks;                  //等变位机到位
    MoveL pReady, v1000, fine, tWeldGun\WObj := wobj0;//1#机器人移动到准备位置
    MoveL Target_10, v1000, fine, tWeldGun\WObj := wobj0;
    MoveL Target_20, v50, fine, tWeldGun\WObj := wobj0;
    MoveL pReady,v1000,fine, tWeldGun\WObj := wobj9;     //1#机器人完成焊接
    WaitSyncTask sync2, al1_tasks; //1#机器人移动到准备位置并告诉 2#机器人
    WaitSyncTask sync3,al1_tasks;       //等待 2#机器人焊接完成
    Move] pHome, v1000, fine, tWeldGun\WObj := wobj0;
```

✍ 笔记

```
              WaitSyncTask sync4,all_tasks;        //回到 Home 位后变位机可以旋转
        ENDPROC
```

2# 机器人程序如下：

```
        PROC Path_10()
        NoveJ pHome,v1000,z100, tWeldGun\WObj := wobj0; //2#机器人移动到 Home 位置
              WaitSyncTask sync1,all_tasks;            //等待变位机旋转到位
        MoveL pReady, v1000, z100, tWeldGun\WObj := wobj0;
              WaitSyncTask sync2,all_tasks;                //等待 1#机器人移动焊接完成
        MoveL Target_10, v1000, z100, tWeldGun\WObj := wobj0;
        MoveL Targe_20, v50, z100, tWeldGun\WObj := wobj0;
              MoveL pReady, v1000, fine, tWeldGun\WObj := wobj0;
        WaitSyncTask sync3,all_tasks; //2#机器人完成焊接，和1#机器人一起回到home位置
        MoveJ pHome, v1000, z100, tWeldGun\WObj := wobj0;
        WaitSyncTask sync4,all_tasks;        //1#、2#机器人移动到 home 位置
        ENDPROC
```

五、上位机直接移动 ABB 机器人

1. 安装 PCSDK 及加载 dll

下载最新版 PCSDK(网址为 http://developercenter.robotstudio.com)。下载完毕后双击 exe 进行安装(安装完的默认目录为 C:\Program Files (x86)\ABBIndustrial IT\Robotics IT\SDK\PCSDK 6.0)。打开 VisualStudio，新建一个项目(此处以 C#为例)，在解决方案资源管理器中，右键单击"引用"，添加引用，如图 5-66 所示。

图 5-66 添加引用

打开浏览器，找到 PCSDK 的安装位置，添加 ABB.Robotics ✍ **笔记**
Controllers.PC.dll，添加后即可方便地在 C# 里进行针对机器人的二次开发。
程序内添加下列引用：

```
using ABB.Robotics.Controllers;
using ABB.Robotics.Controllers.Discovery;
using ABB.Robotics.Controllers.RapidDomain;
using ABB.Robotics.Controllers.IOSystem Domain;
using ABB.Robotics.Controllers.MotionDomain;
```

2. 上位机控制机器人运动

1) 获取世界坐标系下的当前位置

```
double rx;
double ry;
double rz;
RobTarget aRobTarget = controller.MotionSystem.ActiveMechanicalUnit.GetPosition
(CoordinateSystemType.World);
txt1.Text = aRobTarget.Trans.X.ToString(format: "#0.00");
txt2.Text = aRobTarget.Trans.Y.ToString(format: "#0.00");
txt3.Text = aRobTarget.Trans.Z.ToString(format: "#0.00");
    aRobTarget.Rot.ToEulerAngles(out rx, out ry, out rz);
txt4.Text = rz.ToString(format: "#0.00");
txt5.Text = ry.ToString(format: "#0.00");
txt6.Text = rx.ToString(format: "#0.00");
```

2) 赋值

对于位置数据的赋值，可以使用如下代码：

```
using (Mastership.Request(controller.Rapid))
{
    RapidData rd = controller.Rapid.GetRapidData("T_ROB1", "Module1",
                                      "ppos100"); //获取当前位置
    RobTarget rbtar = (RobTarget)rd.Value;
    rbtar.Trans.X = Convert.ToSingle(txt1.Text);
    rbtar.Trans.Y = Convert.ToSingle(txt2.Text);
    rbtar.Trans.Z = Convert.ToSingle(txt3.Text);   //对 X、Y、Z 赋值，对姿态
                                  数据赋值类似 rd.Value = rbtar;
}
```

3) 移动

机器人侧在自动模式并不直接提供 JOG 接口，可以在 RAPID 使用如下
代码进行模块指针的移动并控制机器人运动：

```
state := 0;
```

✎ 笔记

```
bAxis := FALSE;
bCart := FALSE;
ppos100 := pstart;
WHILE TRUE DO
TEST state
CASE 1:                        //移到轴坐标系
if bAxis=TRUE then      bAxis := FALSE;
MoveAbsJ jpos100\NoEOffs, v100, fine, tWeldGun\WObj := wobj0;
endif
CASE 2:                        //移到笛卡尔坐标系
if bCart=TRUE THEN      bCart := FALSE;
MoveL ppos100, v100, fine, tWeldGun\WObj := wobj0;
ENDIF ;
ENDTEST;
ENDWHILE;
```

📹 任务扩展

◇ 双机器人＋导轨联动折弯

在钣金行业有较大原材料折弯件，般需要两台机器人一起抓取并联动折弯，如图 5-67 所示。

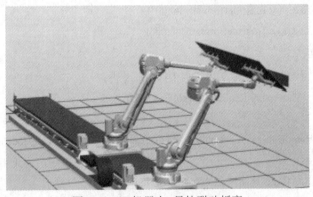

图 5-67　双机器人+导轨联动折弯

1. 工作过程

(1) 创建一个机器人系统(带 MultiMove 选项)，在初始位置各自创建 Home 位置，1# 机器人移动到抓取位置并示教，将 2# 机器人移动到抓取位置并创建一个工件坐标系 Workobject_1(此坐标系被 1# 机器人驱动)，如图 5-68 所示。

(2) 调整 2# 机器人，使得此时记录的位置在 Workobject_1 坐标系下，取名 target_20。移动 1#机器人到准备折弯位置，在待折弯工件处创建新的工具 ToolBend，如图 5-69 所示。

图 5-68　创建一个工件坐标系 Workobject_1

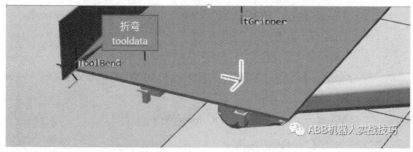

图 5-69　创建新工具 ToolBend

(3) 记录 1#机器人折弯开始位置，使用 ToolBend 工具(因为折弯过程都是以新的工具做直线和旋转运动)，复制 2#机器人之前创建的 target_20 点位，修改外轴数据(因为 2# 机器人折弯时在 Workobject_1 下位置保持不变，只是外轴数据不一样)，记录 1# 机器人折弯完成位置，使用 ToolBend 工具(因为折弯过程都是以新的工具做直线和旋转运动)。可以先让机器人绕 ToolBend 旋转 45°，然后沿折弯坐标系下降折弯量。

2. 程序

1# 机器人程序如下：

```
PROC path_1()
    reset do_0;
    MoveL pHome, v1000, z1, tGripper\WObj := wobj0;
    MoveL offs(Target_10, 0, 0, 100),v1000,z1, tGripper\WObj := wobj0;
    MoveL Target_10, v1000, fine, tGripper\WObj := wobj0;
        set do_0;
    waittime 0.5;
    SyncMoveOn sync1, all_tasks;
    MoveL offs(Target_10, 0,0, 100)\ID := 10, v1000, z1, tGripper\WObj := wobj0;
    MoveL Target_20\ID := 20, v1000, z1, tGripper\WObj := wobj0;
    MoveL Target_30\ID := 30, v1000,z1, tGripper\WObj := wobj0;
```

笔记

MoveL offs(PreBend, 0, -100,0)\D := 40, v1000, z1, ToolBend\WObj := wobj0;

MoveL PreBend\ID := 50, v500, fine, ToolBend\WObj := wobj0;

waittime 0.5;

MoveL bend_finish\ID := 60, v500, fine, ToolBend\WObj := wobj0;

waittime 0.5;

MoveL offs(bend_finish,0, 0, 30)\ID := 70, v1000, z1, ToolBend\WObj := wobj0;

MoveL offs(bend_finish, 0, -100, 30)\ID := 80, v1000, z1, ToolBend\WObj := wobj0;

MoveL postBend \ID := 90, v1000, z1, ToolBend\WObj := wobj0;

MoveL Target_30\ID := 100, v1000,z1, tGripper\WObj := wobj0;

MoveL Target_20\ID := 110, v1000, z1, tGripper\WObj := wobj0;

MoveL offs(Target_10, 0, 0, 100)\ID := 120, v1000, z1, tGripper\WObj := wobj0;

MoveL Target _10\ID := 130, v1000, fine, tGripper\WObj := wobj0;

reset do_0;

waittime 0.5;

MoveL offs(Target_10, 0, 0, 100)\ID := 140, v1000,z1, tGripper\WObj := wobj0;

SyncMoveOff sync2;

MoveL pHome, v1000, z1, tGripper\WObj := wobj0;

2#机器人程序如下：

PROC main()

MoveL pHome, v1000, z1, tGripper\WObj := wobj0;

MoveL Target_10, v1000, fine, tGripper\WObj := wobj0;

waittime 0.5;

SyncMoveOn sync1, all_tasks;

MoveL Target_20\ID := 10, v1000, z1, tGripper\WObj := Workobject_1;

MoveL Target_20\ID := 20, v1000, zl, tGripper\WObj := Workobject_1;

MoveL Target_20\ID := 30, v1000, z1, tGripper\WObj := Workobject_1;

MoveL pre_bend\ID := 40, v1000, z1, tGripper\WObj := Workobject_1;

MoveL pre_bend\ID := 50, v1000, fine, tGripper\WObj := Workobject_1;

waittime 0.5;

MoveL pre_bend\ID := 60, v500, fine, tGripper\WObj := Workobject_1;

wartime 0.5;

MoveL pre_bend\ID := 70, v1000, z1, tGripper\WObj := Workobject_1;

MoveL pre_bend\ID := 80, v1000, z1, tGripper\WObj := Workobject_1;

MoveL pre_bend \ID := 90, v1000, z1, tGripper\WObj := Workobject_1;

MoveL Target_20\ID := 100,v1000, z1, tGripper\WObj := Workobject_1;

MoveL Target_20\ID := 110, v1000, zl, tGripper\WObj := Workobject_1;

MoveL Target_20\ID := 120, v1000, z1, tGripper\WObj := Workobject_1;

MoveL Target_20\ID := 130, v1000, fine, tGripper\WObj := Workobject_1;

waittime 0.5;

MoveL Target 20\ID := 140, v1000, z1, tGripper\WObj := Workobject_1;

SyncMoveOff sync2;

MoveL pHome, v1000, z1, tGripper\WObj := wobj0;

ENDPROC

任务巩固

一、填空题：

1. SyncMoveOn_____同步移动；_____终止同步移动；SyncMoveUndo 同步移动。

2. 在 MultiMove 系统中，可以_____一个工业机器人，而同时将另一个工业机器人保持在_____状态。

3. 利用数据类型_____的变量来确定不同任务程序中的 WaitSyncTask、SyncMoveOn 或 SyncMoveOff 指令使其同步。

4. MoveExtJ(移动外关节)将在无需 TCP 的情况下移动一个或数个_____。

5. robhold 定义了是否由本任务中的_____来夹持对象。robhold 一般设为_____。

6. 如果对象是固定的，ufprog 设为_____。如果任何机械单元能移动对象，ufprog 设为_____。

二、判断题：

(　　) 1. 多个工业机器人与单个机器人系统的 I/O 配置通常具有本质的区别。

(　　) 2. 系统数据(工业机器人内部数据)将进行预定义，可以从 RAPID 程序读取系统数据，也可从中改变系统数据。

(　　) 3. IsSyncMoveOn 用来辨别机械单元组是否处于同步移动模式。

三、如图 5-70 所示，两个工业机器人在同一工件画圆(实际不是圆)时，变位器同时在匀速旋转，其中 A 画的圆半径为 200，B 画的圆半径为 50，起点都在工件长度平分线上。编写其程序，若有条件可在设备上实验。

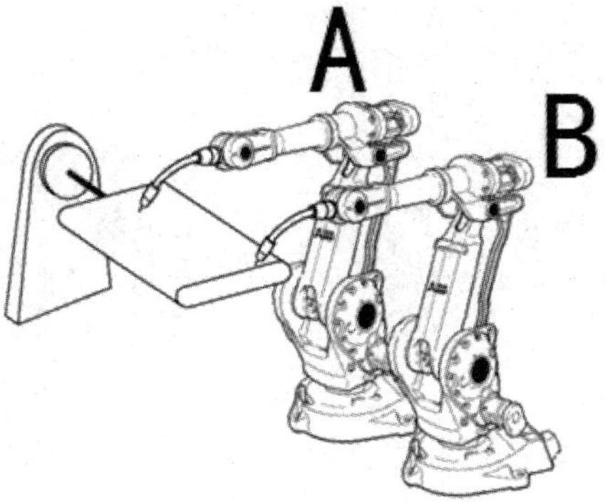

图 5-70　联动

笔记

参考答案

操作与应用

工 作 单

姓 名		工作名称	具有外轴的工作站现场编程
班 级		小组成员	
指导教师		分工内容	
计划用时		实施地点	
完成日期		备注	

工 作 准 备		
资 料	工 具	设 备

工作内容与实施	
工作内容	实 施
1. 行走轨道有哪几种?	
2. 常用的变位机有哪几种?	
3. 写出外轴与协同编程指令。	

图 1 为 4 台机器人协同运动;图 2 是工件,要求一台工业机器人装夹零件,另外三台进行焊接。

(1) 完成程序点说明;

(2) 完成作业示教流程的编制;

(3) 编制焊接程序。

图 1　4 台机器人协同运动　　　　图 2　工件

工 作 评 价

	评 价 内 容				
	完成的质量 (60分)	技能提升能力 (20分)	知识掌握能力 (10分)	团队合作 (10分)	备注
自我评价					
小组评价					
教师评价					

1. 自我评价

序号	评 价 项 目	是	否
1	是否明确人员的职责		
2	能否按时完成工作任务的准备部分		
3	工作着装是否规范		
4	是否主动参与工作现场的清洁和整理工作		
5	是否主动帮助同学		
6	是否正确操作工业机器人		
7	是否正确设置工业机器人工具坐标系		
8	是否正确设置工业机器人工件坐标系		
9	是否完成参数设置		
10	是否完成弧焊程序的编制与调试		
11	是否完成了清洁工具和维护工具的摆放		
12	是否执行 6S 规定		
评价人		分数	时间 年 月 日

2. 小组评价

序号	评 价 项 目	评 价 情 况
1	与其他同学的沟通是否顺畅	
2	是否尊重他人	
3	工作态度是否积极主动	
4	是否服从教师的安排	
5	着装是否符合要求	
6	能否正确地理解他人提出的问题	
7	能否按照安全和规范的规程操作	
8	能否保持工作环境的整洁	

笔记

序号	评 价 项 目	评 价 情 况
9	是否遵守工作场所的规章制度	
10	是否有岗位责任心	
11	是否全勤	
12	是否能正确对待肯定和否定的意见	
13	团队工作中的表现如何	
14	是否达到任务目标	
15	存在的问题和建议	

3. 教师评价

课程	工业机器人现场编程与调试一体化教程	工作名称	具有外轴的工作站现场编程	完成地点	
姓名		小组成员			
序号	项 目		分 值	得 分	
1	简答题		10		
2	正确操作工业机器人		10		
3	正确设置工业机器人工具坐标系		20		
4	正确设置工业机器人工件坐标系		20		
5	正确设置参数		20		
6	弧焊程序的编制与调试		20		

自 学 报 告

自学任务	其他种类工业机器人协同工作站的编程
自学要求	FANUC、KUKA、国产工业机器人任选一种或几种协同工作站自学编程与操作
自学内容	
收获	
存在问题	
改进措施	
总结	

附录　ABB工业机器人选择功能简介

一、602-1 高级柔性整形(Advance Shape Tuning)

1. 功能

(1) 低速运动环境下的柔性补偿。

(2) 协调机械配置参数和 Rapid 指令之间的关系。

(3) 自动调整不同摩擦力下的运行参数。

2. 特征

(1) 圆孔切割或特殊形式的不规则孔的切割。

(2) 路径偏差从 0.5 mm 降低到 0.1 mm。

二、900-1 微动手腕关节(Wrist Move)(on request)

1. 功能

(1) 只有机器人的手腕关节运动，例如机器人的 4、5、6 轴。

(2) 消除来自于机器人 1、2、3 轴的误差。

2. 特征

(1) 精度要求非常高的小孔切割。

(2) 可切割小尺寸的矩形或圆。

(3) 可实现快速移动。

3. 应用

水切割、激光切割等。

三、603-1 绝对精度(Absolute acquracy)

1. 功能

(1) 绝对精度校准。

① 大型机器人精度可提高超过 1 mm(平均提高超过 0.5 mm)。

② 小型机器人精度可提高超过 0.7 mm(平均 0.3 mm)。

③ 不使用绝对精度功能误差可能超过 10 mm。

标准系统工业机器人路径如附图 1 所示，带有绝对精度的机器人系统路径如附图 2 所示。

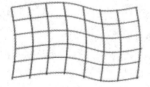

附图 1　标准系统机器人路径(夸张的)

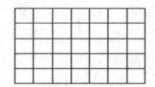

附图 2　有绝对精度的机器人系统路径

(2) 补偿机械误差和负载偏差。

✍ 笔记

2. 应用

(1) 更换机器人、离线编程、基于坐标系下的机器人联动；使用激光跟踪系统测量参数并保存在 SMB 中。

(2) 适用于倒装型机器人。

四、604-1 基于坐标系的机器人同步联动

附图 3 所示为基于坐标系的机器人同步联动。同步联动需要有多任务系统，一个控制系统最多可配置 4 台机器人及其外加轴。

1. 功能

(1) 各机器人单独运动。

(2) 在通用坐标系下和其他机器人或外轴一起运动。

(3) 和其他机器人同步协调运动。

(4) 本功能最多可运行 20 个任务，含 6 个机器人运动任务。

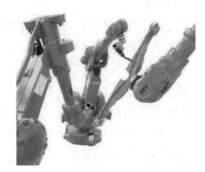

附图3　基于坐标系的机器人同步联动

2. 绝对精度

在同时运行时间可取得最佳精度，当一台机器人在该坐标系下运行时，所有机器人共享绝对精度功能。

五、604-2 异步联动

附图 4 所示为异步联动机器人控制系统。异步联动的特征是一个控制系统最多可配置 4 台机器人及其外加轴。

特征：

(1) 各机器人单独运动。

(2) 在通用坐标系下同时运动。

(3) 在通用坐标系下和其他机器人或外轴同时运动，但依然保持独立运转。

六、606-1 输送链跟踪(Conveyor tracking)

附图 5 所示为输送链跟踪系统。

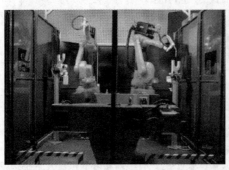

附图4　异步联动机器人控制系统　　　附图5　输送链跟踪系统

1. 特征

机器人可在速度变化的输送链上跟踪；最多 4 条直线形或环形输送链；最多可排列 254 个工件；依靠传感器或输送链上的开关取得同步；当输送链速度大于 150 mm/s 时跟踪精度可达到 0.7 mm 或更好(2 mm when moving in a path)；可用 Search 指令。

2. 配置要求

(1) 外部编码器。

(2) 编码器标准板卡 DSQC 377B(726-1)。

(3) DeviceNet 总线配置(709-x)。

3. 主要应用

喷涂、分拣、归类等。

七、602-1 Indexing Conveyor Control (new in RW 5.13) Motion coordination

附图 6 所示并联工业机器人。

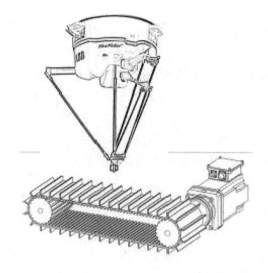

附图 6　并联工业机器人

1. 特征

(1) 分度输送是一项控制机器人在快速运行的分度输送链上跟踪工件运动的功能。

(2) 输送链当作机器人的外轴驱动，没有编码器和编码器板。

(3) 支持所有 360 机器人型号。

(4) 可控制 2 条索引输送带。

(5) 在 3.5g 加速度情况下其精度在 2 mm 以内。

(6) 每分钟取放 450 次。

(7) 需包含通用输送链跟踪功能 606-1。

(8) 需要有 ABB 电机功能包。

2. 主要应用

取件/放件；从输送链上抓取袋装的物品放到盒子或其他的容器中，在装盒应用中通过提高装箱速度提升生产力。

八、607-1 同步传感器(Sensor Synchronization)

1. 特征

(1) 机器人运动与传感器相互关联。

(2) 当机器人到达一个点时，机器人速度会在合适的时间调整。

(3) 任何的运动形式都有效。

(4) 两台机器人可以相互同步。

2. 需求

(1) 编码器板 DSQC 377B。

(2) DeviceNet 现场总线。

3. 主要应用

(1) 机器人同步。

(2) 冲压设备。

(3) 压铸设备。

九、607-2 模拟同步—机械同步

1. 特征

(1) 607-1 传感器同步的补充功能。

(2) 提前进入：机器人进入时与设备同步。

(3) 提前合模：设备合模时机器人同步移出。

2. 主要应用

机器人依靠线性传感器与设备安全门通信，达到同步移动。

3. 优点

减少产品单件工时(取件时间减少 10%)，提高生产效率；降低机器人的磨损；避免碰撞；易于编程。

十、608-1 安全区域(World Zones)

1. 特征

(1) 如附图 7 所示，用来监控机器人设定区域内的位置和手腕配置。

(2) 当 TCP 或关节轴进入或退出区域时间输出信号。

(3) 到达区域边界时停止机器人并报警。

(4) 立方体、圆柱体、球体和关节轴区域。

(5) 机器人启动或加载程序时自动启动。

(6) 自动和手动模式下都有效。

(7) 在 MultiMove 系统中，每个机器人都有自己的安全区域，互不干涉。

2. 主要应用

当机器人处在正确的位置时输出一个信号；保护周边设备；机器人在设

定区域内互锁。

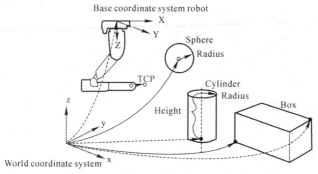

附图 7　安全区域

十一、610-1 独立轴(Independent Axes)

附图 8 所示为独立轴机器人。

附图 8　独立轴机器人

1. 特征

(1) 机器人第 6 轴(IRB 2400 /4400 的第 4 轴)或外轴可独立运动,。

(2) 移动程序位置可以是相对位置或绝对位置。

(3) 连续的无限制的转动或线性移动。

(4) 独立调速。

(5) 更新轴的转数计数器。

2. 主要应用

(1) 双工位焊接：当一个工位焊接时，另一个工位可进行装载。

(2) 喷涂：外部轴可连续朝一个方向运动。

(3) 抛光：机器人的一个轴可以连续朝一个方向运动，不用往回退。

十二、611-1 路径恢复(Path Recovery)

附图 9 所示为路径恢复机器人。

1. 特征

(1) 用于错误处理，例如焊接自动跟踪程序。

附图 9　路径恢复

(2) 路径记录功能可记录机器人程序路径的安全位置,并沿安全位置返回。

(3) 手动去除机器人点位误差。

(4) 在安全位置重新启动机器人,重新执行恢复后的路径。

2. 主要应用

弧焊;分箱等。

十三、612-1 路径偏移(Path Offset)

1. 特征

(1) 根据一个偏移值将路径朝某一侧移动。

(2) 设定新的偏移数值。

(3) 读取当前偏移数值。

2. 主要应用

(1) 设备运行时通过传感器信号输入取得路径修正。

(2) 传感器信号可通过组合信号、模拟信号、串口输入。

(3) 可应用在弧焊时得到焊缝偏移值。

十四、885-1 软伺服(SoftMove)

附图 10 所示为软伺服机器人。

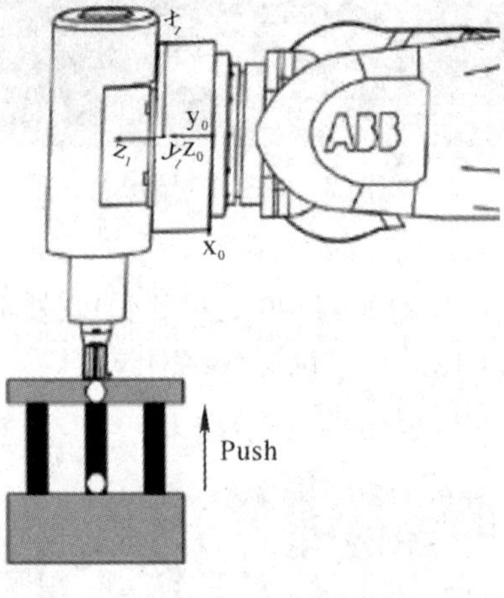

附图 10　软伺服

1. 特征

(1) RobotWare 迪卡尔软伺服功能选项。

(2) 机器人可在任何方向具有柔性而且在其他方向上保持刚性。

2. 优点

(1) 减少产品取出时间,降低单件工时。

(2) 允许有一定的机械误差。

(3) 易于编程。

3. 主要应用

压铸机取件;适应于工装夹具的产品取放件;工具更换;吸收冲击和振

✍ 笔记

动；打磨；表面搜寻。

十五、613-1 碰撞检测(Collision Detection)

附图 11 所示为碰撞检测机器人。

碰撞检测一般用于机器人自动运行时的自我保护。

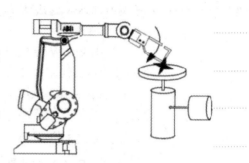

特征如下：

(1) 本功能用于降低机器人在移动时碰撞产生的冲击力量，保护机器人和外部设备。

(2) 可以用 RAPID 指令调整碰撞敏感度。

(3) 本功能通过 QuickSet 菜单快速打开和关闭。

附图 11　碰撞检测

十六、614-1 FTP-Client, NFS-Client 通信

附图 12 所示为机器人通信系统。

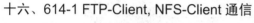

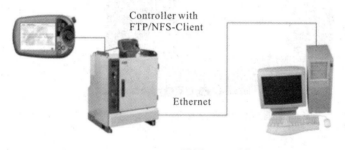

附图 12　通信

1. 功能

(1) 直接从远程控制器(如电脑)硬盘上读取信息。

(2) 从示教器上备份/恢复。

(3) 加载和保存机器人程序。

(4) 快速从存储器或程序中读取数据。

2. 主要应用

(1) 更换产品后直接从 PC 中读取程序并运行。

(2) 几台机器人可通过网络连接到一台 PC 上，并拥有共同的备份。

十七、616-1 PC-通信接口

附图 13 所示为机器人控制器和网络连接的通信接口。

1. 功能

(1) 使用 Robot Studio Online 通过 LAN 口连接 (否则只有通过服务端口)。

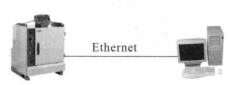

附图 13　通信接口

(2) WebWare 应用程序，WebWare 服务；PC-SDK 可用于开发应用程序；

OPC-server。

(3) Socket 与 RAPID 通信。

2. 主要应用

(1) 由 WebWare 提供服务，自动备份和版本控制的机器人程序；使用标准的浏览器实现本地或远程访问所产生的报告和信息诊断。

(2) PC-SDK，RAB(Robot Application Builder)组成部分；最先进的软件开发包，含有人机界面设计。

(3) IRC5 OPC Server。

十八、617-1 示教器人机界面

附图 14 所示为示教器人机界面。

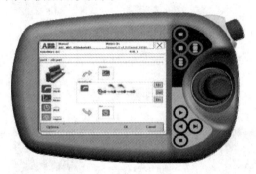

附图 14　示教器人机界面

功能：

(1) 可下载和运行通过 FP-SDK(FlexPendant Software Developer Kit)为 FlexPendant 定制的应用程序。

(2) FP-SDK 是 RAB (Robot Application Builder)的一部分。

(3) RAB 和 FP-SDK 紧密结合在一起的，通过设计人机界面在示教器上显示。

(4) 包含 RAPID 多任务功能(参考多任务)。

附图 15 所示为机器人应用程序的工作过程。

附图 15　机器人应用程序的工作过程

十九、616-1 Socket Messaging (included in PC-interface) Communication 笔记

1. 功能

(1) 如附图 16 所示，通过网络的 TCP/IP 信息交换机器人程序。

(2) 客户端可以通过远程计算机运行应用程序，或在另外一台机器人上执行一段机器人 RAPID 程序。

(3) RAPID 指令用来新建或关闭 sockets(sockets 是一个网络概念，类似于一个电脑里文件处理程序)；创建一条通信通道；发送和接收数据。

(4) Sockets 可以用在任何类型的网络通信。

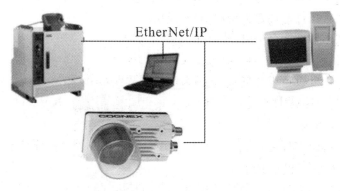

附图 16 通过网络交换机器人程序

2. 主要应用

(1) 两台机器人控制器信息交换。

(2) 机器人控制器和外围设备的信息交换，如传感器、读码器或过程控制器。

(3) 相同控制器之间的相关任务。

二十、841-1 EtherNet/IP Communication

1. 功能

(1) 如附图 17 所示，EtherNet/IP 是支持 IRC5 控制器的几种现场总线之一。

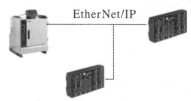

附图 17 现场总线

(2) 通常用于和外部的 I/O 通信或 PLC 通信。

(3) 已经基于 ODVA(Open DeviceNet Vendors Association)建立了完善的通信标准。

(4) 良好的实时通信。

(5) 可作为主站或从站。

2. 主要应用

(1) 控制机器人以外的装置，例如通过 I/O 控制机器人手臂上的夹爪。

(2) 作为 PLC 控制线上的一个从站。

二十一、623-1 多任务系统 Multitasking(incl. in MultiMove 604-1，604-2) Engineering tools

1. 功能

(1) 最多可同时执行 20 个包含主程序的任务。

(2) 通常用在当机器人在运动的同时控制外围、设备或其他程序。

(3) 任务执行或电机通电时启动/停止。

(4) 使用标准的 RAPID 指令编写任务程序。

(5) 可设置任务优先权(前台程序，背景程序)。

(6) 各任务可使用任何输入/输出信号和文件系统。

(7) 包含 RAPID 信息排队系统。

2. 主要应用

(1) 后台监控任务，当主程序停止运行后可用一个任务连续监测某些信号的状态(简易的 PLC 功能)。

(2) 操作员人机对话窗口，设置一个同时执行的任务为人机对话窗口，操作员可为下一个工作输入参数，不必停止机器人的运行。

(3) 控制外部设备，机器人运行时可同时控制外部设备。

二十二、628-1 Sensor Interface Engineering tools

1. 功能

(1) 使用传感器达到自动控制，例如路径修正或过程调整。

(2) 传感器系统包含一个串口通信驱动，以及专门的连接协议(RTP1)及应用协议(LTAPP)。

(3) 基于传感器数据变化的中断程序。

(4) 使用 RAPID 功能读取/写入传感器数据。

(5) 结合路径偏移动能，可用于焊缝跟踪，如附图18 所示。

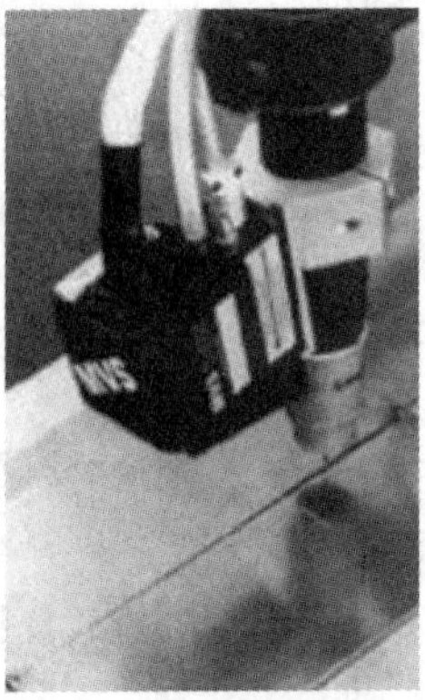

附图 18　焊缝跟踪

2. 主要应用

加工过程监控；路径跟踪。

二十三、624-1 连续加工平台(Continuous Application Platform Engineering tools)

功能：设定连续加工参数。

主要应用：用于弧焊、激光切割、激光焊接等，机器人运动关联到过程事件处理程序。

二十四、625-1 离散加工平台(Discrete Application Platform Engineering Tools)

功能：设定离散加工参数。

主要应用：用于点焊、钻孔、测量等，机器人动作关联到过程事件处理 ✐ **笔记**
程序。

二十五、897-1 机器人参考界面(Robot Reference Interface-RRI Engineering Tools)

如附图 19 所示，高性能机器人位置数据交换，专为外部设备定制，如测量等；使用以太网 IP 协议实现机器人和外部设备的高速数据交换；可定时发送机器人实际位置，就像其他程序变量的交换。

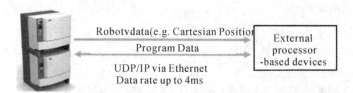

附图19 机器人参考界面的数据

二十六、812-1 生产管理(Production Manager Engineering Tools)

1. 特征

(1) IRC5 控制柜中独立运行的"中层管理"程序，如附图20所示。

(2) 建立于 API (Application Program Interface)的应用处理程序，如弧焊。

(3) 使用时调用子程序运行即可。

2. 功能

(1) 用户界面可设置和运行服务程序用于处理事件和显示部分生产信息等。

(2) 客户自行设计服务程序。

(3) 自动循环生产时同步的事件处理。

(4) 工站处理。

(5) 说明如何基于 API 的开发。

(6) 工件处理。

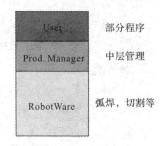

附图20 中层管理

如附图 21 所示为示教器用户界面，包括设置、生产信息、服务、工件处理、快速处理等。

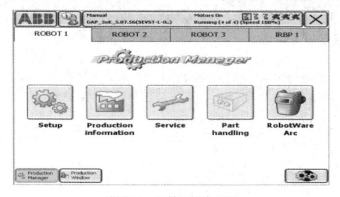

附图21 示教器用户界面

✍ 笔记

附图 22 所示为执行引擎。

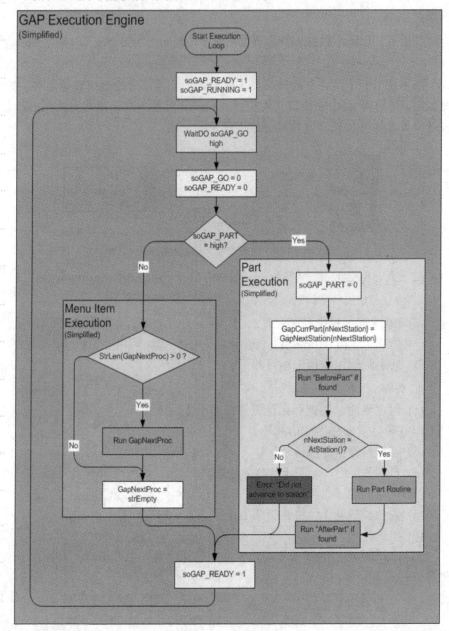

附图 22　执行引擎

工程工具可通过示教器界面或 PLC 远程激活工件程序。服务和设置子程序(机械参数)是生产管理中具有代表性的程序，但同样可用 PLC 激活。

二十七、904-1 Auto Acknowledge Input (incl. in RobotWare base) Engineering Tools

904-1 是一个系统输入的选项，如附图 23 所示，当操作模式从自动转换到手动时会出现在示教器的屏幕，此功能必须由系统创建者配置，然后在机

器人 I/O 文件中设置。通常在这种情况下是没有安全标准的，因而必须具有　✐ **笔记**
独特的安全防护措施。

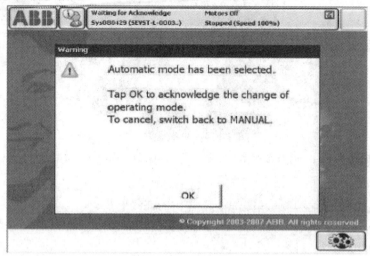

附图 23　904-1 选项

二十八、813-1 激光跟踪(Optical Tracking)

1. 功能

(1) 带有激光传感器的自动控制。

(2) 结合 CAP 的轮廓进行跟踪，应用参数 CapL 编制轮廓程序。

(3) 机器人路径运动和跟踪时的自动控制。

(4) 可以用 RS 232 串口连接或网络连接(如果使用网络连接需要 ServoRobot 选项)。

(5) 包含 Sensor Interface [628-1]选项的所有功能。

2. 主要应用

连续运行中的路径跟踪，主要应用于弧焊、激光焊、激光切割或水切割。

二十九、629-1 伺服工具控制(Servo Tool Control)和伺服马达控制(Servo Motor Control)

1. 功能

附图 24 所示是 IRC5 中一个灵活通用的伺服软件控制平台(点焊伺服枪)，主要用于位置控制(间隙)、力反馈控制、动力和运动模块(工具配置如外轴)，可快速启动代码包["Quick Start"code package]。

2. 主要应用

为点焊伺服枪提供高级控制功能(完整的点焊包功能参考 RobotWare Spot Servo 选项)。

三十、630-1 伺服工具更换(Servo Tool Change)和伺服马达控制(Servo Motor Control)

附图 25 所示为机器人更换伺服电机工具。

笔记

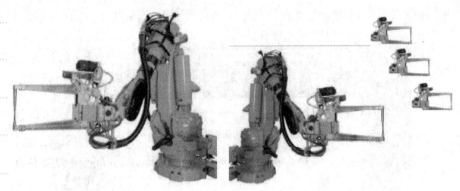

附图 24　伺服软件控制平台　　　附图 25　机器人更换伺服电机工具

1. 功能

(1) 独立驱动和测量系统的伺服焊钳的在线更换。

(2) 伺服电机的电缆工具从一台机器人转移到另外一台。

(3) 可在生产过程中更换焊钳。

(4) 一台机器人可同时有若干个伺服工具(最多 8 个)。

2. 主要应用

伺服焊钳更换；机器人可在工作时切换运动范围和工作压力不同的伺服焊钳。

三十一、810-1 EPS，电子限位开关(Electronic Position Switches)

电子限位开关统一输出安全逻辑；当机器人手腕在一个特定位置时可输出 5 个信号，也可以分开 6 个轴每个单独输出信号；每台机器人一定要配置 EPS 功能，必须有 MultiMove 选项。

三十二、810-2 安全移动(SafeMove)

功能：优化工站设计，改善人机之间的合作。安全移动如附图 26 所示。

附图 26　安全移动

三十三、RobotWare 应用选项(RobotWare application options)

应用选项包括：633-1 弧焊；635-1 点焊；635-3 伺服点焊；635-5 点焊伺服补偿；641-1 分配；642-1 Prepared for PickMaster 3；642-2 Prepared for PickMaster 5；675-1 RW 塑模；875-1 RW 压铸；661-2 基础力反馈；877-1 FC GUI 机加力反馈；635-1 Spot 用于连续的一个或几个气动枪焊接；635-3 Spot Servo(用于连续的一个或几个伺服枪焊接)；635-5 Spot Servo Equalizing 伺服

补偿功能(根据焊枪实际位置)嵌入在现场加工过程中的软件。

下面选取几个应用选项进行介绍:

(1) 633-1 弧焊。

适应于不同的设备;高级过程控制;测试程序;自动二次起弧;摆弧;焊丝回烧和回抽;程序执行时精确调整;MultiMove;生产管理。

用户可根据自己不同的需求选择配置,主要选项有焊接电源、牛眼(用来校正 TCP)、焊枪清洁、SmarTac 跟踪监测、焊缝偏移、生产监控、Navigator、激光跟踪、WeldGuide 焊接向导、Multipass、Weld Data Monitoring 焊接参数监控等。

(2) 641-1 分配。

支持多种不同的工艺制程,如涂胶和密封;示教器上有专用的人机界面(MMI);可用在 MultiMove 系统中。

(3) 675-1 RW 塑模。

易于编程,操作人员有更多的时间来做管理和其他的加工后处理的工作;强大的柔性在线编程功能;简明的用户操作和编程图形界面;容易配置的通用界面;容易设置常用的生产管理循环。

(4) 661-2 力控功能(FCB)。

FCB 更有利于帮助人们完成装配和加工工作;机器人配有灵敏的压力传感器;可像人一样搬运一个物体,例如沿着设定的方向运动直到把物体放到指定位置,如附图 36 所示。机加工时可以选择 FC 压力变化与 FC 速度变化。

附图 27　机加工时有两种方式

(5) GUI 机加工压力控制。

机加 FC 提供一个用户界面(GUI),支持新的编程解决方案,3D 综合路径选择等功能。

参 考 文 献

[1] 张培艳. 工业机器人操作与应用实践教程[M]. 上海：上海交通大学出版社，2009.

[2] 邵慧，吴凤丽. 焊接机器人案例教程[M]. 北京：化学工业出版社, 2015.

[3] 韩鸿鸾. 工业机器人操作与作用一体化教程[M]. 西安：西安电子科技大学出版社，2020.

[4] 韩鸿鸾. 工业机器人操作[M]. 北京：化学工业出版社，2020.

[5] 袁有德. 弧焊机器人现场编程及虚拟仿真[M]. 北京：化学工业出版社，2020.

[6] 杜志忠，刘伟编. 点焊机器人系统及编程应用[M]. 北京：机械工业出版社，2015.